Probabilitat i estadística matemàtica →
Teoria i problemes resolts

Francesc Pozo Montero
Núria Parés Mariné
Yolanda Vidal Seguí
Ferran Mazaira Font

Amb el suport de

Generalitat de Catalunya

En col·laboració amb el Servei de Llengües i Terminologia de la UPC

Primera edició: desembre de 2010

Disseny i dibuix de la coberta: Jordi Soldevila
Disseny maqueta interior: Jordi Soldevila
Maquetació: Mercè Aicart

Foto de la coberta: Francesc Pozo

©   Els autors, 2010

©   Iniciativa Digital Politècnica, 2010
      Oficina de Publicacions Acadèmiques Digitals de la UPC
      Jordi Girona Salgado 31,
      Edifici Torre Girona, D-203, 08034 Barcelona
      Tel.: 934 015 885   Fax: 934 054 101
      www.upc.edu/idp
      E-mail: info.idp@upc.edu

Producció: LIGHTNING SOURCE

Dipòsit legal: B-47222-2010
ISBN: 978-84-7653-529-5

Qualsevol forma de reproducció, distribució, comunicació pública o transformació d'aquesta obra només es pot fer amb l'autorització dels seus titulars, llevat de l'excepció prevista a la llei. Si necessiteu fotocopiar o escanejar algun fragment d'aquesta obra, us he d'adreçar al Centre Espanyol de Drets Reprogràfics (CEDRO), <http://www.cedro.org>.

Índex

Pròleg de l'autor

Fa més de deu anys que faig docència d'estadística i, entre les meves referències bàsiques, he tingut sempre un parell de llibres: *Ejercicios de cálculo de probabilidades*, d'Hermenegildo Fernández-Abascal i altres, publicat per Ariel Matemàtica, i *La estadística: una orquesta hecha instrumento*, de Jaime Llopis Pérez (que fou professor meu a la Facultat de Matemàtiques de la Universitat de Barcelona), publicat per Ariel Ciencia. Després d'un temps recomanant aquests dos llibres curs rere curs, una estudiant em va fer veure que ja no estaven a la venda, sinó que estaven descatalogats. De fet, l'editorial Ariel va desaparèixer fa ja alguns anys. És llavors que decideixo transformar la meva experiència, i la dels companys que m'acompanyen en aquest viatge, en un llibre.

El llibre està pensat com un material de referència bàsic per a una assignatura de probabilitat i estadística, que alhora sigui complet, amè i rigorós. Conté les demostracions que a vegades no hi ha temps de presentar a l'aula, il·lustracions que ajuden a entendre els conceptes que s'hi exposen i també una llista extensa de problemes resolts de principi a fi.

Aquest llibre és fruit de l'esforç dels seus autors. Però seria injust no citar, de forma explícita, en Sergi Arruga Cantalapiedra, que també ha dedicat una bona part del seu temps perquè aquesta obra sigui una realitat. I també vull agrair a Edicions UPC, ara convertida en Iniciativa Digital Politècnica, l'oportunitat de publicar-lo. En especial, a Montse Mañé (editora d'Edicions UPC quan el projecte va ser aprovat), a Jordi Prats (director actual) i a Ana Martí.

Francesc Pozo

Pròleg de Jesús Martínez, periodista i escriptor

Déu

L'any 2009 va jugar 35 partits de Lliga i va sortejar els contraris, emulant Diego Armando Maradona i Marco Van Basten, amb les seves mitges tisores (aquestes xilenes que es veuen venir), amb els seus xuts a porta que perforen la xarxa i amb les seves vaselines que deixen en ridícul Tzorvas, del Panathinaikos. D'aquests 2.952 minuts en què va demostrar la seva classe i va córrer com ningú pel mig camp, a dalt, a la zona dels *obrellaunes,* va marcar 34 gols, amb les seves fintes insuperables a l'Álvaro Arbeloa —l'as de la màniga del Manuel Pellegrini—, els seus barrets d'ala ampla a la zona de l'àrea i els seus xuts antics, per emèrits, a l'estil Panenka. Aquests 34 gols van ser com bufetades per als argonautes de la Unión Deportiva Almería i els rubicunds muscles del Cristiano Ronaldo, i va arrencar els aplaudiments a l'estadi Manuel Ruiz de Lopera.

Tres targetes grogues. Cap targeta vermella. Les volees li plovien com aigua de maig i les botes li pesaven pels quelats que recobrien les llengüetes serigrafiades. A la Champions, va tocar el cel dels *sirtakis:* vuit gols en onze partits jugats. "Li va marcar quatre gols a l'Arsenal i va col·locar el Barcelona a les semifinals de la Champions (4-1)", titulava el diari *El Comercio,* de Perú, amb aquest subtítol de volants: *"La 'Pulga', solito, le dio vuelta al partido que se jugó en el Camp Nou con una actuación espectacular. Ahora enfrentará al Inter".* Abans, a la Wikipedia, s'havia fet el buit per la nova entrada de l'astre argentí: "El 16 de gener de 2010, amb 22 anys, 6 mesos i 23 dies, es va convertir en el jugador més jove a aconseguir 100 gols amb el Barça", cosa que va originar nombroses visites als *weblogs* amb els seus incomptables i plebeus *tags: pilota d'or, estel·lar, blaugrana, crack.* Una pregunta maliciosa planava pels fòrums en què participava, a més de l'afecció amb les seves cantates, els desitjats actors de *Mars Attacks!,* de genolls davant la figura axial d'un heroi grec: "Podrà superar el rècord blaugrana del brasiler Ronaldo, de 34 gols en una Lliga?" (Ronaldo *el Breu).*

Qui ja s'ha convertit en el màxim golejador de la història del Barça a la Copa de Campions d'Europa, es va saltar olímpicament les normes de cortesia durant la temporada 2009-2010: "Amb vuit gols, Ell; amb set gols, Cristiano Ronaldo (Reial Madrid) i Olic (Bayern de Munic); amb sis gols, Diego Milito (Inter); amb cinc gols, Bendtner (Arsenal), Chamakh (Girondins) i Rooney (Manchester United)... I així successivament, fins a quedar-nos amb els tristos homes engalipats pels cants de sirena que combaten a les files del Porto, de l'Oympique de Lió i del Wolfsburg, lloc de llegenda on es perd l'esfèric.

De qui parlem? És Leo; és Déu. Leo Messi no té ni idea d'estadística, branca de les matemàtiques feta a imatge i semblança seva, si bé l'estadística va néixer per lloar-li i glossar el seu palmarès: Premi FIFA al millor jugador del món; inclòs a l'onze ideal de la revista *L'équipe* i a l'onze ideal de la dècada pel diari anglès *The Sun;* premi al millor jugador d'Europa del diari *El País* d'Uruguai; trofeu al màxim golejador...

Segurament, Messi no llegirà mai a la vida aquest llibre del Francesc Pozo, la Núria Parés, la Yolanda Vidal i el Ferran Mazaira, text imprescindible per saber exactament què nassos és "una variable aleatòria tridimensional" (en 3D) i quins enrenous es porten entre ells els eixos de les coordenades i si, encara que sigui relativament, es poden transformar totes aquestes observacions en gols.

Messi, la llum, el mite, l'il·lustre senyor dels camps de batalla, la medul·la espinal del vestidor, l'omnímode, la cama esquerra, el nen magnànim, el gladiador. Ha begut l'ambrosia del messies, ha rematat la seva ambició. El deu a la samarreta. Déu.

→1

Introducció i estadística descriptiva

"There are three kinds of lies: lies, damned lies, and statistics."

Mark Twain, *Autobiography*, 1904.

"Les fonts d'energia renovables proveeixen el 55% del consum" (*El Periódico de Catalunya*, 8 de maig de 2010) o "Més del 50% de les noves contractacions [d'assegurances de cotxe] inclouen només cobertura a tercers o ampliada a llunes" (*La Vanguardia*, 27 d'abril de 2009). Aquests dos enunciats són fruit de l'aplicació de l'estadística. És a dir, expressen, de forma sintètica i mitjançant valors numèrics, determinats fenòmens i fets de la realitat: les energies renovables o les assegurances de cotxe, per exemple.

Per arribar a aquest nivell de coneixement, cal aplicar mètodes i fórmules que tradueixin, en xifres concretes, conjunts de dades sovint complexos i que permetin extreure conclusions sobre l'objecte de l'estudi.

1.1. Introducció

Definició 1.1 *Una estadística és un conjunt de dades numèriques presentades en forma de taules o gràfics.*

Definició 1.2 *L'estadística és un mètode matemàtic que estudia les estadístiques, n'investiga les causes i les lleis empíriques. El nom deriva de la paraula* estat. *Durant el segle* XIX, *l'estadística era considerada la ciència de l'estat. Després va depassar aquest àmbit i va adquirir una aplicació més universal.*

L'estadística descriptiva, com a part de l'estadística, estudia les tècniques de la recollida de dades i els procediments per a sintetitzar les dades recollides.

L'objectiu de l'anàlisi exploratòria de dades és sintetitzar la informació, detectar patrons de comportament, detectar anomalies, etc.

1.2. Població i variables

Definició 1.3 (Població) *És el conjunt d'elements o individus objecte d'estudi. La població pot ser finita o infinita, i pot ser real o hipotètica. Quan el conjunt població és molt nombrós, en podem considerar les parts o els subconjunts, anomenats* mostres.

Definició 1.4 (Mostra aleatòria simple) *Una mostra és aleatòria simple quan tots els elements de la població tenen la mateixa probabilitat de ser inclosos a la mostra. El nombre d'elements és la grandària de la mostra.*

Per exemple, en una enquesta sobre la intenció de vot dels ciutadans i les ciutadanes majors d'edat de Catalunya, l'ideal seria poder preguntar a tota la població a quin partit té pensat votar. És evident, però, que això no és possible. Els enquestadors han de recórrer, doncs, a una mostra.

Definició 1.5 (Variable o caràcter) *És qualsevol propietat que tenen tots els elements de la població i que varia entre ells.*

Definició 1.6 (Variable qualitativa o atribut) *És tota variable que no es pot expressar numèricament.*

Definició 1.7 (Variable quantitativa) *És una variable que es pot expressar numèricament. Pot ser discreta o contínua:*

- *Les variables discretes són les que només poden prendre valors entre els elements d'un conjunt discret, com ara un conjunt amb un nombre finit d'elements o conjunts, per exemple, els naturals, els enters o els racionals.*
- *Les variables contínues són les que poden prendre qualsevol valor real en un interval.*

La variable quantitativa que compta el nombre de germans que té una persona és una variable discreta, ja que pot prendre valors en el conjunt dels nombres naturals. En efecte, el nombre de germans pot ser 0, o bé 1, etc. En canvi, l'alçada d'una persona és una variable contínua, perquè pot tenir qualsevol valor real positiu.

Definició 1.8 (Observació) *És el valor que té la variable en un element de la població.*

Definició 1.9 (Variable unidimensional) *Una variable és unidimensional quan cada observació d'un element de la població només necessita un valor per ser representada.*

Són variables unidimensionals el pes, l'alçada o l'edat, per exemple.

Definició 1.10 (Variable multidimensional) *Una variable és multidimensional quan cada observació d'un element de la població necessita més d'un valor per ser representada.*

Per exemple, la velocitat v de l'aire en un punt qualsevol (x,y,z) de l'espai és una variable tridimensional ja que és representada per tres nombres reals:

$$v(x,y,z) = (v_x, v_y, v_z),$$

on v_x, v_y i v_z representen la velocitat en la direcció x, y i z, respectivament.

1.3. Distribucions de caràcter unidimensional

Suposem que hem preguntat a deu persones quants germans són a la seva família (inclosos ells mateixos) i que les respostes obtingudes són aquestes (ordenades de menor a major):

$$1, 1, 1, 2, 2, 2, 2, 3, 3, 4.$$

Com que tenim quatre valors diferents, podem agrupar aquestes dades en quatre classes:

$$x_1 = 1, \ x_2 = 2, \ x_3 = 3, \ x_4 = 4.$$

Definició 1.11 (Freqüència absoluta) *És el nombre de vegades que apareix un valor determinat de la variable.*

La freqüència absoluta de x_i la representarem per n_i. Evidentment, la suma de les freqüències absolutes és el nombre d'individus N de la població (o de la mostra). En efecte, si tenim k classes,

$$\sum_{i=1}^{k} n_i = N.$$

En el nostre exemple, tenim que les freqüències absolutes de les nostres classes són:

$$x_1 = 1, \qquad n_1 = 3$$
$$x_2 = 2, \qquad n_2 = 4$$
$$x_3 = 3, \qquad n_3 = 2$$
$$x_4 = 4, \qquad n_4 = 1$$

on, evidentment, se satisfà que $n_1 + n_2 + n_3 + n_4 = 10 = N$.

Definició 1.12 (Distribució de freqüències d'una variable) *La distribució de freqüències d'una variable és el conjunt format pels diferents valors de la variable i la freqüència de cada valor.*

Així doncs, en el nostre exemple, la distribució de freqüències és:

x_i	n_i
1	3
2	4
3	2
4	1

Definició 1.13 (Freqüència relativa d'una observació) *És el quocient entre la freqüència de l'observació i el nombre total de dades o observacions.*

La freqüència relativa de l'element x_i amb una freqüència absoluta n_i és

$$f_i = \frac{n_i}{N}.$$

Evidentment, es compleix que $0 \leq f_i \leq 1$ i que

$$\sum_{i=1}^{k} f_i = 1.$$

Ara, la distribució de freqüències és:

x_i	n_i	f_i
1	3	0.3
2	4	0.4
3	2	0.2
4	1	0.1

Definició 1.14 (Freqüència acumulada) *Un cop hem ordenat els valors de la variable estadística, sovint ens interessa conèixer el nombre de vegades que es presenta un valor i tots els anteriors. És aleshores quan apareixen el concepte de freqüència acumulada $N_i = \sum_{j=0}^{i} n_j$ i el de freqüència acumulada relativa $F_i = \frac{N_i}{N}$.*

Seguint amb l'exemple, les freqüències acumulades i les freqüències acumulades relatives són:

$$N_1 = n_1 = 3, F_1 = \frac{N_1}{N} = 0.3$$

$$N_2 = n_1 + n_2 = 7, F_2 = \frac{N_2}{N} = 0.7$$

$$N_3 = N_2 + n_3 = n_1 + n_2 + n_3 = 9, F_3 = \frac{N_3}{N} = 0.9$$

$$N_4 = N_3 + n_4 = n_1 + n_2 + n_3 + n_4 = 10, F_4 = \frac{N_4}{N} = 1$$

Noteu que, si tenim k classes, sempre passa que $N_k = N$ i $F_k = 1$.

La distribució de freqüències completa d'aquestes dades és:

x_i	n_i	f_i	N_i	F_i
1	3	0.3	3	0.3
2	4	0.4	7	0.7
3	2	0.2	9	0.9
4	1	0.1	10	1

1.4. Presentació de dades

Tabulació

Per facilitar el tractament de les dades, es pot utilitzar la tabulació. Els objectius de la tabulació són:

- Descriure les dades inicials de forma concisa.
- Subdividir les dades inicials en un nombre reduït de categories o classes.

Ens trobarem amb:

- Variables amb moltes observacions però amb pocs valors diferents de la variable. En aquest cas, farem una taula com en la secció anterior.
- Variables en què el conjunt de valors possibles de la variable numèrica discreta és molt gran, o bé en què la variable numèrica sigui contínua. En aquest cas, cal fer un procés de classificació i tabulació.

Agrupació de dades en intervals de classe

Per poder fer aquesta subdivisió en classes, es busquen els valors mínim i màxim del conjunt de dades i s'escullen intervals juxtaposats, que abastin tot el rang de valors de la variable. Vegeu el problema 1.2.

Definició 1.15 (Interval de classe) *És cada subdivisió de tot el rang de valors de la variable.*

Definició 1.16 (Freqüència d'una classe) *És el nombre de vegades que el valor de la variable es troba dins de l'interval de classe. La freqüència d'una classe la denotem amb n_i.*

Definició 1.17 (Marca de classe) *És un identificador de l'interval de classe. S'acostuma a adoptar el valor mitjà de cada interval de classe. El denotarem amb m_i.*

Definició 1.18 (Distribució de freqüències per intervals de classe) *És el conjunt format pels intervals de classe i la freqüència de cada interval de classe.*

Suposem que tenim una mostra de 50 persones, a les quals hem mesurat. Les dades les hem resumit i agrupat en la distribució següent de freqüències per intervals de classe:

interval de classe	m_i	n_i	N_i
$[160, 163)$	161.5	3	3
$[163, 166)$	164.5	6	9
$[166, 169)$	167.5	5	14
$[169, 172)$	170.5	5	19
$[172, 175)$	173.5	12	31
$[175, 178)$	176.5	6	37
$[178, 181)$	179.5	5	42
$[181, 184)$	182.5	5	47
$[184, 187)$	185.5	2	49
$[187, 190)$	188.5	1	50

Representacions gràfiques clàssiques de les distribucions

La transcripció de totes les dades en una gràfica és un dels recursos més corrents que es fan servir per a veure clarament i d'un cop d'ull tot el que està escrit a les taules estadístiques. Els objectius en aquesta transcripció han de ser:

- La simplicitat (ve donada pel gràfic)
- La precisió (de caràcter numèric i no de representació)

Considerem els tipus de gràfics següents:

a) *Diagrames temporals*. Representació gràfica de les dades que indiquen l'evolució temporal d'una magnitud. Generalment, a l'eix d'abscisses es representa el temps i a l'eix d'ordenades, la magnitud de la variable. Vegeu els diagrames representats a les figures 1.1-1.2.

1.1
L'eix d'abscisses representa el temps en mesos i l'eix d'ordenades, l'estimació del resultat electoral en tant per cent de vot vàlid [*El País*, 2/5/2010, pàgina 14 (traduït al català)].

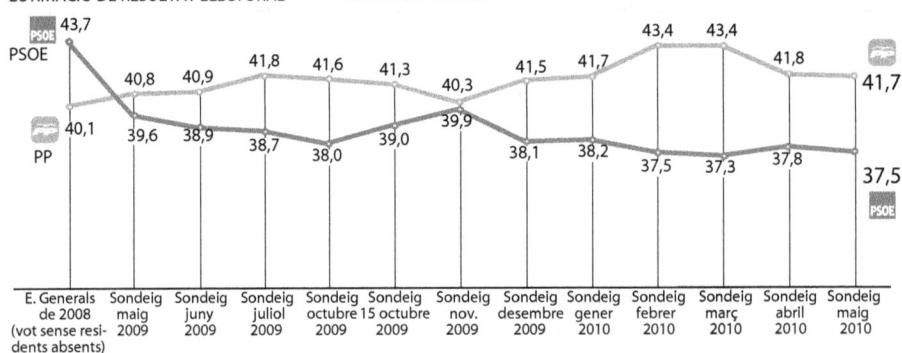

Intenció de vot i valoració de líders
ESTIMACIÓ DE RESULTAT ELECTORAL   En % sobre vot vàlid

1.2
L'eix d'abscisses representa el temps i l'eix d'ordenades, el percentatge de població enquestada que menciona el problema entre els tres primers [*El País*, 4/5/2010, pàgina 32 (traduït al català)].

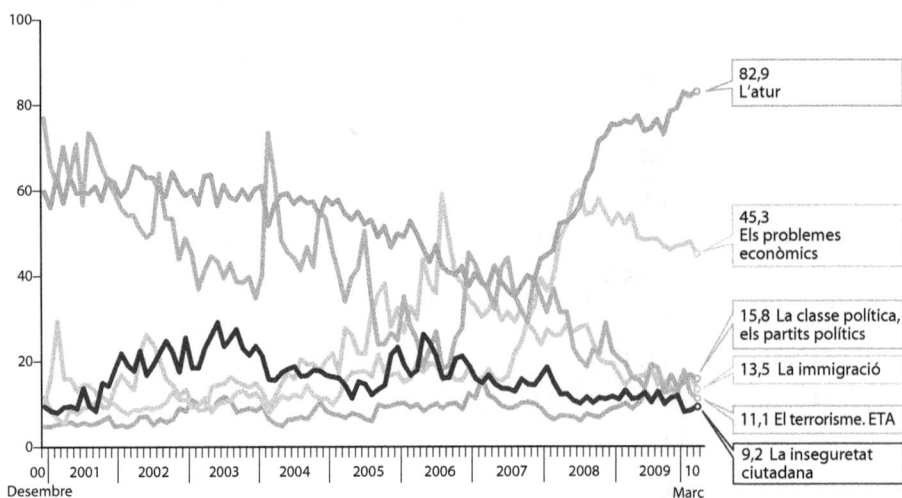

Principals problemes de la societat espanyola
Percentatge de població enquestada que el menciona entre els tres primers

82,9 L'atur
45,3 Els problemes econòmics
15,8 La classe política, els partits polítics
13,5 La immigració
11,1 El terrorisme. ETA
9,2 La inseguretat ciutadana

b) *Diagrama de barres*. Representació gràfica de les dades recollides mitjançant barres o rectangles en què la base és igual i l'altura correspon a la freqüència del valor representat. Generalment, a l'eix d'abscisses (horitzontal) es representen els valors que pren la variable i a l'eix d'ordenades (vertical) es representa la freqüència absoluta o relativa. La barra més alta correspon a la moda. Però també es poden representar a l'eix d'ordenades els valors que pren la variable i a l'eix d'abscisses, la freqüència. En aquest cas, la moda serà representada per la barra que arriba més a la dreta.

Evolució del mercat laboral a l'abril

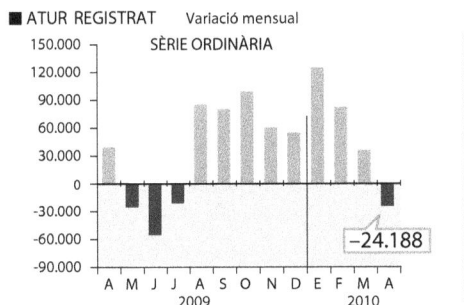

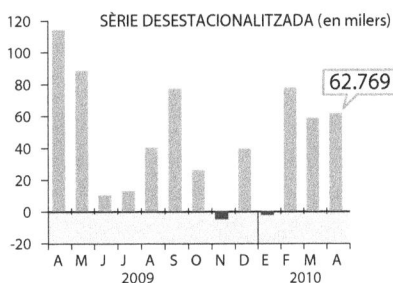

■ ATUR REGISTRAT   Variació mensual

1.3
El País, 5/5/2010, pàgina 24 (traduït al català).

El sector públic empresarial

■ ENTITATS PER COMUNITAT AUTÒNOMA

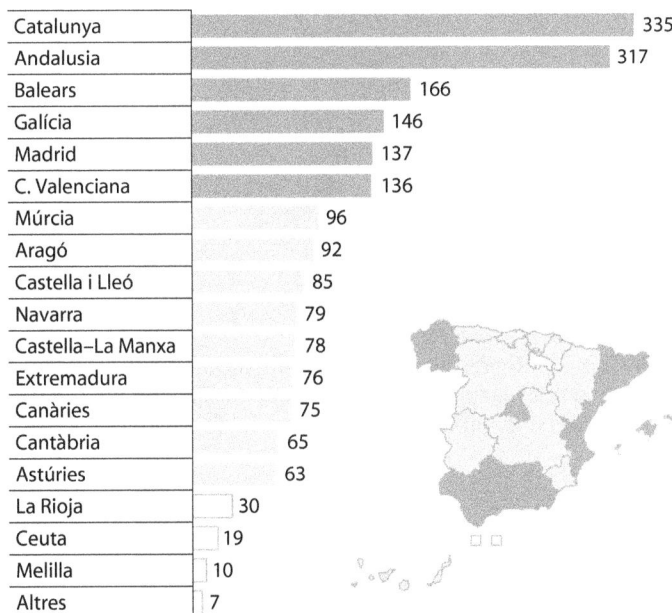

Catalunya	335
Andalusia	317
Balears	166
Galícia	146
Madrid	137
C. Valenciana	136
Múrcia	96
Aragó	92
Castella i Lleó	85
Navarra	79
Castella–La Manxa	78
Extremadura	76
Canàries	75
Cantàbria	65
Astúries	63
La Rioja	30
Ceuta	19
Melilla	10
Altres	7

1.4
El País, 24/4/2010, pàgina 26 (traduït al català).

c) *Diagrama de sectors*. Representació gràfica de les dades recollides mitjançant un cercle o un semicercle, dividits en sectors o parts d'àrees proporcionals a les freqüències. Per calcular l'àrea de cada sector, s'ha de multiplicar la freqüència relativa per 360° en el cas d'un cercle o per 180° en el cas d'un semicercle.

1.5
El País, 7/5/2010,
pàgina 2 (traduït al
català).

Sondejos a peu d'urna

■ PARLAMENT 2005
CAMBRA DELS COMUNS (diputats)

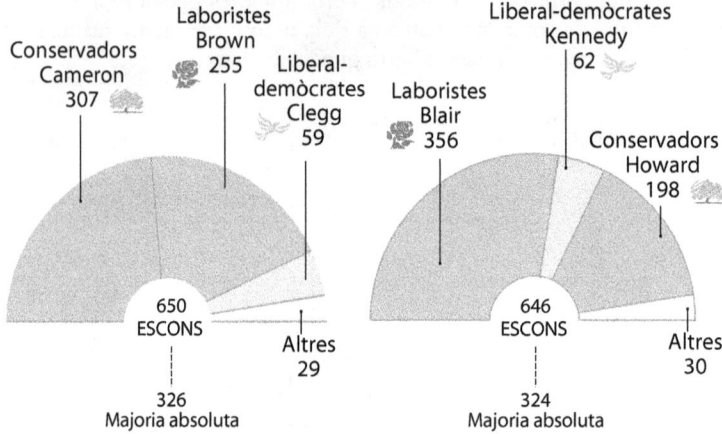

Laboristes
Brown
255
Liberal-
demòcrates
Clegg
59

Conservadors
Cameron
307

Liberal-demòcrates
Kennedy
62

Laboristes
Blair
356

Conservadors
Howard
198

650
ESCONS
Altres
29

646
ESCONS
Altres
30

326
Majoria absoluta

324
Majoria absoluta

1.6
El País, 26/4/2010,
pàgina 32 (traduït al
català).

Energia solar fotovoltaica a Espanya

■ COBERTURA DE LA DEMANDA

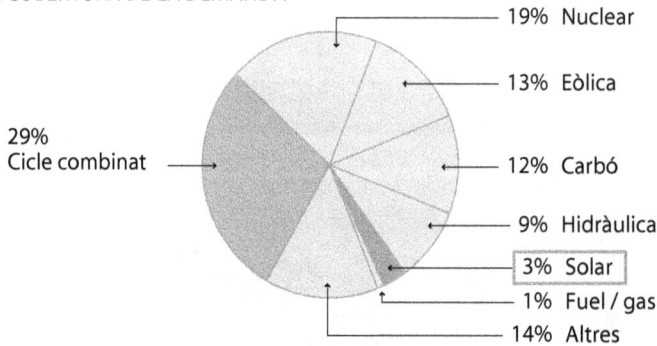

19% Nuclear
13% Eòlica
12% Carbó
9% Hidràulica
3% Solar
1% Fuel / gas
14% Altres
29% Cicle combinat

d) *Pictograma*. Representació gràfica mitjançant dibuixos de les dades recollides. S'elabora amb el mateix procediment que un diagrama de barres, però substituint els rectangles per dibuixos que simbolitzen el fenomen estudiat.

1.7
El País, 26/4/2010,
pàgina 32 (traduït al
català).

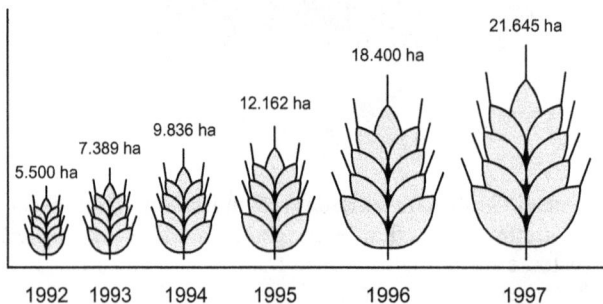

21.645 ha
18.400 ha
12.162 ha
9.836 ha
7.389 ha
5.500 ha

1992 1993 1994 1995 1996 1997

e) *Histograma de freqüències*. Representació gràfica per a variables quantitatives contínues, que s'obté construint sobre cada interval de classe, marcat a l'eix d'abscisses, un rectangle l'àrea del qual és proporcional a la freqüència, absoluta o relativa, corresponent a l'interval.

f) *Polígons de freqüències (relatives i acumulades)*. Representació gràfica de les dades recollides mitjançant una línia que uneix els diferents valors obtinguts. Per representar aquesta línia, unim els punts centrals de cada una de les parts superiors dels rectangles representats en un diagrama de barres.

Violència de gènere

■ DONES MORTES A MANS DE
LES SEVES PARELLES O EXPARELLES

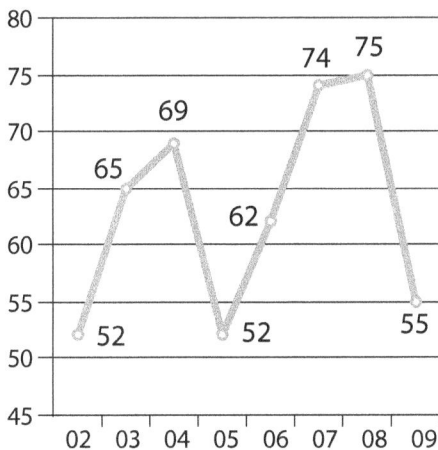

Dèficit de l'Estat

En milions d'euros. Xifres acumulades.

2009
2010

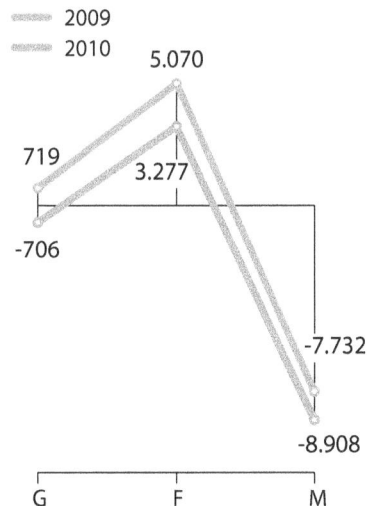

1.8
El País, 24/4/2010,
pàgina 34 (esquerra);
28/4/2010, pàgina 24
(dreta) (traduït al català).

1.5. Descriptors d'un conjunt d'observacions

Quan disposem d'un conjunt de dades $x_1, x_2, \ldots, x_n$, a part de tenir les freqüències, resulta útil disposar d'alguns valors (descriptors) que *resumeixin* com es distribueixen les dades. Els més importants són:

- *mesures de centralització*, que indiquen el valor central o mitjà de les dades (mitjana, moda i mediana).
- *mesures de dispersió*, que ens indiquen com s'agrupen les dades a l'entorn del valor central (desviació tipus, variància, rang, quartils, etc.).

Definició 1.19 (Estadístics) *Les mostres es caracteritzen pels estadístics, que són valors calculats a partir de les dades. Són quantitats conegudes, però no fixes, ja que depenen de la mostra escollida.*

Definició 1.20 (Paràmetres) *Les poblacions es caracteritzen pels paràmetres, que són quantitats fixos, però generalment no conegudes i de vegades impossibles de conèixer.*

Mesures de tendència central d'un conjunt d'observacions

Definició 1.21 (Mitjana) *La mitjana d'un conjunt d'observacions d'una variable numèrica s'obté sumant tots els valors i dividint-ne el resultat pel nombre total d'observacions.*

Si els valors de la variable són $x_1, x_2, \ldots, x_N$, la mitjana és

$$\bar{x} = \frac{x_1 + x_2 + \cdots + x_N}{N} = \frac{1}{N} \sum_{i=1}^{N} x_i.$$

Si els valors de la variable són $x_1, x_2, \ldots, x_k$, amb freqüències absolutes $n_1, \ldots, n_k$, respectivament, la mitjana és

$$\bar{x} = \frac{x_1 \cdot n_1 + x_2 \cdot n_2 + \cdots + x_k \cdot n_k}{N} = \frac{1}{N} \sum_{i=1}^{k} x_i \cdot n_i,$$

on $n_1 + \cdots + n_k = N$.

Si les dades estan agrupades en intervals amb freqüències, la mitjana és

$$\bar{x} = \frac{\displaystyle\sum_{i=1}^{k} m_i n_i}{\displaystyle\sum_{i=1}^{k} n_i} = \sum_{i=1}^{k} m_i f_i, \quad \text{on} \quad f_i = \frac{n_i}{\displaystyle\sum_{i=1}^{k} n_i}$$

on m_i és la marca de classe i k és el nombre de valors diferents de la variable.

Exemple 1.1 *Donada la mostra $x_1 = 1, x_2 = 4, x_3 = 7, x_4 = 9, x_5 = 10, x_6 = 14, x_7 = 15, x_8 = 16, x_9 = 20$ i $x_{10} = 21$, la seva mitjana és:*

$$\bar{x} = \frac{1 + 4 + 7 + 9 + 10 + 14 + 15 + 16 + 20 + 21}{10} = 11.7$$

Propietats de la mitjana

- Si reemplacem tots els valors de la variable per la mitjana $\bar{x}$, la nova mitjana és la mateixa.
- La mitjana aritmètica depèn de tots els valors observats.
- La mitjana aritmètica s'expressa mitjançant la mateixa unitat que la variable.
- La suma algebraica de les desviacions dels valors x_i respecte de la mitjana $\bar{x}$ és zero. Anomenem $d_i = x_i - \bar{x}$ la *desviació* d'un valor x_i respecte de la mitjana $\bar{x}$.
- La mitjana aritmètica és el valor x que fa mínima l'expressió

$$\sum_{i=1}^{k} |x_i - x|^n$$

Definició 1.22 (Mediana) *La mediana (M_e) d'un conjunt d'observacions d'una variable numèrica, si ordenem les dades de menor a major, és el valor que en deixa la meitat per sobre i l'altra meitat per sota. Quan la distribució té un nombre de dades parell (N), no hi ha, de fet, un valor central. Llavors, s'agafen els dos valors que parteixen la distribució, $x_{\frac{N}{2}}$ i $x_{\frac{N}{2}+1}$, i es fa la mitjana d'aquests dos valors.*

Si la distribució és de freqüències per intervals de classe, tenim que

$$M_e = l_{i-1} + \frac{\frac{N}{2} - N_{i-1}}{n_i} \cdot a_i$$

on

- l_{i-1} és el límit inferior de l'interval en què està situada la mediana;
- N_{i-1} és la freqüència acumulada de l'interval anterior a l'interval en què està situada la mediana;
- n_i és la freqüència de l'interval en què està situada la mediana;
- a_i és l'amplitud de l'interval en què està situada la mediana.

L'interval en què està situada la mediana és el que conté l'element $x_{\frac{N+1}{2}}$, si N és senar, o els elements $x_{\frac{N}{2}}$ i $x_{\frac{N}{2}+1}$, si N és parell. En cas que $x_{\frac{N}{2}}$ i $x_{\frac{N}{2}+1}$ caiguin en dos intervals diferents, considerem que la mediana és directament la mitjana aritmètica de les marques de classe d'ambdós intervals.

Exemple 1.2 *Donada la mostra $x_1 = 1, x_2 = 4, x_3 = 7, x_4 = 9, x_5 = 10, x_6 = 14, x_7 = 15, x_8 = 16, x_9 = 20$ i $x_{10} = 21$, la seva mediana es calcula com la mitjana aritmètica dels elements centrals (x_5 i x_6), en tenir un total de $N = 10$ elements:*

$$M_e = \frac{x_5 + x_6}{2} = \frac{24}{2} = 12$$

Propietats de la mediana

- Els valors extrems de la distribució no influeixen en el valor de la mediana.
- Si tenim un histograma de freqüències relatives, la mediana és el valor de la variable que divideix l'àrea total de l'histograma en dues parts iguals.

Definició 1.23 (Moda) *S'anomena moda d'una distribució el valor de la variable que té una freqüència més gran.*

A vegades, no n'hi ha cap (quan tots els valors de la mostra tenen la mateixa freqüència absoluta) i, a vegades, n'hi ha més d'una (distribucions multimodals).

Si la distribució és de freqüències per intervals de classe, tenim que

$$M_o = l_{i-1} + \frac{\frac{n_{i+1}}{a_{i+1}}}{\frac{n_{i+1}}{a_{i+1}} + \frac{n_{i-1}}{a_{i-1}}} \cdot a_i$$

on

- l_{i-1} és el límit inferior de l'interval modal
- n_{i-1} és la freqüència de l'interval anterior a l'interval modal

- n_{i+1} és la freqüència de l'interval posterior a l'interval modal
- a_{i-1} és l'amplitud de l'interval anterior a l'interval modal
- a_{i+1} és l'amplitud de l'interval posterior a l'interval modal

L'interval modal és l'interval amb major freqüència absoluta.

Exemple 1.3 *Donada la mostra* $x_1 = 1, x_2 = 4, x_3 = 7, x_4 = 9, x_5 = 10, x_6 = 14, x_7 = 15,$ $x_8 = 16, x_9 = 20$ *i* $x_{10} = 21$, *podem observar que no té moda, ja que tots els valors tenen la mateixa freqüència absoluta.*

Observació 1.1 *El programa R no té cap funció definida per a calcular la moda.*

Mesures de posició d'un conjunt d'observacions

Definició 1.24 (Quartils) *Ordenats de menor a major, són els valors de la variable que reparteixen les dades en quatre conjunts amb el mateix nombre d'elements cadascun.*

- El primer quartil es denomina *quartil inferior* o *LQ* (de l'àngles *lower quartile* o també Q_1), i té un 25% de les dades per sota.
- El segon quartil és la mediana.
- El tercer quartil es denomina *quartil superior* o *UQ* (de l'anglès *upper quartile* o també Q_3), i té un 25% de les dades per sobre.

Definició 1.25 (Percentils) *Ordenades les dades de menor a major, són els valors que deixen per sota el percentatge i.*

En particular,

$$P_{25} = LQ$$
$$P_{50} = M_e$$
$$P_{75} = UQ$$

Si tenim una mostra $x_1, \ldots, x_N$, el percentil i es calcula resolent per k l'equació

$$\frac{i}{100} = \frac{k-1}{N-1},$$

és a dir,

$$k = \frac{i}{100}(N-1) + 1$$

i després per interpolació lineal entre els elements $x_{\lfloor k \rfloor}$ i $x_{\lfloor k \rfloor + 1}$ tenim que

$$P_i = x_{\lfloor k \rfloor} + (k - \lfloor k \rfloor) \cdot (x_{\lfloor k \rfloor + 1} - x_{\lfloor k \rfloor}),$$

on $\lfloor \cdot \rfloor$ representa la funció part entera.

Observació 1.2 *Així és com ho calcula el programa R.*

Exemple 1.4 *Donada la mostra* $x_1 = 1, x_2 = 4, x_3 = 7, x_4 = 9, x_5 = 10, x_6 = 14, x_7 = 15,$ $x_8 = 16, x_9 = 20$ *i* $x_{10} = 21$, *per al càlcul del primer quartil* Q_1 *o, equivalentment, el percentil* P_{25}, *resolem per k l'equació*

$$0.25 = \frac{k-1}{10-1} \quad \Rightarrow k = 3.25$$

i després, per interpolació lineal entre els elements x_3 *i* x_4, *tenim*

$$Q_1 = x_3 + 0.25 \cdot (x_4 - x_3)$$
$$= 7 + 0.25 \cdot 2 = 7.5$$

Per al càlcul del tercer quartil Q_3 *o, equivalentment, el percentil* P_{75}, *resolem per k l'e-quació*

$$0.75 = \frac{k-1}{10-1} \quad \Rightarrow k = 7.75$$

i després, per interpolació lineal entre els elements x_7 *i* x_8, *tenim*

$$Q_3 = x_7 + 0.75 \cdot (x_8 - x_7)$$
$$= 15 + 0.75 \cdot 1 = 15.75$$

Si la distribució és de freqüències per intervals de classe, tenim que el percentil k és

$$P_k = l_{i-1} + \frac{\frac{k \cdot N}{100} - N_{i-1}}{n_i} \cdot a_i$$

on

- l_{i-1} és el límit inferior de l'interval on es troba situat el percentil k;
- n_i és la freqüència de l'interval on es troba situat el percentil k;
- N_{i-1} és la freqüència absoluta acumulada de l'interval posterior de l'interval on es troba situat el percentil k;
- a_i és l'amplitud de l'interval on es troba situat el percentil k.

Mesures de dispersió d'un conjunt d'observacions

Definició 1.26 (Rang) *El rang o amplitud d'un conjunt d'observacions és la diferència entre el valor màxim i el valor mínim observats:*

$$R = max - min$$

Definició 1.27 (Rang interquartíl·lic *IQR***)** *És la diferència entre el quartil superior i l'inferior:*

$$IQR = UQ - LQ$$

Definició 1.28 (Desviació mitjana) *La desviació mitjana d'un conjunt d'observacions* $x_1, x_2, \ldots, x_N$ *és*

$$\frac{1}{N} \sum_{i=1}^{N} |x_i - \bar{x}|.$$

Definició 1.29 (Variància) *La variància d'un conjunt d'observacions $x_1, x_2, \ldots, x_N$ és*

$$\sigma^2 = \frac{1}{N} \sum_{i=1}^{N} (x_i - \bar{x})^2.$$

- Si la variància correspon a una població, s'escriu σ^2.
- Si la variància correspon a una mostra de mida N, s'escriu s_N^2.

Definició 1.30 (Variància corregida) *Amb la finalitat d'aproximar la variància de la població a partir de les dades d'una mostra, fem servir la variància corregida*

$$\sigma_{N-1}^2 = \frac{N}{N-1} s_N^2.$$

Definició 1.31 (Desviació tipus) *És l'arrel quadrada positiva de la variància.*

$$\sigma = +\sqrt{\sigma^2}$$

$$s_N = +\sqrt{s_N^2}$$

$$s_{N-1} = +\sqrt{s_{N-1}^2}$$

Proposició 1.1 *La variància pot calcular-se també com*

$$\sigma^2 = \frac{1}{N} \left(\sum_{i=1}^{N} x_i^2 \right) - \bar{x}^2$$

1.6. Tipificació de les dades d'una mostra

Considerem dues mostres $x_1, \ldots, x_{N_1}$ i $y_1, \ldots, y_{N_2}$, amb mitjanes $\bar{x}$ i $\bar{y}$, respectivament, i desviacions tipus s_X i s_Y, respectivament. Per tal de comparar els valors d'aquestes dues mostres, els hem de *tipificar* segons l'expressió

$$x_i = \frac{x_i - \bar{x}}{s_X}, \quad y_i = \frac{y_i - \bar{y}}{s_Y}$$

Exemple 1.5 *Un grup de matí de l'assignatura Estadística té, de mitjana en el primer examen parcial, un 5, amb una desviació tipus d'1. Un grup de tarda, de la mateixa assignatura, té una nota mitjana de 6, amb una desviació tipus de 2. En Sergi, matriculat al matí, ha tret un 7. L'Ignasi, matriculat a la tarda, ha tret un 8. Quin dels dos ha tret, per comparació als seus companys, una nota millor?*

Per tal de poder comparar aquests dos valors, els hem de tipificar. La nota tipificada del Sergi és

$$x = \frac{7-5}{1} = 2,$$

mentre que la nota tipificada de l'Ignasi és

$$y = \frac{8-6}{2} = 1.$$

Donat que $x = 2 > 1 = y$, *en Sergi ha tret, comparativament, una nota millor, tot i ser inferior en valor absolut.*

Problemes resolts

Problema 1.1 *Considereu la taula següent amb l'alçada en centímetres de 50 estudiants agafats a l'atzar:*

164	188	164	174	173	183	168	161	178	176
181	163	181	172	174	178	179	185	171	170
173	169	172	169	176	174	160	186	181	161
175	167	176	165	168	172	182	177	174	179
174	174	163	164	167	180	173	168	175	171

Calculeu-ne la mitjana aritmètica $(\bar{x})$, la mediana (M_e), la moda (M_o), la variància (s_N^2), la variància corregida (s_{N-1}^2), la desviació tipus (s_N), el quartil inferior (LQ), el quartil superior (UQ), el rang i el rang interquartíl·lic (IQR).

Solució

Per realitzar els càlculs, ens serà útil fer una taula amb els valors d'alçades, ordenats amb les seves freqüències:

x_i	n_i	x_i	n_i	x_i	n_i
160	1	170	1	180	1
161	2	171	2	181	3
162	0	172	3	182	1
163	2	173	3	183	1
164	3	174	6	184	0
165	1	175	2	185	1
166	0	176	3	186	1
167	2	177	1	187	0
168	3	178	2	188	1
169	2	179	2	189	0

Per tal de calcular la mitjana aritmètica, recordem l'expressió que la defineix:

$$\bar{x} = \frac{1}{N} \sum_{i=1}^{N} x_i \cdot n_i$$

Per tant,

$$\bar{x} = \frac{1}{50} \cdot (160 + 161 + 161 + 163 + 163 + \cdots + 188)$$

$$= \frac{1}{50} \cdot (160 \cdot 1 + 161 \cdot 2 + 163 \cdot 2 + \cdots + 188 \cdot 1) = 172.96$$

La mediana és el valor que deixa tantes dades per sobre com per sota. En aquest cas, tenim un nombre parell de dades; per tant, farem la mitjana dels dos valors centrals:

$$M_e = \frac{x_{25} + x_{26}}{2} = \frac{173 + 174}{2} = 173.5$$

L'alçada que es repeteix més entre els alumnes és 174 cm, amb un total de 6 alumnes. Per tant, $M_o = 174$.

Recordem l'expressió que defineix la variància:

$$s_N^2 = \frac{1}{N} \sum_{i=1}^{N} (x_i - \bar{x})^2$$

Per tant,

$$s_{50}^2 = \frac{1}{50} \cdot \left((161 - 172.96)^2 + 2 \cdot (162 - 172.96)^2 + \cdots + 1 \cdot (188 - 172.96)^2 \right) \approx 46.04$$

La variància corregida ve donada per l'expressió:

$$s_{N-1}^2 = \frac{N}{N-1} s_n^2$$

$$s_{49}^2 = \frac{50}{49} \cdot 46.04 \approx 46.98$$

A partir de la variància, podem trobar la desviació tipus:

$$s_n = +\sqrt{s_n^2}$$

$$s_{50} = +\sqrt{46.04} \approx 6.79$$

El quartil inferior o percentil 25 és el valor que deixa una quarta part de les dades per sota. En aquest cas, el calculem resolent per k l'equació

$$0.25 = \frac{k-1}{50-1}$$

d'on obtenim $k = 13.25$

i després, per interpolació lineal entre els elements x_{13} i x_{14},

$$LQ = Q_1 = P_{25} = x_{13} + 0.25(x_{14} - x_{13}) = 168$$

El quartil superior és el que deixa una quarta part de les dades per sobre. En aquest cas, el calculem resolent per k l'equació

$$0.75 = \frac{k-1}{50-1}$$

d'on obtenim $k = 37.75$

i després, per interpolació lineal entre els elements x_{37} i x_{38},

$$UQ = Q_3 = P_{75} = x_{37} + 0.75(x_{38} - x_{37}) = 177.75$$

El rang interquartíl·lic serà, aleshores,

$$IQR = UQ - LQ = 177.75 - 168 = 9.75$$

I, finalment, el rang,

$$\text{rang} = x_{50} - x_1 = 188 - 160 = 28$$

Problema 1.2 *Donades les alçades del problema anterior, agrupeu les dades en 10 intervals d'igual longitud (tancats per l'esquerra i oberts per la dreta) de 160 a 190.*

Calculeu les marques de classe dels intervals resultants, les freqüències absolutes i les freqüències acumulades. Torneu a calcular la mediana (M_e), la moda (M_o), la variància (s_n^2), la variància corregida (s_{n-1}^2), la desviació tipus (s_n), el quartil inferior (LQ), el quartil superior (UQ), el rang i el rang interquartíl·l ic (IQR).

Quina diferència hi ha entre les dades obtingudes? Per què?

Solució

Estem avaluant alçades d'entre 160 i 190 centímetres; per tant, agruparem les dades en 10 intervals de 3 centímetres d'amplitud, on la marca de classe de cada interval serà la mitjana aritmètica dels seus extrems:

x_i	m_i	n_i	N_i
[160,163)	161.5	3	3
[163,166)	164.5	6	9
[166,169)	167.5	5	14
[169,172)	170.5	5	19
[172,175)	173.5	12	31
[175,178)	176.5	6	37
[178,181)	179.5	5	42
[181,184)	182.5	5	47
[184,187)	185.5	2	49
[187,190)	188.5	1	50

En aquest cas, i tenint en compte que l'interval on està situada la mediana és l'interval $[172, 175)$, calculem la mediana com

$$M_e = l_{i-1} + \frac{\frac{N}{2} - N_{i-1}}{n_i} \cdot a_i$$

$$= 172 + \frac{\frac{50}{2} - 19}{12} \cdot 3 \approx 173.63$$

Tenint en compte, també, que l'interval modal és l'interval $[172, 175)$, la moda queda com

$$M_o = l_{i-1} + \frac{\frac{n_{i+1}}{a_i+1}}{\frac{n_i+1}{a_i+1} + \frac{n_i-1}{a_i-1}} \cdot a_i$$

$$= 172 + \frac{\frac{6}{3}}{\frac{6}{3} + \frac{5}{3}} \cdot 3 \approx 173.64$$

Per als càlculs següents, ens caldrà la mitjana aritmètica, que calculem com

$$\bar{x} = \frac{1}{N} \cdot \sum_{i=1}^{k} m_i \cdot n_i$$

$$= \frac{1}{50} \cdot (161.5 \cdot 3 + 164.5 \cdot 6 + \cdots + 188.5 \cdot 1) = 173.44$$

Ara en podem calcular la variància:

$$s_N^2 = \frac{1}{N} \cdot \sum_{i=1}^{k} n_i \cdot (m_i - \bar{x})^2$$

$$= \frac{1}{50} \cdot (3 \cdot (161.5 - 173.44)^2 + 6 \cdot (164.5 - 173.44)^2 + \cdots + 1 \cdot (188.5 - 173.44)^2)$$

$$\approx 45.90$$

i la variància corregida, igual que al problema anterior,

$$s_{N-1}^2 = \frac{N}{N-1} \cdot s_N^2$$

$$= \frac{50}{49} \cdot 45.90 \approx 46.83$$

Un cop calculada la variància, n'obtindrem la desviació tipus,

$$s_n = +\sqrt{s_n^2}$$

$$s_{50} = +\sqrt{45.90} \approx 6.77$$

Per tal de calcular els percentils, fem servir l'expressió:

$$P_k = l_{i-1} + \frac{\frac{k \cdot N}{100} - N_{i-1}}{n_i} \cdot a_i$$

Per tant, calculem els quartils com

$$LQ = P_{25} = 166 + \frac{\frac{25 \cdot 50}{100} - 9}{5} \cdot 3 = 168.10$$

$$UQ = P_{75} = 178 + \frac{\frac{75 \cdot 50}{100} - 37}{5} \cdot 3 = 178.30$$

i el rang interquartíl·lic com

$$IQR = UQ - LQ = 178.30 - 168.1 = 10.20$$

Finalment, calculem el rang,

$$\text{rang} = 190 - 160 = 30$$

Podem observar que les dades obtingudes en aquest cas són molt properes a les obtingudes en el problema anterior, amb diferències que en cap cas no arriben a l'1 % (tret del rang, que hem ampliat voluntàriament). Aquestes diferències són degudes al fet que, en agrupar les dades en intervals, hi ha una pèrdua d'informació, que augmenta amb l'amplitud dels intervals. Vegeu que, si haguéssim fet intervals de 10 centímetres d'amplitud, la pèrdua de precisió hauria estat major i, per tant, també l'error en els càlculs successius. Si, com en aquest cas, agrupem les dades en intervals d'una amplitud coherent, la presentació de les dades les fa més assimilables, i l'anàlisi exploratòria no perd, gairebé, precisió.

Problema 1.3 *Les temperatures que va registrar un termòstat en 25 assajos van ser:*

55	54	55	51	53
55	55	54	51	56
55	55	54	53	55
54	53	50	52	56
55	55	50	56	55

a) Calculeu-ne la mitjana i la desviació tipus.
b) Calculeu-ne la mediana i els quartils.

Solució

El primer que farem és ordenar-les, de menor a major, i agrupar-les per classes segons la seva freqüència absoluta:

$$c_1 = 50, c_2 = 51, c_3 = 52, c_4 = 53, c_5 = 54, c_6 = 55, c_7 = 56,$$

$$n_1 = 2, n_2 = 2, n_3 = 1, n_4 = 3, n_5 = 4, n_6 = 10, n_7 = 3.$$

a) Per al càlcul de la mitjana, apliquem la fórmula

$$\bar{x} = \frac{\sum\limits_{i=1}^{7} c_i n_i}{\sum\limits_{i=1}^{7} n_i} = \frac{1347}{25} = 53.88,$$

i, per al càlcul de la desviació tipus,

$$s_n = \sqrt{\frac{\sum\limits_{i=1}^{7} c_i^2 n_i}{\sum\limits_{i=1}^{7} n_i} - \bar{x}^2} = \sqrt{2906.2 - 2903.0544} = \sqrt{3.1456} \approx 1.77358394$$

b) La mediana és l'element en la posició central. Com que tenim 25 elements, és l'element que ocupa la posició número 13, és a dir, $M_e = x_{13} = 55$.

Per al càlcul del primer quartil Q_1 o, equivalentment, el percentil p_{25}, resolem per k l'equació

$$0.25 = \frac{k-1}{25-1} \quad \Rightarrow \quad k = 7.$$

Per tant, $Q_1 = x_7 = 53$.

Per al càlcul del tercer quartil Q_3 o, equivalentment, el percentil p_{75}, resolem per k l'equació

$$0.75 = \frac{k-1}{25-1} \quad \Rightarrow \quad k = 19.$$

Per tant, $Q_3 = x_{19} = 55$.

Problema 1.4 *Siguin x_i, $i = 1, \dots, N$ un conjunt de dades i $\bar{x}$ la seva mitjana aritmètica. Vegeu que*

a) $\sum\limits_{i=1}^{N} (x_i - \bar{x}) = 0$

b) $\sum\limits_{i=1}^{N} (x_i - \bar{x})^2 = \sum\limits_{i=1}^{N} x_i^2 - N\bar{x}^2$

Solució

a) Ens demanen que vegem que la suma de les desviacions dels valors x_i respecte de la seva mitjana $\bar{x}$ és igual a 0. Podem expressar el sumatori de la manera següent:

$$\sum_{i=1}^{N}(x_i - \bar{x}) = \sum_{i=1}^{N} x_i - \sum_{i=1}^{N} \bar{x}$$

Ara podem simplificar els dos sumatoris per separat. Mitjançant la fórmula de la mitjana aritmètica, el primer sumatori queda com

$$\bar{x} = \frac{1}{N}\sum_{i=1}^{N} x_i \quad \Rightarrow \quad \sum_{i=1}^{N} x_i = N\bar{x}$$

Sabent que $\bar{x}$ és constant respecte de i, podem simplificar el segon sumatori:

$$\sum_{i=1}^{N} \bar{x} = \bar{x}\sum_{i=1}^{N} 1 = \bar{x}(1+1+1+\cdots+1) = \bar{x}N$$

i substituint en l'expressió inicial:

$$\sum_{i=1}^{N}(x_i - \bar{x}) = N\bar{x} - N\bar{x} = 0$$

b) Si desenvolupem el quadrat de la diferència, obtindrem

$$\sum_{i=1}^{N}(x_i - \bar{x})^2 = \sum_{i=1}^{N}\left(x_i^2 - 2\bar{x}x_i + \bar{x}^2\right)$$

Com hem fet abans, separem el sumatori:

$$\sum_{i=1}^{N}\left(x_i^2 - 2\bar{x}x_i + \bar{x}^2\right) = \sum_{i=1}^{N} x_i^2 - \sum_{i=1}^{N} 2\bar{x}x_i + \sum_{i=1}^{N} \bar{x}^2$$

Sabem que $\bar{x}$ és constant respecte de i; per tant, el segon sumatori el podem expressar com

$$\sum_{i=1}^{N} 2\bar{x}x_i = 2\bar{x}\sum_{i=1}^{N} x_i$$

i, com ja hem vist en el problema anterior,

$$\sum_{i=1}^{N} x_i = N\bar{x} \quad \Rightarrow \quad 2\bar{x}\sum_{i=1}^{N} x_i = 2\bar{x}N\bar{x}$$

El tercer sumatori el podem simplificar també com hem fet a l'apartat anterior:

$$\sum_{i=1}^{N} \bar{x}^2 = \bar{x}^2 \sum_{i=1}^{N} 1 = N\bar{x}^2$$

Per tant, l'expressió inicial queda com

$$\sum_{i=1}^{N}(x_i - \bar{x})^2 = \sum_{i=1}^{N} x_i^2 - 2\bar{x}N\bar{x} + N\bar{x}^2 = \sum_{i=1}^{N} x_i^2 - N\bar{x}^2$$

que suposa una manera alternativa de calcular la variància:

$$s_N^2 = \frac{1}{N}\sum_{i=1}^{N}(x_i-\bar{x})^2 = \frac{1}{N}\sum_{i=1}^{N}x_i^2 - \bar{x}^2$$

Problema 1.5 *Sigui x_i, $i=1,\ldots,N$ un conjunt de dades. Calculeu el valor de la variable α que fa mínima l'expressió $\sum_{i=1}^{N}(x_i-\alpha)^2$.*

Solució

Si definim $f(\alpha)=\sum_{i=1}^{N}(x_i-\alpha)^2$, hem de trobar el mínim d'aquesta funció real de variable real. La condició necessària de mínim és que $f'(\alpha)=0$; per tant, hem de trobar la derivada de la funció

$$f'(\alpha)=-2\sum_{i=1}^{N}(x_i-\alpha)$$

Podem simplificar l'expressió com hem fet en el problema anterior:

$$f'(\alpha)=-2\left(\sum_{i=1}^{N}x_i-\sum_{i=1}^{N}\alpha\right)=-2(N\bar{x}-N\alpha)=2N(\bar{x}-\alpha)$$

i, igualant a zero,

$$2N(\bar{x}-\alpha)=0 \quad\Rightarrow\quad \alpha=\bar{x}$$

Perquè $\bar{x}$ sigui un mínim, cal que $f'(\alpha)=0$ i que $f''(\alpha)>0$:

$$f''(\alpha)=(2N(\bar{x}-\alpha))'=2N \quad\Rightarrow\quad f(\bar{x})>0$$

Per tant, el valor que fa mínima l'expressió és $\alpha=\bar{x}$.

Problema 1.6 *Sigui x_i, $i=1,\ldots,N$ un conjunt de dades. Definim un nou conjunt de dades y_i, $i=1,\ldots,N$ com*

$y_i=a+bx_i$, $i=1,\ldots,N$ *on a i b són constants.*

a) Determineu la relació entre les mitjanes aritmètiques dels dos conjunts de dades.
b) Determineu la relació entre les desviacions tipus dels dos conjunts de dades.

Solució

a) Les mitjanes de les dues variables vénen donades per

$$\bar{x}=\frac{1}{N}\sum_{i=1}^{N}x_i \qquad \bar{y}=\frac{1}{N}\sum_{i=1}^{N}y_i$$

Per tal de determinar la relació entre les dues mitjanes, expressarem $\bar{y}$ en funció de $\bar{x}$,

$$\bar{y} = \frac{1}{N} \sum_{i=1}^{N} (a + bx_i) = \frac{1}{N} \left(\sum_{i=1}^{N} a + \sum_{i=1}^{N} bx_i \right)$$

Atès que a i b són constants respecte de i,

$$\bar{y} = \frac{1}{N} \left(a \sum_{i=1}^{N} 1 + b \sum_{i=1}^{N} x_i \right)$$

$$= \frac{1}{N} (Na + bN\bar{x})$$

$$= a + b\bar{x}$$

b) Per tal de trobar la relació entre les desviacions tipus de les dues variables, comencem buscant la relació entre les seves variàncies. Expressem la variància de la variable y en funció de x:

$$s_{Y,N}^2 = \frac{1}{N} \sum_{i=1}^{N} (y_i - \bar{y})^2$$

$$= \frac{1}{N} \sum_{i=1}^{N} (a + bx_i - (a + b\bar{x}))^2$$

$$= \frac{1}{N} \sum_{i=1}^{N} (bx_i - b\bar{x})^2$$

$$= \frac{1}{N} b^2 \sum_{i=1}^{N} (x_i - \bar{x})^2$$

La variància de la variable x la calculem com

$$s_{X,N}^2 = \frac{1}{N} \sum_{i=1}^{N} (x_i - \bar{x})^2$$

Substituint-ho en l'expressió anterior,

$$s_{Y,N}^2 = b^2 \cdot s_{X,N}^2$$

Per tant, la relació entre desviacions tipus queda com,

$$s_{Y,N} = |b| \cdot s_{X,N}$$

Veiem que la desviació tipus és invariant per a translacions de les dades.

Problema 1.7 *En una escola universitària, hi ha* 1008 *alumnes matriculats. D'aquests,* 504 *són alumnes de primer,* 360 *són alumnes de segon i* 144 *són alumnes de tercer. El nombre mitjà d'assignatures que agafen els alumnes de primer és d'* 11.25 + c, *on c és la suma dels nombres del vostre DNI entre* 72, *amb una desviació tipus de* 4.25. *Els de segon n'agafen* 14.1 + c, *amb una variància de* 26.19, *i els de tercer* 12 + c, *amb una desviació tipus de* 3.5.

a) *Calculeu la mitjana aritmètica i la desviació tipus del nombre d'assignatures que cursen els alumnes de tota l'escola.*

b) *S'ha fet un estudi del nombre d'anys que es tarda a finalitzar els estudis. S'han classificat els alumnes en tres categories: alumne dins el procés de fase lenta,* n_{fl}; *alumne que treballa i no està dins la fase lenta,* n_{tr}, *i els altres,* n_{al}. *Les mitjanes obtingudes per a aquests grups han estat de* 7, 6.16 *i* 4.5, *amb una mitjana global de* 5.375. *Calculeu el nombre d'alumnes en cada categoria sabent que hi ha* 1 *alumne que treballa per cada* 1.12 *alumnes que no treballen i no són de fase lenta.*

Solució

a) Comencem calculant-ne la mitjana aritmètica. La mitjana del nombre d'assignatures matriculades és el nombre total d'assignatures que han estat objecte de matrícula (*NAM*) entre el nombre total d'alumnes. El nombre d'alumnes el coneixem; per tant, ens cal trobar quantes assignatures han estat objecte de matrícula en total.

Sabem que la mitjana d'assignatures a què s'han matriculat els alumnes de primer és de 11.25 + c. Això vol dir que el nombre d'assignatures a què s'han matriculat els de primer (*NAM*1) entre 504 és 11.25 + c; per tant,

$$\frac{NAM1}{504} = 11.25 + c \quad \Rightarrow \quad NAM1 = (11.25 + c) \cdot 504 = 5670 + 504c$$

De la mateixa manera, trobem les assignatures a què s'han matriculat els alumnes de segon i tercer:

$$\frac{NAM2}{360} = 14.1 + c \quad \Rightarrow \quad NAM2 = (14.1 + c) \cdot 360 = 5076 + 360c$$

$$\frac{NAM3}{144} = 12 + c \quad \Rightarrow \quad NAM1 = (12 + c) \cdot 144 = 1728 + 144c$$

Per tant, el nombre total d'assignatures objecte de matrícula és:

$$NAM = NAM1 + NAM2 + NAM3$$

$$= 5670 + 504c + 5076 + 360c + 1728 + 144c$$

$$= 12474 + 1008c$$

i la mitjana aritmètica:

$$\bar{x} = \frac{12474 + 1008c}{1008} = 12.375 + c$$

El que hem fet es pot veure com una mitjana ponderada:

$$\bar{x} = \frac{(11.25+c)\cdot 504 + (14.1+c)\cdot 360 + (12+c)\cdot 144}{1008} = 12.375 + c$$

La desviació tipus la calculem mitjançant la variància. Per tal de calcular la variància, coneixem dues expressions:

$$s_n^2 = \frac{1}{N}\sum_{i=1}^{N}(x_i - \bar{x})^2 = \frac{1}{N}\sum_{i=1}^{N}x_i^2 - \bar{x}^2$$

on x_i és el nombre d'assignatures a què es matricula cada alumne. En aquest cas, farem servir la segona fórmula. Si denotem per $\bar{x}_1$ i $s_{504,1}^2$ la mitjana i la variància del nombre d'assignatures a què s'han matriculat els de primer, i fem el mateix pels de segon i tercer, tenim

$$4.25^2 = s_{504,1}^2 = \frac{1}{504}\sum_{i=1}^{504}x_{i,1}^2 - \bar{x}_1^2 = \frac{1}{504}\sum_{i=1}^{504}x_{i,1}^2 - 11.25^2$$

$$26.19 = s_{360,2}^2 = \frac{1}{360}\sum_{i=1}^{360}x_{i,2}^2 - \bar{x}_2^2 = \frac{1}{360}\sum_{i=1}^{360}x_{i,2}^2 - 14.1^2$$

$$3.5^2 = s_{144,3}^2 = \frac{1}{144}\sum_{i=1}^{144}x_{i,3}^2 - \bar{x}_3^2 = \frac{1}{144}\sum_{i=1}^{144}x_{i,3}^2 - 12^2$$

Per tant,

$$\sum_{i=1}^{504}x_{i,1}^2 = 504\cdot(18.0625 + 11.25^2) = 72891$$

$$\sum_{i=1}^{360}x_{i,2}^2 = 360\cdot(26.19 + 14.1^2) = 81000$$

$$\sum_{i=1}^{144}x_{i,3}^2 = 144\cdot(12.25 + 12^2) = 22500$$

Si ara tenim en compte que la suma dels nombres d'assignatures al quadrat dels alumnes les podem sumar per separat segons si són de primer, segon o tercer, és a dir:

$$\sum_{i=1}^{1008}x_i^2 = \sum_{i=1}^{504}x_{i,1}^2 + \sum_{i=1}^{360}x_{i,2}^2 + \sum_{i=1}^{144}x_{i,3}^2$$

tenim que la variància ve donada per

$$s_{1008}^2 = \frac{1}{1008}\sum_{i=1}^{N}x_i^2 - \bar{x}^2$$

$$= \frac{1}{1008} \left(\sum_{i=1}^{504} x_{i,1}^2 + \sum_{i=1}^{360} x_{i,2}^2 + \sum_{i=1}^{144} x_{i,3}^2 \right) - 12.375^2$$

$$= \frac{1}{1008} (72891 + 81000 + 22500) - 12.375^2 \approx 21.85$$

Per tant, la desviació tipus és

$$s_{1008} = \sqrt{s_{1008}^2} \approx 4.67$$

b) Com ja hem vist en el càlcul de la mitjana d'assignatures a l'apartat anterior, la mitjana aritmètica d'un conjunt segmentat en diversos subconjunts dels quals coneixem la mitjana, la podem calcular com una mitjana ponderada. Si denotem per $\bar{a}_i$ la mitjana d'anys que triga el subconjunt i a acabar la carrera, tenim

$$\bar{a} = \frac{\bar{a}_{fl} \cdot n_{fl} + \bar{a}_{tr} \cdot n_{tr} + \bar{a}_{al} \cdot n_{al}}{n_{fl} + n_{tr} + n_{al}} \quad \Rightarrow \quad 5.375 = \frac{7 \cdot n_{fl} + 6.16 \cdot n_{tr} + 4.5 \cdot n_{al}}{n_{fl} + n_{tr} + n_{al}}$$

Sabem, a més, que el nombre total d'alumnes és de 1008 i que, per a cada alumne que treballa, n'hi ha 1.12 que no treballen ni són de fase lenta. Tenim, per tant,

$$5.375 = \frac{7 \cdot n_{fl} + 6.16 \cdot n_{tr} + 4.5 \cdot n_{al}}{n_{fl} + n_{tr} + n_{al}}$$

$$n_{fl} + n_{tr} + n_{al} = 1008$$

$$1.12 n_{tr} = n_{al}$$

Resolent aquest sistema d'equacions, obtenim

$$n_{tr} = 450 \qquad n_{al} = 504 \qquad n_{fl} = 54$$

Problema 1.8 *A la consulta de la doctora Villa s'ha fet un estudi sobre la pressió arterial sistòlica (mesurada en mmHg) dels pacients durant un mes. Els resultats s'han recollit en una taula, però algunes dades s'han esborrat accidentalment. Es disposa, per tant, només de les dades següents:*

$PAS(x_i)$	m_i	n_i	N_i	f_i	F_i
$[100, 120)$	110		35		
$[120, 130)$	125	25			0.6
$[130, 140)$	135				0.7
$[140, 150)$	145			0.1	
$[150, 160)$	155				
$[160, 180)$	170	5			

on m_i és la marca de classe, n_i la freqüència absoluta, N_i la freqüència absoluta acumulada, f_i la freqüència relativa i F_i la freqüència relativa acumulada.

a) Completeu les dades que falten a la taula.
b) Calculeu la mitjana aritmètica.
c) Calculeu la mediana.

Solució

a) Per al primer interval $[100, 120)$, la freqüència absoluta ha de coincidir amb l'absoluta acumulada. Aleshores, coneixent el valor n_2, també podrem calcular N_2:

$$n_1 = N_1 = 35 \qquad N_2 = N_1 + n_2 = 35 + 25 = 60$$

El valor conegut de la freqüència relativa del tercer interval ens permet ara trobar el nombre total de pacients que han participat a l'estudi, que coincideix amb la freqüència absoluta acumulada de l'últim interval:

$$F_2 = \frac{N_2}{N} \quad \Rightarrow \quad N = \frac{N_2}{F_2} = \frac{60}{0.6} = 100 = N_6$$

Amb això podem trobar les freqüències absolutes dels intervals següents:

$$N_3 = F_3 \cdot N = 0.7 \cdot 100 = 70 \qquad n_3 = N_3 - N_2 = 70 - 60 = 10$$

$$n_4 = f_4 \cdot N = 0.1 \cdot 100 = 10 \qquad N_4 = N_3 + n_4 = 70 + 10 = 80$$

i les absolutes del cinquè interval:

$$n_5 = N - (n_1 + n_2 + n_3 + n_4 + n_6) = 100 - (35 + 25 + 10 + 10 + 5) = 15$$

$$N_5 = N_4 + n_5 = 80 + 15 = 95$$

Podem ara trobar les freqüències relatives i relatives acumulades que ens manquen, sabent que:

$$f_i = \frac{n_i}{100} \qquad F_i = \frac{N_i}{100}$$

Per tant, la taula queda de la manera següent:

$PAS(x_i)$	m_i	n_i	N_i	f_i	F_i
$[100, 120)$	110	35	35	0.35	0.35
$[120, 130)$	125	25	60	0.25	0.6
$[130, 140)$	135	10	70	0.1	0.7
$[140, 150)$	145	10	80	0.1	0.8
$[150, 160)$	155	15	95	0.15	0.95
$[160, 180)$	170	5	100	0.05	1

b) Coneixent totes les dades, podem fer servir l'expressió $\bar{x} = \sum\limits_{i=1}^{k} m_i f_i$:

$$\bar{x} = 110 \cdot 0.35 + 125 \cdot 0.25 + 135 \cdot 0.1 + 145 \cdot 0.1 + 155 \cdot 0.15 + 170 \cdot 0.05 = 129.5$$

c) El valor que parteix una mostra de 100 dades en dues meitats es troba entre el 50 i el 51. En aquest, cas agafem, doncs, l'interval $[120, 130)$, i aplicant la fórmula

$$M_e = l_{i-1} + \frac{\dfrac{n_i + 1}{a_i + 1}}{\dfrac{n_i + 1}{a_i + 1} + \dfrac{n_i - 1}{a_i - 1}} \cdot a_i; \quad M_e = 120 + \frac{\dfrac{15}{10}}{\dfrac{15}{10} + \dfrac{25}{10}} \cdot 10 = \frac{1380}{11} \approx 125.45$$

Problema 1.9 *Una coneguda marca de cotxes ha calculat els beneficis totals obtinguts durant un mes per la venda de cada un dels quatre models que fabrica, i els beneficis que genera una unitat de cada model (en milers d'euros).*

model	beneficis mensuals B_i	beneficis per unitat b_i
A	6684	3.00
B	4995	2.22
C	2695	1.96
D	4428	1.80

Calculeu el benefici mitjà obtingut en vendre un cotxe.

Solució

Podem calcular el benefici mig que s'obté per cotxe com el benefici total obtingut entre el total de cotxes venuts. Denotem per B_T el benefici total obtingut durant aquest mes, que serà:

$$B_T = 6684 + 4995 + 2695 + 4428 = 18802$$

Denotem per C_i el nombre de cotxes venuts del model i, que correspon al total de beneficis generats per un model entre el benefici unitari del mateix $C_i = \dfrac{B_i}{b_i}$. Llavors, el nombre total de cotxes serà:

$$C_T = C_A + C_B + C_C + C_D$$

$$= \frac{6684}{3.00} + \frac{4995}{2.22} + \frac{2695}{1.96} + \frac{4428}{1.80} = 8313$$

Per tant, el benefici mitjà per cotxe venut és:

$$\bar{b} = \frac{B_T}{C_T} = \frac{18802}{8313} \approx 2.26$$

Problema 1.10 *En una botiga d'ordinadors, s'estimen unes vendes diàries de 6 ordinadors de taula i 9 portàtils. Els guanys mitjans dels ordinadors de taula són de 200 euros, amb una desviació tipus de 50 euros. En els portàtils, el guany mitjà és de 250 euros, amb una desviació tipus de 80 euros. Determineu el guany mitjà per article venut i la seva desviació tipus.*

Solució

Denotem per $G_{i,T}$ els guanys d'un ordinador de taula, per $G_{i,P}$ els guanys d'un portàtil i per G_i el guany d'un ordinador en general. També denotem per n_T i n_P el número d'ordinadors de taula i portàtils que es venen al dia. Tenim, llavors:

$$\bar{G}_T = 200 \quad \sigma_T = 50 \quad n_T = 6$$

$$\bar{G}_P = 250 \quad \sigma_P = 80 \quad n_P = 12$$

Calculem la mitjana de guanys general com $\bar{G} = \dfrac{\sum\limits_{i=1}^{N} G_i}{N}$, que podem expressar com

$$\bar{G} = \frac{\sum\limits_{i=1}^{N} G_{i,T} + \sum\limits_{i=1}^{N} G_{i,P}}{n_T + n_P}$$

Coneixent les mitjanes particulars,

$$\bar{G}_T = \frac{\sum\limits_{i=1}^{N} G_{i,T}}{n_T} \quad \Rightarrow \quad \sum_{i=1}^{N} G_{i,T} = \bar{G}_T \cdot n_T$$

$$\bar{G}_P = \frac{\sum\limits_{i=1}^{N} G_{i,P}}{n_P} \quad \Rightarrow \quad \sum_{i=1}^{N} G_{i,P} = \bar{G}_P \cdot n_P$$

i, si ho ajuntem tot,

$$\bar{G} = \frac{\bar{G}_T \cdot n_T + \bar{G}_P \cdot n_P}{n_T + n_P}$$

$$= \frac{200 \cdot 6 + 250 \cdot 9}{6 + 9} = 230$$

El que hem fet és una mitjana ponderada de les dues mitjanes aritmètiques.

Per tal de calcular la variància de tot el conjunt, fem servir la fórmula $\sigma^2 = \dfrac{\sum\limits_{i=1}^{N} G_i^2}{N} - \bar{G}^2$, que en aquest cas podem expressar com

$$\sigma^2 = \frac{\sum_{i=1}^{N} G_{i,T}^2 + \sum_{i=1}^{N} G_{i,P}^2}{n_T + n_P} - \bar{G}^2$$

Coneixent les desviacions tipus dels subconjunts, podem trobar els dos sumatoris:

$$\sigma_T^2 = \frac{\sum_{i=1}^{N} G_{i,T}^2}{n_T} - \bar{G}_T^2 \quad \Rightarrow \quad \sum_{i=1}^{N} G_{i,T}^2 = (\sigma_T^2 + \bar{G}_T^2) \cdot n_T$$

$$\sigma_P^2 = \frac{\sum_{i=1}^{N} G_{i,P}^2}{n_P} - \bar{G}_P^2 \quad \Rightarrow \quad \sum_{i=1}^{N} G_{i,P}^2 = (\sigma_P^2 + \bar{G}_P^2) \cdot n_P$$

per tant, la variància general queda com

$$\sigma^2 = \frac{(\sigma_T^2 + \bar{G}_T^2) \cdot n_T + (\sigma_P^2 + \bar{G}_P^2) \cdot n_P}{n_T + n_P} - \bar{G}^2$$

$$= \frac{(50^2 + 200^2) \cdot 6 + (80^2 + 250^2) \cdot 9}{6 + 9} - 230^2 = 5440$$

i la desviació tipus,

$$\sigma = \sqrt{5440} \approx 73.76$$

Problema 1.11 *Un professor decideix qualificar els seus alumnes segons el criteri se-güent: suspendrà tot alumne que tingui una nota inferior a la mediana. Si la nota es troba entre la mediana i el percentil P_{75}, tindrà un aprovat; fins al percentil P_{95}, un no-table i, per sobre, un excel·lent. Les notes obtingudes són les següents:*

notes	nre. d'alumnes
$[0,1]$	4
$(1,2]$	3
$(2,3]$	6
$(3,4]$	12
$(4,5]$	19
$(5,6]$	24
$(6,7]$	18
$(7,8]$	8
$(8,9]$	5
$(9,10]$	1

Trobeu els intervals de les diferents qualificacions.

Solució

Per tal de calcular els percentils, necessitarem les freqüències acumulades:

x_i	n_i	N_i
$[0,1]$	4	4
$(1,2]$	3	7
$(2,3]$	6	13
$(3,4]$	12	25
$(4,5]$	19	44
$(5,6]$	24	68
$(6,7]$	14	82
$(7,8]$	11	93
$(8,9]$	5	98
$(9,10]$	2	100

Per tal de calcular els percentils amb valors agrupats per intervals, fem servir l'expressió:

$$P_k = l_{i-1} + \frac{\frac{k \cdot N}{100} - N_{i-1}}{n_i} \cdot a_i$$

Per tant,

$$P_{50} = 5 + \frac{\frac{50 \cdot 100}{100} - 44}{24} \cdot 1 = 5.25$$

$$P_{75} = 6 + \frac{\frac{75 \cdot 100}{100} - 68}{14} \cdot 1 = 6.50$$

$$P_{95} = 8 + \frac{\frac{95 \cdot 100}{100} - 93}{5} \cdot 1 = 8.40$$

i els intervals queden com a

suspens $[0, 5.25)$

aprovat $[5.25, 6.50)$

notable $[6.50, 8.20)$

excel·lent $[8.20, 10]$

Problema 1.12 *Un equip de futbol italià va fer 26 gols a la lliga, en què la mitjana de gols dels equips va ser de 23, amb una desviació tipus de 4 gols. Un altre equip, aquest alemany, va fer 22 gols a la seva lliga, en què la mitjana de gols va ser de 19, amb una desviació de 3 gols. Quin dels dos equips és més golejador?*

Solució

Per a poder comparar dos valors de poblacions diferents, els hem de tipificar segons l'expressió:

$$z = \frac{x - \mu}{\sigma}$$

En aquest cas,

$$z_1 = \frac{26 - 23}{4} = 0.75$$

$$z_2 = \frac{22 - 19}{3} = 1$$

Per tant, l'equip alemany és més golejador.

Elements de probabilitat

"La théorie des probabilités n'est au fond que le bon sens réduit au calcul."

Pierre Simon Laplace, *Théorie analytique des probabilités*, 1820.

Els conceptes d'atzar i aleatorietat han estat presents en la humanitat des de les primeres civilitzacions, que vivien sota la incertesa del clima i de l'abastiment d'aliments. Actualment, disciplines com l'economia o la climatologia persegueixen, en gran manera, controlar la incertesa: en el camp de l'economia, per determinar el risc de les inversions i predir com evolucionarà el mercat; en la climatologia, per estimar com de probables són determinats escenaris i valorar els possibles efectes del canvi climàtic. La teoria de la probabilitat és la branca de les matemàtiques que s'ocupa de l'estudi dels fenòmens estocàstics, sotmesos a l'atzar.

2.1. Experiències aleatòries i espai mostral

Anomenem *experiència aleatòria* qualsevol experiència el resultat de la qual no podem predir d'una manera exacta. En contrast amb aquest tipus d'experiments, aquells el resultat dels quals es pot predir s'anomenen *experiments deterministes*.

Definim l'*espai mostral* Ω associat a una experiència aleatòria com el conjunt de tots els resultats possibles que es poden obtenir en realitzar l'experiència aleatòria. En particular, anomenem *esdeveniment elemental* cada un dels elements de l'espai mostral Ω.

L'espai mostral pot ser finit, infinit numerable o infinit no numerable. Per exemple, en el cas del llançament d'un dau de 6 cares, tenim 6 resultats possibles, de manera que Ω és finit. En canvi, si demanem a algú que pensi un nombre qualsevol, el conjunt de resultats és infinit.

En matemàtiques, es diu que un conjunt és *infinit numerable* quan es pot posar en correspondència *un a un* (bijectiva) amb el conjunt dels nombres naturals. Per exemple, el conjunt dels nombres parells és un conjunt infinit numerable, ja que es pot establir la bijecció següent:

$$
\begin{array}{ccc}
\text{naturals} & \mapsto & \text{parells} \\
1 & \mapsto & 2 \\
2 & \mapsto & 4 \\
3 & \mapsto & 6 \\
\cdots & \mapsto & \cdots
\end{array}
$$

Són exemples de conjunts infinits numerables:

- el conjunt dels nombres naturals, $\mathbb{N}$;
- el conjunt dels nombres enters, $\mathbb{Z}$;
- el conjunt dels nombres racionals, $\mathbb{Q}$.

Si un conjunt infinit no es pot bijectar amb els nombres naturals, es diu que és *infinit no numerable*. Són exemples de conjunts infinits no numerables:

- el conjunt dels nombre reals, $\mathbb{R}$;
- qualsevol interval dels nombres reals, $[a,b] \subset \mathbb{R}$, on $a < b$, $a,b \in \mathbb{R}$.

Exemple 2.6 *Considerem l'experiència aleatòria de llançar a l'aire una moneda tres vegades. En aquest cas, l'espai mostral és*

$$\Omega = \{ccc, cc+, c+c, +cc, c++, +c+, ++c, +++\},$$

que és un conjunt format per 8 elements.

2.2. Esdeveniments o successos

Un **esdeveniment** és qualsevol subconjunt de l'espai mostral Ω, quan aquest és finit o infinit numerable. En aquests casos, el conjunt dels esdeveniments és el conjunt $E = \mathscr{P}(\Omega)$ de les parts de Ω. Seguint amb els exemples anteriors, alguns successos en el cas de tirar un dau són: que surti parell, que surti 1 (esdeveniment elemental) o que surti major que 3. Per a l'experiment aleatòri d'escollir un nombre, que el nombre triat sigui natural és un possible esdeveniment.

Exemple 2.7 *Considerem l'experiència aleatòria de tirar un dau de 6 cares. En aquest cas, l'espai mostral és*

$$\Omega = \{1,2,3,4,5,6\}.$$

L'esdeveniment "que surti parell" és el subconjunt $\{2,4,6\} \subset \Omega$ *i l'esdeveniment "que surti 1", el subconjunt* $\{1\} \subset \Omega$. *Per a aquesta experiència, el conjunt d'esdeveniments és:*

$$
\begin{aligned}
E = \mathscr{P}(\Omega) = \{ & \emptyset, \{1\}, \{2\}, \{3\}, \{4\}, \{5\}, \{6\}, \\
& \{1,2\}, \{1,3\}, \{1,4\}, \{1,5\}, \{1,6\}, \\
& \{2,3\}, \{2,4\}, \{2,5\}, \{2,6\}, \\
& \vdots \\
& \{1,2,3,4,5\}, \{1,2,3,5,6\}, \{1,2,4,5,6\}, \{1,3,4,5,6\}, \{2,3,4,5,6\}, \\
& \{1,2,3,4,5,6\}\}.
\end{aligned}
$$

Aquest conjunt té 2^6 elements, que denotem així:

$$\#E = 2^{\#\Omega} = 64,$$

on el símbol # representa el cardinal o nombre d'elements d'un conjunt.

Utilitzem la notació E per representar el conjunt dels esdeveniments d'una experiència aleatòria. En particular:

- L'espai mostral Ω l'anomenem *esdeveniment segur*.
- El conjunt buit $\emptyset$ l'anomenem *esdeveniment impossible*.

Observació 2.3 *Si A i B són dos esdeveniments associats a una experiència aleatòria, llavors:*

- *$A \cup B$ (que es llegeix "A unió B") és l'esdeveniment que es compleix quan es compleixen l'esdeveniment A o el B (o tots dos).*

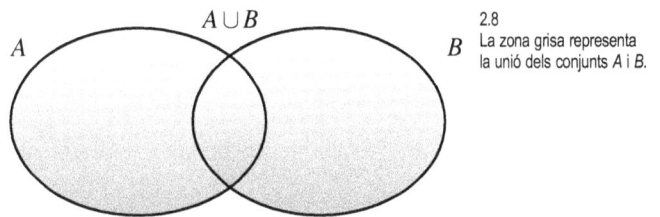

2.8 La zona grisa representa la unió dels conjunts A i B.

- *$A \sqcup B$ (que es llegeix "la unió disjunta de A i B") és l'esdeveniment que es compleix quan es compleix o bé l'esdeveniment A, o bé l'esdeveniment B (però no tots dos alhora).*

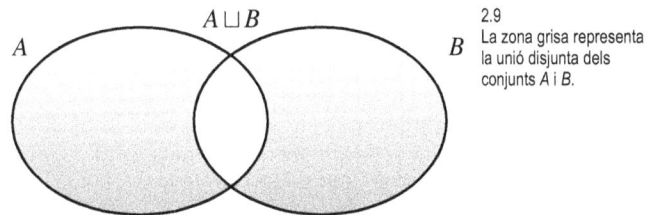

2.9 La zona grisa representa la unió disjunta dels conjunts A i B.

- *$A \cap B$ (que es llegeix "A intersecció B) és l'esdeveniment que es compleix quan es compleixen simultàniament A i B.*

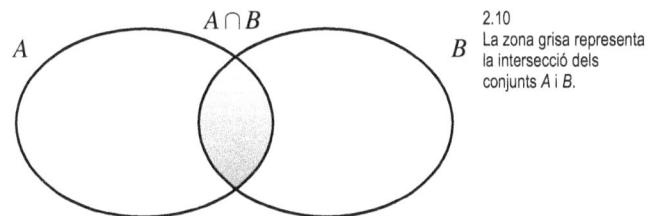

2.10 La zona grisa representa la intersecció dels conjunts A i B.

- $\bar{A}$ *(que es llegeix "el complementari de A") és l'esdeveniment que es compleix quan l'esdeveniment A no es compleix; l'esdeveniment complementari.*

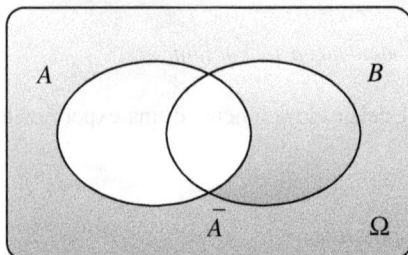

Diem que dos esdeveniments són *mútuament excloents* o *incompatibles* si tenen una intersecció buida. En cas contrari, es diu que els esdeveniments són *compatibles*.

2.3. Axiomàtica de la probabilitat

Es diu que una aplicació del conjunt E dels esdeveniments sobre els nombres reals

$$P : E \rightarrow \mathbb{R}$$

és una probabilitat si compleix els axiomes següents:

- $P(A) \geq 0, \qquad \forall A \in E$
- $P(\Omega) = 1$
- Donada una sèrie de successos mútuament incompatibles, $A_i \cap A_j = \emptyset$ per a $i \neq j$, aleshores es compleix:

$$P\left(\bigcup_{i=1}^{\infty} A_i\right) = \sum_{i=1}^{\infty} P(A_i)$$

Notem que podem definir diferents probabilitats sobre un mateix espai mostral. Un exemple molt clar és el cas de les monedes trucades, en les quals la probabilitat d'un dels dos esdeveniments elementals (cara o creu) és superior a l'altre. Típicament, definiríem la probabilitat sobre l'espai mostral com $P(cara) = P(creu) = \frac{1}{2}$, però si la moneda està trucada la funció de probabilitat que defineix el fenomen és diferent: $P(cara) = \frac{1}{2} \pm \varepsilon$ i $P(creu) = \frac{1}{2} \pm (-\varepsilon)$.

Propietats de la probabilitat

Siguin A i B dos esdeveniments d'una experiència aleatòria. Aleshores,

(i) $P(\emptyset) = 0$
(ii) Donats A i B incompatibles, aleshores $P(A \cup B) = P(A) + P(B)$
(iii) $P(\bar{A}) = 1 - P(A)$
(iv) $A \subset B \Rightarrow P(A) \leq P(B)$
(v) $P(A \cup B) = P(A) + P(B) - P(A \cap B)$

Demostració

(i) $1 = P(\Omega) = P(\Omega \cup \emptyset \cup \emptyset \cup \ldots) = P(\Omega) + \sum_{i=1}^{\infty} P(\emptyset) \Rightarrow \sum_{i=1}^{\infty} P(\emptyset) = 0 \Rightarrow P(\emptyset) = 0$

(ii) $P(A \cup B) = P(A \cup B \cup \emptyset \cup \emptyset \cup \ldots) = P(A) + P(B) + \sum_{i=1}^{\infty} P(\emptyset) = P(A) + P(B)$

(iii) Com que $\Omega = A \cup \bar{A}$ i els conjunts A i $\bar{A}$ són incompatibles,

$$1 = P(\Omega) = P(A \cup \bar{A}) = P(A) + P(\bar{A}) \Rightarrow P(\bar{A}) = 1 - P(A).$$

(iv) Denotem per $B - A = \bar{A} \cap B$. Com que $A \subset B$, $B = A \cup (B - A)$, on la unió és disjunta. Per la segona propietat, $P(B) = P(A) + P(B - A)$ i, com que la funció P és no negativa, $P(A) \leq P(B)$.

(v) Sigui $C = A \cap B$. Aleshores, $C \subset B$, de manera que $P(B - C) = P(B) - P(C)$. Com que $A \cup B = A \cup (B - C)$ i la unió és disjunta, tenim que

$$P(A \cup B) = P(A) + P(B - C) = P(A) + P(B) - P(C) = P(A) + P(B) - P(A \cap B). \blacksquare$$

2.4. Probabilitat condicionada. Teorema de Bayes

Suposem que sabem que un matrimoni té dos fills i que un d'ells és una nena. És clar que, amb la informació de què es disposa, la probabilitat que tinguin dues filles és $\frac{1}{3}$, ja que dels tres casos possibles: $\{(nena,nen), (nen, nena), (nena, nena)\}$, només un satisfà que tinguin dues nenes. Suposem ara que, passejant pel carrer, ens hem trobat el matrimoni acompanyat d'una filla. Quina és ara la probabilitat que tots dos fills siguin nenes? Observem que ara només pot passar que el fill que no va amb ells sigui un nen o bé que sigui una nena. De manera que la probabilitat que siguin dues nenes és $\frac{1}{2}$.

Moltes vegades, és interessant calcular la probabilitat d'un esdeveniment A, condicionada al fet que s'hagi verificat un altre esdeveniment B. Aquesta probabilitat la representen com $P(A|B)$ i la definim a partir de la idea que l'espai mostral queda restringit als casos en què es verifica B.

Definició 2.31 (Probabilitat condicionada) *La probabilitat que succeeixi l'esdeveniment A condicionada al fet que hagi succeït l'esdeveniment B es defineix de la manera següent:*

$$P(A|B) = \frac{P(A \cap B)}{P(B)}.$$

Conseqüència directa d'aquesta fórmula és que

$$P(A \cap B) = P(B) \cdot P(A|B).$$

Definició 2.32 (Independència) *Dos esdeveniments A i B son* **independents** *quan el fet que se'n verifiqui un no influeix en la probabilitat que es verifiqui l'altre. És a dir, quan*

$$P(A|B) = P(A)$$

Conseqüència d'aquesta definició és que si A i B són independents aleshores

$$(PA \cap B) = P(A) \cdot P(B)$$

Observació 2.4 *Cal no confondre esdeveniments* **incompatibles** *amb esdeveniments* **independents.**

Proposició 2.2 *Sigui* (Ω, P) *un espai de probabilitat, és a dir,* Ω *un espai mostral i P una funció de probabilitat sobre aquest espai mostral. Sigui* $B \subset \Omega$ *tal que* $P(B) > 0$. *Aleshores,* $P_B = P(\cdot|B)$ *defineix una funció de probabilitat.*

Demostració. Cal comprovar que $P(\cdot|B)$ compleix els tres axiomes d'una probabilitat. En efecte:

(i) Donat $A \subset \Omega$, $P_B(A) = P(A|B) = \dfrac{P(A \cap B)}{P(B)} \geq 0$, perquè P és una probabilitat.

(ii) $P_B(\Omega) = P(\Omega|B) = \dfrac{P(\Omega \cap B)}{P(B)} = \dfrac{P(B)}{P(B)} = 1$

(iii) Donada una sèrie de successos mútuament incompatibles, $A_i \cap A_j = \emptyset$ per a $i \neq j$; aleshores, es compleix:

$$P\left(\bigcup_{i=1}^{\infty} A_i \Big| B\right) = \frac{P(\bigcup A_i \cap B)}{P(B)} = \frac{1}{P(B)} \sum_{i=1}^{\infty} P(A_i \cap B) = \sum_{i=1}^{\infty} P(A_i|B). \qquad \blacksquare$$

Teorema 2.1 (de la probabilitat total) *Si* $A_1, \ldots, A_n$ *és una partició de* Ω, *és a dir,*

$$\Omega = \bigcup_{i=1}^{n} A_i, \quad A_i \cap A_j = \emptyset, \ i \neq j; \ \text{aleshores, si B és un esdeveniment qualsevol,}$$

$$P(B) = \sum_{i=1}^{n} P(A_i) \cdot P(B|A_i).$$

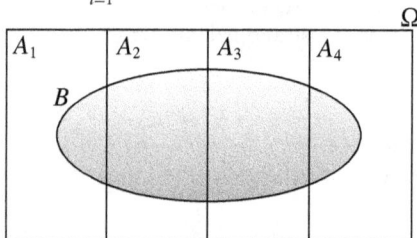

2.12
Partició de l'espai mostral Ω en quatre conjunts disjunts A_1, A_2, A_3 i A_4.

Demostració. Com que $A_1, \ldots, A_n$ és una partició de l'espai Ω, tenim que

$$P(B) = P(B \cap \Omega) = P\left(B \cap \left(\cup_{j=1}^{n} A_j\right)\right) = P\left(\cup_{j=1}^{n} (A_j \cap B)\right) = \sum_{j=1}^{n} P(A_j \cap B)$$

Per definició de probabilitat condicionada, $P(A_j \cap B) = P(B|A_j)P(A_j)$. Per tant,

$$P(B) = \sum_{j=1}^{n} P(A_j \cap B) = \sum_{j=1}^{n} P(B|A_j)P(A_j) \qquad \blacksquare$$

Exemple 2.8 *Es disposa de dues urnes, A i B. La primera conté 3 boles negres i 2 blanques, i la segona 2 negres i 5 blanques. Es llança una moneda a l'aire, de manera que si surt cara es treu una bola de A i si surt creu, de B. Quina és la probabilitat de treure una negra?*

Resoldre aquest problema per mitjà de l'ús del teorema de les probabilitats totals és molt senzill. Considerem $A_1 = \{extracció de l'urna A\}$ i $A_2 = \{extracció de l'urna B\}$. Observem que, quan realitzem l'experiència aleatòria, o bé traurem una bola de A o bé una de B. Per tant, A_1 i A_2 constitueixen una partició. Notant per $N := \{treure bola negra\}$, per la fórmula de les probabilitats totals:

$$P(N) = P(N \cap A_1) + P(N \cap A_2) = P(A_1)P(N|A_1) + P(A_2)P(N|A_2) = \frac{1}{2} \cdot \frac{3}{5} + \frac{1}{2} \cdot \frac{2}{7} = \frac{31}{70}$$

Arbre de probabilitats

Considerem el problema següent: es disposa de dues urnes A i B. La primera conté 1 bola negra (n) i 2 blanques (b), i la segona 2 negres i 1 blanca. Es llança una moneda, de manera que si surt cara es treu una bola de A i si surt creu, de B. Quina és la probabilitat de treure una negra?

Per a representar de forma molt adequada aquest tipus d'experiències, es pot realitzar l'esquema següent, anomenat *arbre de probabilitats*.

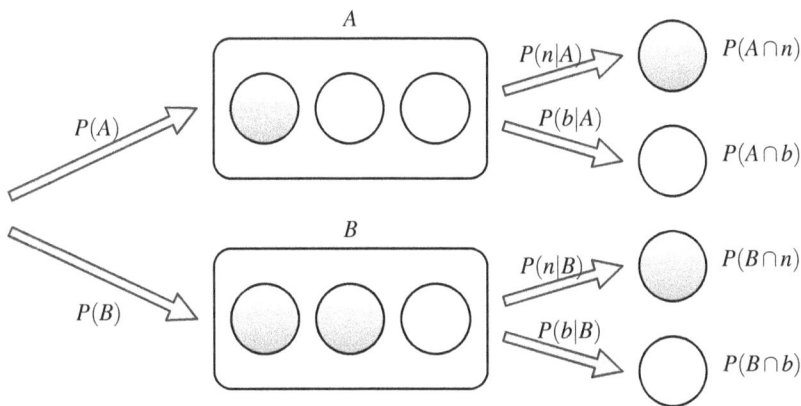

2.13
Arbre de probabilitats.
Cada fulla de l'arbre es
calcula com el producte
de les probabilitats de les
branques que li arriben.

Cada fletxa del diagrama és una *branca* de l'arbre; a cada branca, li assignem la probabilitat que li correspon. Un recorregut des de l'inici de l'experiment fins al final (*fulles*) s'anomena *camí*. La probabilitat d'aquest camí és el *producte* de les probabilitats de les branques que el componen. Un cop estem situats, per exemple, en A, les branques que surten han de tenir present aquest fer i, per tant, *condicionar* les probabilitats de les branques que surten. D'aquesta manera, les dues branques que surten de A són $P(n|A)$ i $P(b|A)$.

Finalment, el que ens demanen és la probabilitat de treure una bola negra. Això és la suma de les probabilitats de les fulles que tenen una bola negra:

$$\begin{aligned} P(n) \quad &= P(A \cap n) + P(B \cap n) \\ &= P(A) \cdot P(n|A) + P(B) \cdot P(n|B). \end{aligned}$$

Teorema 2.2 (de Bayes) *Siguin $A_1,\ldots,A_n$ una partició de Ω. Donat $B \subset \Omega$, amb $P(B) > 0$, per a tot $i = 1,\ldots,n$ es compleix:*

$$P(A_i|B) = \frac{P(A_i)P(B|A_i)}{\sum_{j=1}^{n} P(A_j)P(B|A_j)}$$

Demostració. En virtut del teorema de la probabilitat total i de la definició de probabilitat condicionada,

$$P(A_i|B) = \frac{P(A_i \cap B)}{P(B)} = \frac{P(B|A_i)P(A_i)}{\sum_{j=1}^{n} P(A_j \cap B)} = \frac{P(B|A_i)P(A_i)}{\sum_{j=1}^{n} P(B|A_j)P(A_j)} \qquad \blacksquare$$

2.5. Nocions de combinatòria

En molts experiments estadístics, el nombre de resultats possibles és tan gran que descriure'ls tots pot ser massa costós o difícil. Per això, és necessari disposar de mètodes de còmput que determinin el nombre total de resultats possibles i el de determinats esdeveniments. La combinatòria és la part de les matemàtiques que estudia la formació de subconjunts d'un conjunt finit donat, tenint en compte el nombre i l'ordenació dels seus elements; en conseqüència, també s'ocupa de l'estudi d'algoritmes i fórmules de còmput.

Principi de multiplicació

El nombre total de maneres diferents de realitzar diverses eleccions successives és el producte del nombre de formes diferents en què pot fer-se cadascuna d'elles.

Per exemple, suposem que per anar de Madrid a Barcelona hi ha tres rutes diferents: avió, tren o cotxe. Per anar de Barcelona a Sicília es pot prendre l'avió o el vaixell. Aleshores, pel principi de multiplicació, el viatge de Madrid a Sicília, passant per Barcelona, es pot fer de $3 \cdot 2 = 6$ maneres.

Variacions

Donats m elements $\{a_1,\ldots,a_m\}$ diferents, anomenem *variacions* d'aquests m elements agafats de n en n ($n \leq m$) els diferents grups de n elements formats amb els m, considerant dos grups diferents si difereixen en algun dels seus elements o en el seu ordre. En resum, les variacions es caracteritzen per:

  (i) No es poden repetir elements.
 (ii) Importa l'ordre.
(iii) En cada grup no estan inclosos tots els m elements, llevat que $n = m$.

Farem servir la notació $V_{m,n}$ per representar el nombre de variacions de m elements agafats de n en n. Aquest nombre és

$$V_{n,m} = m \cdot (m-1) \cdot (m-2) \cdots (m-n+1).$$

Demostració. Per obtenir un element de $V_{m,n}$ cal realitzar n eleccions successives. Com que no es poden repetir els elements i l'ordre importa, primer podem escollir entre els m totals. A la segona tria, entre els $m-1$ restants, i així successivament. Pel principi de multiplicació, resulta de forma trivial la fórmula. ∎

Permutacions

Anomenem *permutacions* de m elements diferents $\{a_1,\ldots,a_m\}$ totes les possibles ordenacions d'aquests m elements.

Les propietats que caracteritzen les permutacions són:

(i) No se'n repeteixen elements.
(ii) L'ordre importa.
(iii) A cada grup, estan inclosos tots els elements.

El nombre de permutacions de m elements es representa per P_m i coincideix amb el nombre de variacions de m elements agafats de m en m, és a dir,

$$P_m = m!$$

Combinacions

Donats m elements diferents $\{a_1,\ldots,a_m\}$, anomenem *combinacions* d'aquests m elements presos de n en n ($n \leq m$) els diferents grups de n elements formats amb els m, considerant que dos grups són diferents si difereixen en algun element.

En resum, les combinacions es caracteritzen perquè:

(i) No se'n repeteixen elements.
(ii) L'ordre no importa.
(iii) A cada grup, no estan inclosos tots els elements, excepte quan $n = m$.

Farem servir la notació $C_{m,n}$ per representar el nombre de combinacions de m elements agafats de n en n. Aquest nombre és

$$C_{m,n} = \binom{m}{n} = \frac{m!}{(m-n)! \cdot n!}$$

Demostració. Per obtenir un element de $V_{m,n}$, es fan les dues eleccions consecutives següents:

(i) Escollir els n elements. Això es pot fer de $C_{m,n}$ maneres possibles.
(ii) Triar una ordenació dels n elements. Això es pot fer de P_n maneres diferents.

Per tant, pel principi de multiplicació:

$$V_{m,n} = C_{m,n} \cdot P_n \implies C_{m,n} = \frac{V_{m,n}}{P_n} = \frac{\frac{m!}{(m-n)!}}{n!} = \frac{m!}{(m-n)! \cdot n!},$$

tal com volíem veure. ∎

Variacions amb repetició

Disposem de m elements diferents $\{a_1, \ldots, a_m\}$. Anomenem *variacions amb repetició* d'aquests m elements agafats de n en n ($n \leq m$) els diferents grups de n elements formats amb els m, repetits o no, considerant dos grups diferents si difereixen en algun element, en el nombre de cops que es repeteix o en el seu ordre.

En resum, les variacions amb repetició es caracteritzen perquè:

(i) Se'n poden repetir elements.
(ii) L'ordre importa.
(iii) A cada grup, poden no estar-hi inclosos tots els m elements.

Fem servir la notació $VR_{m,n}$ per representar el nombre de variacions amb repetició de m elements agafats de n en n. Com que en cada elecció hi ha m elements diferents,

$$VR_{n,m} = m^n.$$

Permutacions amb repetició

Donats m elements $\{a_1, \ldots, a_m\}$ entre els quals hi ha k_1 iguals entre si i diferents de la resta; k_2 iguals entre si i diferents de la resta, ... i k_r iguals entre si i diferents de la resta (on $k_1 + k_2 + \cdots + k_r = m$), anomenem *permutacions amb repetició* d'aquests m elements cada una de les maneres diferents d'ordenar-los.

Les permutacions amb repetició es caracteritzen perquè:

(i) A cada grup, s'hi troben tots els elements, repetits el mateix nombre de vegades.
(ii) L'ordre importa.

Fem servir la notació $PR_m^{k_1,k_2,\ldots,k_r}$ per a representar el nombre de permutacions amb repetició. Aquest nombre és

$$P_m^{k_1,k_2,\ldots,k_r} = \frac{m!}{k_1! k_2! \cdots k_r!}$$

Demostració. Suposem que s'etiqueta cada element amb un número diferent. Per obtenir una permutació dels n números, es poden fer les dues eleccions següents:

(i) Escollir una permutació amb repetició dels m elements sense mirar-ne el número que tenen associat. Això es pot fer de $PR_m^{k_1,k_2,\ldots,k_r}$ maneres diferents.
(ii) Permutar cadascun dels k_i números dels r grups d'elements iguals. Això es pot fer de $k_1! \cdots k_r!$ formes.

En conclusió,

$$m! = PR_m^{k_1,k_2,\ldots,k_r} k_1! \cdots k_r! \implies PR_m^{k_1,k_2,\ldots,k_r} = \frac{m!}{k_1! k_2! \cdots k_r!},$$

tal com volíem veure. ∎

Combinacions amb repetició

Donats m elements diferents $\{a_1,\ldots,a_m\}$, anomenem *combinacions amb repetició* dels m elements agafats de n en n els diferents grups de n elements formats amb els m de què es disposa després de n extraccions amb reemplaçament. Es considera que dos grups són diferents si difereixen en algun dels seus elements o en el nombre de vegades que es repeteixen.

En resum, les combinacions amb repetició es caracteritzen perquè:

(i) Se'n poden repetir elements.
(ii) L'ordre no importa.
(iii) A cada grup, poden no estar-hi inclosos tots els m elements.

Fem servir la notació $CR_{m,n}$ per representar el nombre de combinacions amb repetició de m elements agafats de n en n. Aquest nombre és

$$CR_{m,n} = \binom{m+n-1}{n} = \frac{(m+n-1)!}{(m-1)! \cdot n!}$$

Demostració. Observem que el problema de comptar el nombre de combinacions amb repetició el podem entendre com el de repartir n boles en m urnes diferents, de manera que les boles representen el nombre de vegades que surt cada element, i les urnes, els m elements diferents. Les diferents formes de repartir les boles es poden calcular com les de construir successions formades per n boles i $m-1$ parets separatòries entre les urnes. D'aquesta manera, obtenim que

$$CR_{m,n} = PR_{m+n-1}^{(m-1),n} = \frac{(m+n-1)!}{(m-1)! \cdot n!},$$

tal i com volíem veure. ∎

Problemes resolts (combinatòria)

Problema 2.1 *Tres classes d'estudiants de batxillerat tenen 20, 18 i 25 alumnes, respectivament. Es forma un equip amb un estudiant de cada classe. De quantes maneres es pot formar l'equip? I si es forma amb tres estudiants de cada classe?*

Solució

Com que l'estudiant que s'escull de cada classe és independent de quins escollim a les altres classes, tenim que el nombre de formes d'escollir l'equip és, pel principi de multiplicació, $20 \cdot 18 \cdot 25 = 9000$.

Si prenem 3 estudiants de cada classe, el que tindrem és que el nombre total d'equips possibles serà el producte de les formes de triar 3 estudiants de cada classe, és a dir,

$$\binom{20}{3} \cdot \binom{18}{3} \cdot \binom{25}{3} = 2139552000 \text{ composicions possibles.}$$

Problema 2.2 *Donat un conjunt de $n \cdot q$ elements diferents, de quantes maneres es pot fer una partició en n subconjunts de q elements?*

Solució

Un cop escollits els primers q elements, n'hem d'escollir q d'entre els $n \cdot q - q = (n-1)q$ restants. Després, q d'entre els $(n-2)q$ que encara no s'han agafat, i així successivament. Per tant, pel principi de multiplicació, el nombre de subconjunts és

$$\binom{nq}{q} \cdot \binom{(n-1)q}{q} \cdots \binom{2q}{q}\binom{q}{q} = \frac{(nq)!}{q![(n-1)q]!} \cdot \frac{[(n-1)q]!}{q![(n-2)q]!} \cdots \frac{q!}{q!} = \frac{(nq)!}{(q!)^n}.$$

Problema 2.3 *En una bossa, tenim 25 lletres diferents i en traiem 3 a l'atzar sense reemplaçament. Quantes paraules diferents poden formar-se?*

Solució

Es tracta d'un problema de variacions sense repetició. El nombre de paraules és $25 \cdot 24 \cdot 23 = 13800$.

Problema 2.4 *En un congrés, hi ha 6 dones i 4 homes. Si sabem que entre els assistents hi ha quatre parelles, quantes possibilitats tenim a l'hora de conjecturar quines són les quatres parelles? I si n'hi ha tres?*

Solució

Per al cas de quatre parelles, tenim que els 4 homes estan casats i, per tant, cal saber quines 4 dones estan casades i amb quin home. Fixant una ordenació dels 4 homes, cada llista ordenada de 4 dones escollides entre les 6 formarà una possible conjectura diferent. Pel principi de multiplicació, el total serà el producte de les maneres d'escollir les 4 dones per les seves ordenacions. Això és

$$C_{6,4} \cdot P_4 = \binom{6}{4} \cdot 4! = 360.$$

Si només hi ha tres parelles casades, el que cal és primer escollir els homes casats (hi ha $\binom{4}{3}$ possibilitats) i després seguir el mateix raoament que abans. Per tant, tindrem

$$\binom{4}{3}\binom{6}{3}P_3 = 480.$$

Problema 2.5 *Quants resultats diferents es poden obtenir després de llançar cinc vegades una moneda a l'aire?*

Solució

Cada tirada té dos possibles resultats, cara o creu. Considerem diferents dos resultats amb ordres diferents, és a dir, $\{cara, cara, creu, cara, cara\} \neq \{cara, cara, cara, cara, creu\}$. Tenim, per tant, dos elements que podem repetir i en volem fer grups de cinc. Per tant, es tracta de variacions amb repetició. El nombre de resultats és, doncs, $VR_{2,5} = 2^5$.

Problema 2.6 *Donades les lletres A, A, A, P, T i T, quantes paraules diferents de sis lletres es poden formar?*

Solució

Donades les sis lletres, les diferents paraules les obtindrem ordenant les lletres que ens han donat, és a dir, permutant-les. Com que n'hi ha de repetides, aquest és un problema de permutacions amb repetició. El nombre de paraules diferents que podem formar és:

$$PR_6^{3,2,1} = \frac{6!}{3!2!1!} = 60.$$

Problema 2.7 *Quantes fitxes té un dòmino?*

Solució

Cada fitxa del dòmino es pot identificar amb un parell de nombres (x,y), amb $x,y = 0,1,\ldots,6$. Per tant, donats set nombres, el problema el podem traduir a fer-ne grups de dos, en els quals es poden repetir nombres i no importa l'ordre, és a dir, el $(1,0)$ és la mateixa fitxa que el $(0,1)$. Es tracta de combinacions amb repetició. El nombre de fixes és $CR_{7,2} = 28$.

Problema 2.8 *S'ha fet un examen amb deu preguntes de tipus test de resposta cert o fals, i és obligatori contestar totes les preguntes.*

(a) De quantes maneres diferents es pot resoldre l'examen?
(b) Quantes maneres diferents hi ha d'encertar només una pregunta?
(c) I de contestar-ne 4 de certes i 6 de falses?
(d) I de contestar-ne k de certes?

Solució

(a) Tenim dos elements possibles, cert o fals, amb els quals hem de formar grups de deu respostes, en les quals importa l'ordre. Es tracta, per tant, de variacions amb repetició $VR_{2,10} = 2^{10}$.

(b) Donada la solució de l'examen, que vol dir una llista ordenada d'elements cert/fals, les maneres d'encertar només una pregunta són les d'escollir quina pregunta s'encerta ja que, com que la resta s'hauran de fallar, queden determinades pel fet que només podem tenir dues respostes possibles. Així doncs, es tracta d'escollir un element entre 10: $C_{10,1} = 10$.

(c) Tenim 4 certs i 6 falsos a permutar per construir diferents solucions d'examen. Per tant, es tracta de permutacions amb repetició $PR_{10}^{6,4} = 210$.

(d) Pel que hem vist a l'apartat anterior, les maneres de respondre k certes són $PR_{10}^{k,10-k}$.

Problema 2.9 *Disposem d'una baralla de 52 cartes diferents, a repartir entre quatre jugadors. De quantes maneres es pot fer el repartiment? Quants repartiments donaran els quatre asos a un mateix jugador?*

Solució

Podem pensar que tenim 40 cartes ordenades i, a cada una, li hem d'assignar un número: 1, 2, 3 o 4, que fa referència al jugador que la tindrà. Tenim, per tant, que els possibles repartiments seran les permutacions amb repetició dels 13 números 1 (les 13 cartes del primer jugador), els 13 números 2, els 13 números 3 i els 13 números 4. Això és

$$PR_{52}^{13,13,13,13} = \frac{52!}{13!13!13!13!} \approx 5.36 \cdot 10^{28}.$$

Per calcular el nombre de repartiments que donaran els quatre asos a un jugador podem pensar el problema en dues fases. En primer lloc, cal escollir el jugador que rebrà els asos. Hi ha $\binom{4}{1} = 4$ possibilitats. En segon lloc, cal repartir les cartes restants seguint el mateix raonament que abans, però tenint present que ara el nombre total de cartes és 48 i que un dels jugadors només n'ha de rebre 9. Per tant, el nombre de repartiments que donaran tots els asos a un jugador és, pel principi de multiplicació:

$$4 \cdot PR_{48}^{9,13,13,13} = 4 \cdot \frac{48!}{9!13!13!13!} \approx 5.67 \cdot 10^{26}.$$

Problema 2.10 *Si n persones s'asseuen aleatòriament en una fila de 2n cadires, de quantes maneres poden seure de forma que no hi hagi dues persones assegudes en cadires contigües?*

Solució

Observem que, si la primera cadira està ocupada, aleshores totes les cadires imparelles estan ocupades ja que hi ha n persones i no poden estar assegudes juntes. De la mateixa manera, si la segona està ocupada, totes les parelles ho estaran. Així doncs, el problema es redueix a escollir si són les cadires parelles o les imparelles les que s'utilitzen (dues possibilitats) i a ordenar de les diferents maneres possibles les n persones. Per tant, hi ha $2 \cdot n!$ formes possibles.

Problemes resolts (probabilitat)

Problema 2.11 *Trobeu l'espai mostral associat a les experiències aleatòries següents i digueu, en cada cas, si és finit, infinit numerable o infinit no numerable.*

(a) De les famílies que tenen quatre fills, comptar el nombre de nois.
(b) El temps de desgast d'un pneumàtic.
(c) Escollir tres boles d'una bossa que conté cinc boles blanques, quatre boles negres i dues boles vermelles.
(d) El nombre de vegades que cal llançar una moneda a l'aire fins a obtenir-ne tres cares seguides.

Solució

(a) En una família de quatre fills, hi pot haver un, dos, tres, quatre o cap noi; per tant, l'espai mostral és $\Omega = \{0, 1, 2, 3, 4\}$, és a dir, finit.

(b) El temps de desgast d'un pneumàtic, en ser una magnitud física unidimensional, pot ser qualsevol nombre real positiu; per tant, l'espai mostral és el conjunt $\Omega = [0, +\infty)$, que és un conjunt infinit no numerable.

(c) El nombre de possibilitats diferents d'extraccions de tres boles d'una bossa d'onze boles és limitat. L'espai mostral és, doncs, finit i està compost pels elements

$$\Omega = \{BBB, BBN, BNB, NBB, BNN, NBN, NNB, \ldots, BVV, VBV, VVB\}.$$

(d) Com a mínim, hem de llançar la moneda tres vegades, però no podem establir a priori cap límit superior. L'espai mostral és, doncs, el conjunt de tots els nombres naturals més grans o iguals a 3:

$$\Omega = \{3, 4, 5, \ldots\}.$$

Aquest és un conjunt infinit numerable.

Problema 2.12 *Considereu l'experiència aleatòria de llançar un dau i una moneda. Si E_1 és l'esdeveniment "treure cara" i E_2 és "treure 3 o 6", expresseu en paraules el significat de:*

(a) $\overline{E_1}$
(b) $\overline{E_2}$
(c) $E_1 \cap E_2$
(d) $E_1 \cap \overline{E_2} = E_1 - E_2$

Solució

(a) L'esdeveniment $\overline{E_1}$ correspon a l'esdeveniment "no treure cara", és a dir, "treure creu".

(b) L'esdeveniment $\overline{E_2}$ correspon a l'esdeveniment "no treure ni un 3 ni un 6", és a dir, "treure un 1, 2, 4 o 5".

(c) L'esdeveniment $E_1 \cap E_2$ se satisfà quan es compleixen els dos esdeveniments E_1 i E_2; per tant, "treure cara i un 3 o cara i un 6".

(d) L'esdeveniment $E_1 \cap \overline{E_2}$ se satisfà quan es compleix l'esdeveniment E_1, però no el E_2; això és, "treure cara i un número diferent al 3 o al 6". Ho podem expressar també com una resta d'esdeveniments: $E_1 - E_2$.

Problema 2.13 *Siguin E, F, i G tres esdeveniments qualssevol d'un espai mostral Ω. Trobeu les expressions, en el llenguatge de conjunts, dels esdeveniments següents:*

(a) E i F passen a la vegada, però G no.
(b) F passa, però ni E ni G passen.
(c) Només passa G.
(d) Com a mínim, un d'ells passa.
(e) Passen els tres.

Solució

(a) $E \cap F \cap \overline{G}$ (vegeu la figura 2.14);
(b) $F \cap \overline{E} \cap \overline{G}$ (vegeu la figura 2.15);
(c) $G \cap \overline{E} \cap \overline{F}$ (vegeu la figura 2.16);
(d) $E \cup F \cup G$ (vegeu la figura 2.17);
(e) $E \cap F \cap G$ (vegeu la figura 2.18).

2.14
E i *F* passen a la vegada
però *G* no.

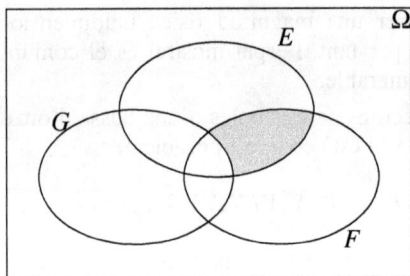

2.15
F passa però ni *E* ni *G*
passen.

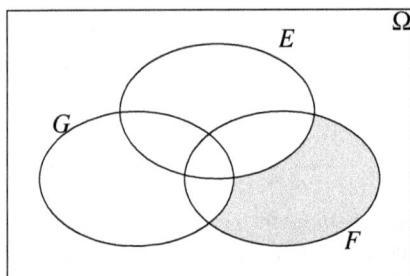

2.16
Només passa *G*.

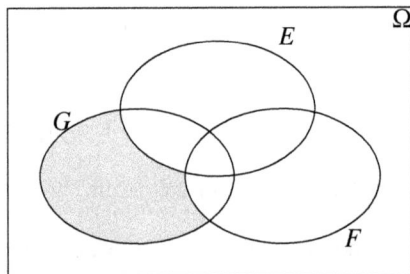

2.17
Com a mínim un d'ells
passa.

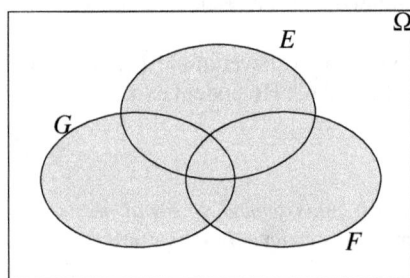

2.18
Passen els tres.

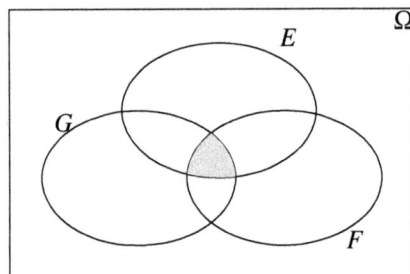

Problema 2.14 *Considereu tres esdeveniments A, B i C. Expresseu, en el llenguatge de conjunts, els esdeveniments següents:*

(a) Només passa un d'ells.
(b) Com a mínim, en passen dos.
(c) En passen dos, exactament.
(d) No en passen més de dos.
(e) En passen menys de dos.
(f) Passen A o B, però no tots dos, i C no.

Solució

(a) $(A \cap \bar{B} \cap \bar{C}) \cup (\bar{A} \cap B \cap \bar{C}) \cup (\bar{A} \cap \bar{B} \cap C)$ (vegeu la figura 2.19);

(b) $(A \cap B) \cup (A \cap C) \cup (B \cap C)$ o, dit d'altra manera, $(A \cup B) \cap (A \cup C) \cap (B \cup C)$ (vegeu la figura 2.20);

(c) $(A \cap B \cap \bar{C}) \cup (A \cap \bar{B} \cap C) \cup (\bar{A} \cap B \cap C)$ (vegeu la figura 2.21);

(d) $\bar{A} \cup \bar{B} \cup \bar{C}$ o, equivalentment, $\overline{A \cap B \cap C}$ (vegeu la figura 2.22);

(e) $(A \cap \bar{B} \cap \bar{C}) \cup (\bar{A} \cap B \cap \bar{C}) \cup (\bar{A} \cap \bar{B} \cap C) \cup (\bar{A} \cap \bar{B} \cap \bar{C})$, o bé ho podem expressar com $(A \cup B) \cap (A \cup C) \cap (B \cup C)$ (vegeu la figura 2.23);

(f) $(A \cap \bar{B} \cap \bar{C}) \cup (\bar{A} \cap B \cap \bar{C})$, o també $(A \cup B) \cap (\overline{A \cup B}) \cap \bar{C}$ (vegeu la figura 2.24).

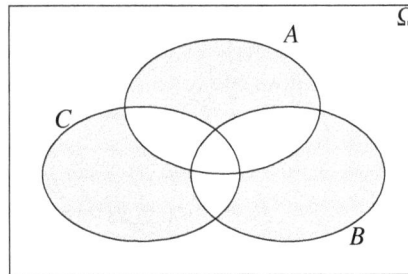

2.19
Només passa un d'ells.

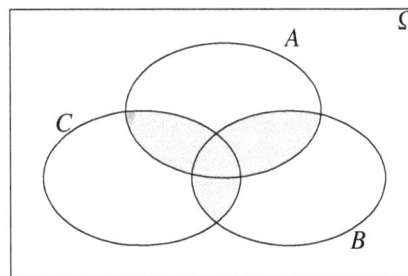

2.20
Com a mínim passen dos.

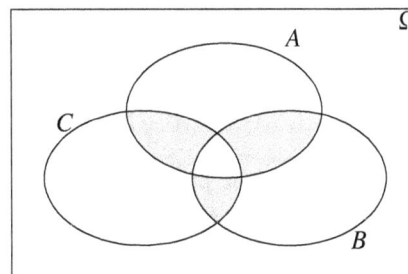

2.21
Passen dos exactament.

2.22
No passen més de dos.

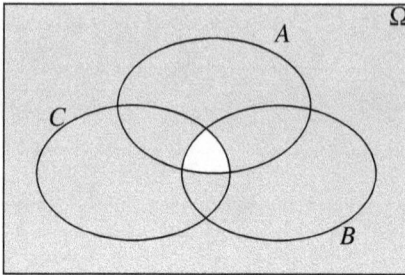

2.23
En passen menys de dos.

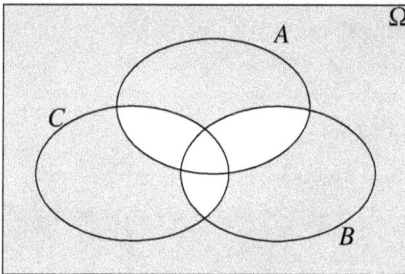

2.24
Passen A o B, però no tots dos, i C no.

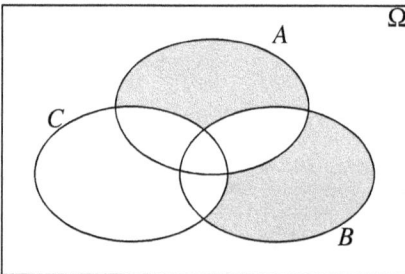

Problema 2.15 *Siguin A, B i C tres esdeveniments tals que $A \cap B \subset C$. Demostreu que:*

$$P(\bar{C}) \leq P(\bar{A}) + P(\bar{B})$$

Solució

L'enunciat estableix que l'esdeveniment $A \cap B$ està inclòs en l'esdeveniment C; per tant, podem assegurar que

$$P(A \cap B) \leq P(C).$$

Recordem una de les propietats de la probabilitat:

$$P(A \cup B) = P(A) + P(B) - P(A \cap B).$$

Expressant aquesta propietat com $P(A \cap B) = P(A) + P(B) - P(A \cup B)$, i substituint-la en la primera expressió, obtenim:

$$P(C) \geq P(A) + P(B) - P(A \cup B) \tag{2.1}$$

Recordem ara la propietat següent:

$$P(\overline{A}) = 1 - P(A)$$

Podem reexpressar la desigualtat $P(\overline{C}) \leq P(\overline{A}) + P(\overline{B})$ a demostrar com:

$$\begin{aligned} 1 - P(C) &\leq 1 - P(A) + 1 - P(B) \\ -P(C) &\leq 1 - P(A) - P(B) \\ P(C) &\geq P(A) + P(B) - 1 \end{aligned} \qquad (2.2)$$

Recuperant la desigualtat (2.1), i sabent que $P(A \cup B) \leq 1$, podem veure finalment

$$P(C) \geq P(A) + P(B) - \underbrace{P(A \cup B)}_{\leq 1} \geq P(A) + P(B) - 1,$$

és a dir,

$$P(C) \geq P(A) + P(B) - 1,$$

que és el que volíem veure.

Problema 2.16 *Demostreu les expressions següents:*

(a) *Si A i B són dos esdeveniments, aleshores*

$$P(A \cup B) \geq 1 - P(\overline{A}) - P(\overline{B})$$

(b) *Si A i B són dos esdeveniments independents de probabilitat no nul·la, per a qualsevol esdeveniment C tenim*

$$P(C|A) = P(B) \cdot P(C|A \cap B) + P(\overline{B}) \cdot P(C|A \cap \overline{B})$$

Solució

(a) Desenvolupem l'expressió que volem demostrar:

$$\begin{aligned} P(A \cup B) &\geq 1 - (1 - P(A)) - (1 - P(B)) \\ P(A \cup B) &\geq 1 - 1 + P(A) - 1 + P(B) \\ P(A \cup B) &\geq P(A) + P(B) - 1 \end{aligned}$$

Recordant la igualtat

$$P(A \cup B) = P(A) + P(B) - P(A \cap B)$$

podem deduir que

$$P(A \cup B) = P(A) + P(B) - \underbrace{P(A \cap B)}_{\geq 1} \geq P(A) + P(B) - 1,$$

que és el que volíem veure.

(b) Desenvolupem el primer sumand de la segona part de la igualtat:

$$P(B) \cdot P(C|A \cap B) = P(B) \cdot \frac{P(C \cap A \cap B)}{P(A \cap B)}$$

I, donat que A i B són esdeveniments independents:

$$P(B) \cdot P(C|A \cap B) = P(B) \cdot \frac{P(C \cap A \cap B)}{P(A) \cdot P(B)} = \frac{P(C \cap A \cap B)}{P(A)}$$

Pel mateix procediment obtenim, i, sabent que si A i B són independents, també ho són A i $\bar{B}$:

$$P(\bar{B}) \cdot P(C|A \cap \bar{B}) = \frac{P(C \cap A \cap \bar{B})}{P(A)}$$

I substituint en la igualtat inicial:

$$P(C|A) = \frac{P(C \cap A \cap B)}{P(A)} + \frac{P(C \cap A \cap \bar{B})}{P(A)} = \frac{P(C \cap A \cap B) + P(C \cap A \cap \bar{B})}{P(A)}$$

Si tenim en compte que $C \cap A$ es pot expressar com la unió disjunta dels conjunts $C \cap A \cap B$ i $C \cap A \cap \bar{B}$

$$C \cap A = (C \cap A \cap B) \cup (C \cap A \cap \bar{B}),$$

aleshores

$$P(C \cap A \cap B) + P(C \cap A \cap \bar{B}) = P(C \cap A)$$

Ara podem expressar la igualtat inicial com

$$P(C|A) = \frac{P(C \cap A)}{P(A)},$$

que és justament la definició de la probabilitat condicionada.

Problema 2.17 *Donats A i B dos esdeveniments independents, demostreu que:*

(a) Els esdeveniments $\underline{A}$ i $\bar{B}$ també ho són.

(b) Els esdeveniments $\bar{A}$ i $\bar{B}$ també ho són.

Solució

Sabent que A i B són independents, sabem per definició que

$$P(A|B) = P(A)$$
$$P(B|A) = P(B)$$
$$P(A \cap B) = P(A) \cdot P(B)$$

(a) Suposem que $A \neq \emptyset$. Per probabilitat total, sabem que

$$P(A) = P(A \cap B) + P(A \cap \bar{B})$$

i, atès que A i B són independents,

$$P(A) = P(A) \cdot P(B) + P(A \cap \bar{B})$$

Si dividim l'equació per $P(A)$ (que és diferent de zero en suposar que $A \neq \emptyset$), tenim:

$$1 = P(B) + \frac{P(A \cap \bar{B})}{P(A)}$$

i, aïllant $P(A \cap \bar{B})$,

$$P(A \cap \bar{B}) = P(A) \cdot (1 - P(B))$$
$$P(A \cap \bar{B}) = P(A) \cdot P(\bar{B})$$

Per tant, A i $\bar{B}$ són independents.

En el cas $A = \emptyset$, tenim que

$$P(A \cap \bar{B}) = P(A) \cdot P(\bar{B}),$$

en tenir $P(A \cap \bar{B}) = P(\emptyset) = 0$ i $P(A) \cdot P(\bar{B}) = 0$, ja que $P(A) = 0$. En conseqüència, en aquest cas també A i $\bar{B}$ són independents.

(b) Ara sabem que A i $\bar{B}$ són independents. Seguint el mateix mètode que a l'apartat anterior (i suposant ara que $B \neq \emptyset$):

$$P(\bar{B}) = P(\bar{B} \cap A) + P(\bar{B} \cap \bar{A})$$
$$P(\bar{B}) = P(\bar{B}) \cdot P(A) + P(\bar{B} \cap \bar{A})$$
$$1 = P(A) + \frac{P(\bar{B} \cap \bar{A})}{P(B)}$$
$$P(\bar{B} \cap \bar{A}) = (1 - P(A)) \cdot P(\bar{B})$$
$$P(\bar{B} \cap \bar{A}) = P(\bar{A}) \cdot P(\bar{B})$$

Per tant, $\bar{A}$ i $\bar{B}$ també són independents.

Problema 2.18 *Donats els esdeveniments C_1, C_2 i D tals que $C_i \subset D$, $i = 1, 2$ i $P(C_2) > 0$, demostreu que*

$$\frac{P(C_1)}{P(C_2)} = \frac{P(C_1|D)}{P(C_2|D)}$$

Solució

Aplicant la definició de probabilitat condicionada a la part dreta de la igualtat anterior, tenim que

$$\frac{P(C_1|D)}{P(C_2|D)} = \frac{\dfrac{P(C_1 \cap D)}{P(D)}}{\dfrac{P(C_2 \cap D)}{P(D)}} = \frac{P(C_1 \cap D)}{P(C_2 \cap D)}$$

Sabem que, si $C_i \subset D$, $i = 1, 2$, aleshores $C_i \cap D = C_i$; per tant,

$$\frac{P(C_1|D)}{P(C_2|D)} = \frac{P(C_1 \cap D)}{P(C_2 \cap D)} = \frac{P(C_1)}{P(C_2)},$$

com volíem veure.

Problema 2.19 *Considereu els esdeveniments A, B i C tals que*

- *la probabilitat de cadascun d'aquests esdeveniments és p_1;*
- *la probabilitat de la intersecció de dos esdeveniments qualssevol és p_2;*
- *la probabilitat de la intersecció dels tres esdeveniments és p_3.*

Expresseu el valor de la probabilitat $P(A \cup B \cup C)$ en funció de p_1, p_2 i p_3.

Ajuda. *Per a fer-ho, seguiu els passos següents:*

- *(i) Recordeu la fórmula de la probabilitat de la unió de dos esdeveniments.*
- *(ii) Desenvolupeu la probabilitat $P(A \cup B \cup C)$, considerant l'esdeveniment $D = B \cup C$.*
- *(iii) Recordeu, finalment, que*

$$A \cap (B \cup C) = (A \cap B) \cup (A \cap C)$$

Solució

Considerem $P(A \cup B \cup C)$. Si tenim en compte que $D = B \cup C$, aleshores podem escriure

$$P(A \cup B \cup C) = P(A \cup D) = P(A) + P(D) - P(A \cap D)$$

Desfent ara el canvi $D = B \cup C$, tenim que

$$P(A \cup B \cup C) = P(A) + \underbrace{P(B \cup C)}_{P(B)+P(C)-P(B \cap C)} - \underbrace{P(A \cap (B \cup C))}_{(A \cap B) \cup (A \cap C)}$$

$$= P(A) + P(B) + P(C) - P(B \cap C) - P((A \cap B) \cup (A \cap C))$$

$$= P(A) + P(B) + P(C) - P(B \cap C) - [P(A \cap B) + P(A \cap C) - P(A \cap B \cap C)]$$

$$= P(A) + P(B) + P(C) - P(B \cap C) - P(A \cap B) - P(A \cap C) + P(A \cap B \cap C)$$

$$= p_1 + p_1 + p_1 - p_2 - p_2 - p_2 + p_3$$

$$= 3p_1 - 3p_2 + p_3$$

Problema 2.20 *Es llancen dos daus a l'aire. Estudieu la independència dels esdeveniments:*

$A =$ *"del primer dau s'obté un nombre parell"*
$B =$ *"del segon dau s'obté un nombre senar"*
$C =$ *"se n'obtenen dos nombres parells o dos nombres senars"*

Solució

Diem que dos esdeveniments E_1 i E_2 són independents si

$$P(E_1|E_2) = P(E_1)$$

o, equivalentment,

$$P(E_1 \cap E_2) = P(E_1) \cdot P(E_2).$$

Descrivim qui són A, B i C:

$A = \{21,22,23,24,25,26,41,42,43,44,45,46,61,62,63,64,65,66\}$
$B = \{11,21,31,41,51,61,13,23,33,43,53,63,15,25,35,45,55,65\}$
$C = \{11,13,15,31,33,35,51,53,55,22,24,26,42,44,46,62,64,66\}$

Descrivim quines són ara les seves interseccions:

$A \cap B = \{21,23,25,41,43,45,61,63,65\}$
$A \cap C = \{22,24,26,42,44,46,62,64,66\}$
$B \cap C = \{11,13,15,31,33,35,51,53,55\}$

Les probabilitats d'aquests conjunts són:

$$P(A) = \frac{18}{36} = \frac{1}{2}$$
$$P(B) = \frac{18}{36} = \frac{1}{2}$$
$$P(C) = \frac{18}{36} = \frac{1}{2}$$
$$P(A \cap B) = \frac{9}{36} = \frac{1}{4}$$
$$P(A \cap C) = \frac{9}{36} = \frac{1}{4}$$
$$P(B \cap C) = \frac{9}{36} = \frac{1}{4}$$

Per tant,

$P(A \cap B) = P(A) \cdot P(B)$
$P(A \cap C) = P(A) \cdot P(C)$
$P(B \cap C) = P(B) \cdot P(C)$

i, en conseqüència, són esdeveniments independents.

Problema 2.21 *Donat l'espai mostral* $\Omega = (0,2) \subset \mathbb{R}$, *es defineix la probabilitat d'un subinterval obert* (a,b) *com l'àrea delimitada a* $\mathbb{R}^2$ *pel subinterval i la recta* $y = kx$.

(a) Trobeu el valor de k per tal que es tracti realment d'una probabilitat.
(b) Trobeu la probabilitat del subinterval $\left(\frac{1}{4}, \frac{1}{2}\right)$.

Solució

(a) Considerant la funció $f(x) = kx$, podem calcular l'àrea sota la recta com:

$$\int_a^b kx\,dx = \left[\frac{kx^2}{2}\right]_a^b = k \cdot \frac{b^2 - a^2}{2},$$

que es correspon amb la superfície marcada a la figura 2.25.

2.25
L'àrea ombrejada
correspon a la
probabilitat del
subinterval (a, b).

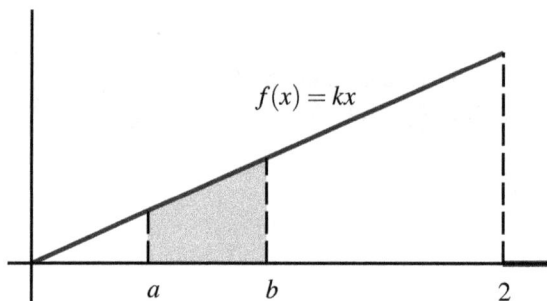

Sabem que, per tal que $P[(a,b)]$ sigui realment una probabilitat, és necessari que $P(\Omega) = 1$, és a dir,

$$P(\Omega) = P[(0,2)] = 1$$

$$P(\Omega) = \int_0^2 kx\,dx = k \cdot \frac{2^2 - 0^2}{2} = 1 \quad \Leftrightarrow \quad k = \frac{1}{2}$$

Per tant,

$$P[(a,b)] = \frac{1}{2} \cdot \frac{b^2 - a^2}{2} = \frac{b^2 - a^2}{4}$$

(b) A partir de l'apartat anterior, podem calcular $P\left(\frac{1}{4}, \frac{1}{2}\right)$ com:

$$P\left(\frac{1}{4}, \frac{1}{2}\right) = \frac{\left(\frac{1}{2}\right)^2 - \left(\frac{1}{4}\right)^2}{4} = \frac{3}{64} = 0.046875.$$

Problema 2.22 *Donat l'espai mostral* $\Omega = \{1, 2, \dots\}$, *es considera l'aplicació*

$$P : \mathscr{P}(\Omega) \to \mathbb{R},$$

tal que $P(k) = k \cdot e^{-k}$, $k = 1, 2, \dots$ *És P una probabilitat?*

Solució

Per tal que P sigui una probabilitat, és necessari que $P(\Omega) = 1$, és a dir:

$$\sum_{k=1}^{\infty} k \cdot e^{-k} = 1$$

Per calcular la suma d'aquesta sèrie, fixem-nos en la sèrie geomètrica

$$\sum_{k=1}^{\infty} e^{-k} = \sum_{k=1}^{\infty} \left(\frac{1}{e}\right)^k,$$

que té per suma el nombre

$$\sum_{k=1}^{\infty} \left(\frac{1}{e}\right)^k = \frac{1}{1-\frac{1}{e}} = \frac{e}{e-1}.$$

Si definim $r = \frac{1}{e}$ (on $|r| < 1$), hem vist que

$$\sum_{k=1}^{\infty} r^k = \frac{1}{1-r}.$$

Derivant aquesta última expressió en funció de r, tenim que

$$\frac{d}{dr}\sum_{k=1}^{\infty} r^k = \frac{d}{dr}\frac{1}{1-r} \Leftrightarrow \sum_{k=1}^{\infty} kr^{k-1} = \frac{1}{(1-r)^2}$$

$$\Leftrightarrow \frac{1}{r}\sum_{k=1}^{\infty} kr^k = \frac{1}{(1-r)^2}$$

$$\Leftrightarrow \sum_{k=1}^{\infty} kr^k = \frac{r}{(1-r)^2}$$

$$\Leftrightarrow \sum_{k=1}^{\infty} ke^{-k} = \frac{\frac{1}{e}}{\left(1-\frac{1}{e}\right)^2} = \frac{e}{(e-1)^2} \approx 0.92065$$

Observem que el resultat és inferior a 1. Deduïm, llavors, que P no és una probabilitat.

Problema 2.23 *Llancem una moneda a l'aire dues vegades.*

(a) Quina és la probabilitat d'obtenir-ne dues cares?
(b) Quina és la probabilitat d'obtenir-ne dues cares si sabem que a la primera tirada ens ha sortit cara?
(c) Quina és la probabilitat d'obtenir-ne dues cares si sabem que en alguna de les dues tirades ens ha sortit cara?

Solució

(a) L'espai mostral d'aquest experiment és $\Omega = \{cc, c+, +c, ++\}$, on $c =$ "cara" i $+ =$ "creu". Els quatre esdeveniments elementals són equiprobables; per tant, $P(\{cc\}) = \frac{1}{4}$.

(b) Hi ha dos esdeveniments elementals on la primera tirada és cara. El nou espai mostral (reduït) és, doncs, $\Omega_r = \{cc, c+\}$. Dels dos esdeveniments elementals en aquest nou espai mostral, n'hi ha un en què surten dos cares; per tant, la probabilitat és de $\frac{1}{2}$.

(c) Hi ha tres esdeveniments elementals on en alguna de les tirades surt cara, cosa que és equivalent a considerar el següent espai mostral reduït:

$$\Omega_r = \{cc, c+, +c\}.$$

Per tant, la probabilitat d'obtenir dues cares és de $\frac{1}{3}$.

Problema 2.24 *Tenim dotze bombetes, de les quals 5 són defectuoses. En traiem 3 sense reemplaçament. Calculeu la probabilitat de treure'n una, i només una, de defectuosa.*

Solució

L'arbre de probabilitats per a tres extraccions sense reemplaçament és el de la figura 2.26.

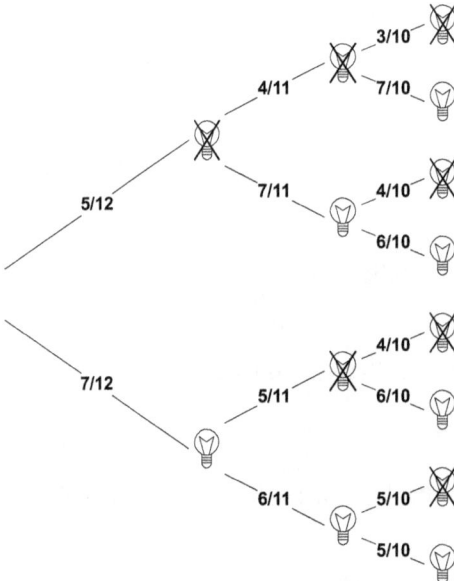

2.26
Arbre de probabilitats per a tres extraccions sense reemplaçament (problema 2.24).

Denotem per D_i el fet d'extreure exactament i bombetes defectuoses. Observem que hi ha tres possibilitats d'extreure'n nómes una de defectuosa; per tant:

$$P(D_1) = \frac{5}{12} \cdot \frac{7}{11} \cdot \frac{6}{10} + \frac{7}{12} \cdot \frac{5}{11} \cdot \frac{6}{10} + \frac{7}{12} \cdot \frac{6}{11} \cdot \frac{5}{10} = \frac{21}{44} \approx 0.47727.$$

Problema 2.25 *Llancem un dau tres vegades. Calculeu la probabilitat d'obtenir-ne cada vegada una puntuació més gran.*

Solució

Els resultats que satisfan la condició imposada són:

$A = \{123, 124, 125, 126, 134, 135, 136, 145, 146, 156, 234, 235, 236, 245, 246, 256, 345, 346, 356, 456\}$

Sumen un total de 20 esdeveniments elementals. Per calcular la probabilitat d'obtenir una combinació qualsevol de tres tirades hem de tenir en compte que, en una tirada, els sis resultats possibles són equiprobables; per tant,

$$P(k) = \frac{1}{6}, k = 1, 2, \ldots, 6.$$

Sabem que el resultat d'una tirada és independent del resultat de la tirada anterior; per tant, la probabilitat d'un resultat qualsevol de tres tirades és

$$P(k_1 k_2 k_3) = \frac{1}{6} \cdot \frac{1}{6} \cdot \frac{1}{6}, \ k_1, k_2, k_3 \in \{1, 2, \ldots, 6\}.$$

Busquem, llavors, la probabilitat que es compleixi un dels 20 esdeveniments elementals i. atès que són incompatibles, la calculem com

$$P(A) = P(\{123\}) + P(\{124\}) + \cdots + P(\{456\}) = 20 \cdot \frac{1}{6} \cdot \frac{1}{6} \cdot \frac{1}{6} = \frac{5}{54} \approx 0.092593.$$

També podem resoldre el problema calculant els resultats que satisfan la condició sobre tots els resultats possibles, donat que tots els resultats són equiprobables. Això seria $\frac{20}{6^3}$.

Si el dau tingués c, $c \geq 3$ cares, la probabilitat d'obtenir cada vegada una puntuació més gran es podria generalitzar de la manera següent:

$$P(A) = P(\{123\}) + \cdots + P(\{(c-2)(c-1)(c)\}) = \frac{\sum_{i=1}^{c-2} \frac{i(i+1)}{2}}{c^3}$$

Problema 2.26 *Es llancen dos daus. Si les cares que apareixen són diferents, trobeu la probabilitat que:*

(a) La suma de les cares sigui un nombre parell.
(b) La suma sigui superior a 9.

Solució

En aquest cas, podem fer una taula amb la suma de les possibles tirades per a visualitzar-ne millor totes les possibilitats.

	1	2	3	4	5	6
1	2	3	4	5	6	7
2	3	4	5	6	7	8
3	4	5	6	7	8	9
4	5	6	7	8	9	10
5	6	7	8	9	10	11
6	7	8	9	10	11	12

(a) Si eliminem els resultats on surt la mateixa cara als dos daus, podem comptar dotze sumes parelles sobre un total de trenta resultats possibles; per tant, la probabilitat és de $\frac{12}{30} = \frac{2}{5} = 0.4$.

	1	2	3	4	5	6
1	~~2~~	3	4	5	6	7
2	3	~~4~~	5	6	7	8
3	4	5	~~6~~	7	8	9
4	5	6	7	~~8~~	9	10
5	6	7	8	9	~~10~~	11
6	7	8	9	10	11	~~12~~

(b) L'esdeveniment se satisfà en quatre casos; per tant, la probabilitat és de $\frac{4}{30} = \frac{2}{15} \approx 0.13333$.

	1	2	3	4	5	6
1	~~2~~	3	4	5	6	7
2	3	~~4~~	5	6	7	8
3	4	5	~~6~~	7	8	9
4	5	6	7	~~8~~	9	10
5	6	7	8	9	~~10~~	11
6	7	8	9	10	11	~~12~~

Problema 2.27 *Tenim dues capses, una és de la Maria i l'altra, de la Irene. La capsa de la Maria té 5 discos de Paulina Rubio, 3 de Luis Miguel i 8 de Raphael; la capsa de la Irene té 3 discos de Paulina Rubio i 5 de Luis Miguel. Llancem un dau; si surt 3 o 6, escollim un disc a l'atzar de la capsa de la Maria; si surt qualsevol altre número, escollim un disc de la capsa de la Irene. Trobeu la probabilitat que el disc sigui de:*

(a) Paulina Rubio
(b) Luis Miguel
(c) Raphael

Solució

Si definim "*extreure un disc de la capsa de la Maria*" i "*extreure un disc de la capsa de la Irene*" com a dos esdeveniments M i I que formen una partició de l'espai mostral Ω, és a dir, $I \cup M = \Omega$, podem resoldre el problema a partir del teorema de la probabilitat total:

$$P(B) = \sum_{i=1}^{n} P(A_i) \cdot P(B|A_i),$$

on B és un esdeveniment qualsevol i $\bigcup_{i=1}^{n} A_i = \Omega$ és una partició. Llançant un dau de sis cares, s'estableix que, si surt 3 o 6, obrirem la capsa de la Maria i, si surt 1, 2, 4 o 5, obrirem la de la Irene; per tant, $P(M) = P(\{3,6\}) = \frac{1}{3}$ i $P(I) = P(\{1,2,4,5\})\frac{2}{3}$.

(a) Si obrim la capsa de la Maria, la probabilitat d'extreure un disc de Paulina Rubio (PR) és de $\frac{5}{16}$, mentre que si es tracta de la capsa de la Irene aquesta probabilitat és de $\frac{3}{8}$. Aleshores,

$$\begin{aligned} P(PR) &= \sum_{i=1}^{2} P(A_i) \cdot P(PR|A_i) \\ &= P(M) \cdot P(PR|M) + P(I) \cdot P(PR|I) \\ &= \frac{1}{3} \cdot \frac{5}{16} + \frac{2}{3} \cdot \frac{3}{8} \\ &= \frac{17}{48} \approx 0.35417. \end{aligned}$$

(b) La probabilitat d'extreure un disc de Luis Miguel obrint la capsa de la Maria és de $\frac{3}{16}$, mentre que a la capsa de la Irene la probabilitat és de $\frac{5}{8}$. Tal com hem fet abans:

$$P(LM) = \frac{1}{3} \cdot \frac{3}{16} + \frac{2}{3} \cdot \frac{5}{8} = \frac{23}{48} \approx 0.47917.$$

(c) La probabilitat d'extreure un disc de Raphael a la capsa de la Maria és de $\frac{3}{16}$, mentre que a la capsa de la Irene és de 0, ja que no n'hi ha cap. Per tant:

$$P(R) = \frac{1}{3} \cdot \frac{8}{16} = \frac{1}{6} \approx 0.16667.$$

Fixeu-vos, finalment, que

$$P(PR) + P(LM) + P(R) = \frac{17}{48} + \frac{23}{48} + \frac{1}{6} = 1.$$

Problema 2.28 *En Carles i en Francesc juguen a dards. La probabilitat que en Carles faci diana és $\frac{1}{4}$, i la del Francesc és $\frac{1}{3}$. Tots dos llancen el dard dues vegades. Trobeu la probabilitat que es faci diana almenys un vegada.*

Solució

Denotem per $P(C)$ i $P(F)$ la probabilitat que en Carles i que en Francesc facin diana, respectivament, i per $P(D)$ la probabilitat que es faci diana almenys un vegada. Avaluant l'experiment segons el nombre de dianes, l'espai mostral és $\Omega = \{0,1,2,3,4\}$. Hem de calcular la probabilitat de fer una o més dianes; per tant, busquem la probabilitat de fer qualsevol nombre de dianes menys zero. Podem calcular aquesta probabilitat com $P(D) = P(\Omega) - P(\{0\})$, on $P(\{0\})$ és la probabilitat que ambdós jugadors fallin els seus llançaments. Sabem que la probabilitat d'encertar un llançament és independent de la resta de llançaments; llavors:

$$P(\{0\}) = P(\bar{C}) \cdot P(\bar{C}) \cdot P(\bar{F}) \cdot P(\bar{F}) = \frac{3}{4} \cdot \frac{3}{4} \cdot \frac{2}{3} \cdot \frac{2}{3} = \frac{1}{4}$$

$$P(D) = P(\Omega) - P(\{0\}) = 1 - \frac{1}{4} = \frac{3}{4}$$

Problema 2.29 *Per estudis anteriors, sabem que la probabilitat que un adult, major de 40 anys, que arriba a un hospital especialitzat en la lluita contra el càncer tingui aquesta malaltia és del* 0.02. *Una prova determinada diagnostica correctament una persona que té càncer el 78% dels cops i s'equivoca, amb persones que no tenen càncer, el 6%. Per a un adult de més de 40 anys,*

(a) Quina és la probabilitat que li diagnostiquin càncer?

(b) Quina és la probabilitat que, si li han diagnosticat càncer, veritablement tingui la malaltia?

Solució

Si denotem per C el fet que un adult de més de 40 any tingui càncer, i per d el fet que la prova diagnostiqui càncer (es tingui o no), podem resumir la informació de l'enunciat com:

$$P(C) = \frac{2}{100}$$

$$P(d|C) = \frac{78}{100}$$

$$P(d|\bar{C}) = \frac{6}{100}$$

(a) Podem obtenir $P(d)$ mitjançant el teorema de la probabilitat total:

$$P(d) = P(C) \cdot P(d|C) + P(\bar{C}) \cdot P(d|\bar{C}) = \frac{2}{100} \cdot \frac{78}{100} + \frac{98}{100} \cdot \frac{6}{100} = \frac{93}{1250} = 0.0744$$

(b) Ens demanen calcular $P(C|d)$ i sabem que:

$$P(C|d) = \frac{P(C \cap d)}{P(d)}$$

Anteriorment, hem calculat $P(d)$ i, sabent que $P(C \cap d) = P(d \cap C) = P(d|C) \cdot P(C)$, ens queda:

$$P(C|d) = \frac{P(d|C) \cdot P(C)}{P(d)} = \frac{\frac{78}{100} \cdot \frac{2}{100}}{\frac{93}{1250}} = \frac{13}{62} \approx 0.20968.$$

Problema 2.30 *Es denomina* fiabilitat d'un sistema *la probabilitat que aquest sistema funcioni correctament. Sigui S_1 un sistema elèctric format per 50 bombetes connectades en sèrie. La probabilitat que una bombeta funcioni al cap de 100 hores és 0.99, i suposem que les bombetes s'espatllen independentment.*

(a) *Quina és la fiabilitat del sistema S_1 després de 100 hores, és a dir, quina és la probabilitat que el circuit funcioni al cap de 100 hores?*
(b) *Suposem que, per a més seguretat, connectem un altre circuit S_2 en paral·lel amb S_1. El nou sistema funcionarà si S_1 o S_2 funciona. Quina és la fiabilitat d'aquest nou sistema al cap de 100 hores?*

Solució

(a) Per tal que el sistema S_1 funcioni, és necessari que totes les bombetes funcionin. Atès que la probabilitat que una bombeta funcioni $P(B)$ és independent de la resta, calculem la fiabilitat del sistema com:

$$P(S_1) = P(B_1) \cdot P(B_2) \cdot \ldots \cdot P(B_n) = P(B)^n$$
$$P(S_1) = 0.99^{50} \approx 0.60501$$

(b) En aquest cas, hem de calcular $P(S_1 \cup S_2)$, denotant per S_i el fet que el sistema S_i funcioni. Observem que S_1 i S_2 són dos esdeveniments compatibles (però independents), ja que és possible que ambdós sistemes funcionin a la vegada, és a dir, que funcionin les 100 bombetes. Llavors:

$$\begin{aligned} P(S_1 \cup S_2) &= P(S_1) + P(S_2) - P(S_1 \cap S_2) \\ &= P(S_1) + P(S_2) - P(S_1) \cdot P(S_2) \\ &= 0.99^{50} + 0.99^{50} - 0.99^{100} \approx 0.84398 \end{aligned}$$

Problema 2.31 *Una joieria té un sistema d'alarma connectat. La probabilitat que hi hagi un robatori és de 0.1. Si hi ha un robatori, la probabilitat que l'alarma funcioni (soni) és de 0.95. Si no hi ha cap robatori, la probabilitat que funcioni (soni) és de 0.03. Calculeu la probabilitat que:*

(a) *s'activi l'alarma;*
(b) *havent funcionat l'alarma, no hi hagi hagut cap robatori;*
(c) *hi hagi un robatori i l'alarma no funcioni;*
(d) *no havent funcionat l'alarma, hi hagi hagut un robatori.*

Solució

Denotant per R el fet que hi hagi un robatori, i per A el fet que s'activi l'alarma, podem resumir la informació de l'enunciat com:

$$P(R) = \frac{1}{10}$$
$$P(A|R) = \frac{95}{100}$$
$$P(A|\bar{R}) = \frac{3}{100}$$

(a) Per probabilitat total:

$$P(A) = P(A|R) \cdot P(R) + P(A|\bar{R}) \cdot P(\bar{R}) = \frac{95}{100} \cdot \frac{1}{10} + \frac{3}{100} \cdot \frac{9}{10} = \frac{61}{500} = 0.122$$

(b) Aplicant dues vegades la definició de probabilitat condicionada:

$$P(\bar{R}|A) = \frac{P(\bar{R} \cap A)}{P(A)} = \frac{P(A \cap \bar{R})}{P(A)} = \frac{P(A|\bar{R}) \cdot P(\bar{R})}{P(A)}$$

$$= \frac{\frac{3}{100} \cdot \frac{9}{10}}{0.122} = \frac{27}{122} \approx 0.22131$$

(c) Resolem la intersecció mitjançant la definició de probabilitat condicionada:

$$P(\bar{A} \cap R) = P(\bar{A}|R) \cdot P(R) = (1 - P(A|R)) \cdot P(R)$$

$$= \left(1 - \frac{95}{100}\right) \cdot \frac{1}{10} = 0.005$$

(d) Apliquem de nou la definició de probabilitat condicionada:

$$P(R|\bar{A}) = \frac{P(R \cap \bar{A})}{P(A)} = \frac{P(R \cap \bar{A})}{1 - P(A)}$$

$$= \frac{0.005}{1 - 0.122} = \frac{5}{878} \approx 0.0056948$$

Problema 2.32 *Una persona es prepara per fer un viatge amb avió de Barcelona a Almeria. Amb temor, es dirigeix a la companyia i pregunta quina és la probabilitat que hi hagi almenys una bomba a l'avió. Li responen que aquesta probabilitat és 0.1 i, angoixada davant el risc, pregunta quina és la probabilitat que hi hagi almenys dues bombes, i li diuen que 0.01. Més tranquil·litzada amb aquesta resposta, decideix portar a la bossa una bomba. Des del punt de vista de l'anàlisi de probabilitats, té sentit aquesta decisió?*

Solució

Denotarem per $P(B_{\geq 1})$ la probabilitat que hi hagi una bomba o més a l'avió, i per $P(B_{\geq 2})$ la probabilitat que n'hi hagi dues o més. Ens hem de preguntar, llavors, quina és la probabilitat que a l'avió hi hagi dues bombes o més sabent que, com a mínim, n'hi haurà una, que per definició calculem com:

$$P(B_{\geq 2}|B_{\geq 1}) = \frac{P(B_{\geq 2} \cap B_{\geq 1})}{P(B_{\geq 1})}.$$

L'esdeveniment "una bomba o més" inclou totes les possibilitats de l'esdeveniment "dues bombes o més", és a dir, $B_{\geq 2} \subset B_{\geq 1}$; per tant, $P(B_{\geq 1} \cap B_{\geq 2}) = P(B_{\geq 2})$. En conseqüència,

$$P(B_{\geq 2}|B_{\geq 1}) = \frac{P(B_{\geq 2})}{P(B_{\geq 1})} = \frac{0.01}{0.1} = 0.1 = P(B_{\geq 1}).$$

Veiem que la probabilitat que hi hagi una bomba o més a l'avió és la mateixa que la que n'hi hagi dues o més, si ja sabem que n'hi ha una. El nostre viatger podria, doncs, estalviar-se la seva bomba. ∎

Problema 2.33 *El Josep diu la veritat nou de cada deu vegades i en Ferran, set de cada nou. S'extreu una bola a l'atzar d'una bossa que contenia cinc boles blanques i vint de negres. Ambdós han dit que la bola extreta és blanca. Quina es la probabilitat que la bola extreta sigui* realment *blanca?*

Solució

Denotem per J_v el fet que en Josep digui la veritat i per F_v el fet que en Ferran la digui. Si denotem també per b el fet que la bola sigui blanca i per n el fet que aquesta sigui negra, podem resumir la informació de l'enunciat com:

$$P(J_v) = \frac{9}{10}$$

$$P(F_v) = \frac{7}{9}$$

$$P(b) = \frac{5}{25} = \frac{1}{5}$$

$$P(n) = \frac{20}{25} = \frac{4}{5}$$

Denotarem ara per J_b el fet que en Josep digui que la bola extreta és blanca i per F_b el fet que en Ferran digui que la bola extreta és blanca. Hem de buscar la probabilitat que la bola sigui blanca, sabent que tant en Josep com en Ferran han dit que és blanca, és a dir:

$$P(b|J_b \cap F_b)$$

Recordem per a aquest cas el teorema de Bayes:

$$P(A_j|B) = \frac{P(A_j) \cdot P(B|A_j)}{\sum\limits_{i=1}^{n} P(A_i) \cdot P(B|A_i)}$$

on $A_1, A_2, \ldots, A_n$ és una partició de l'espai mostral Ω. Per al nostre cas, considerem la partició b (que la bola extreta sigui blanca), n (que la bola extreta sigui negra), i aplicant el teorema de Bayes tenim

$$P(b|J_b \cap F_b) = \frac{P(b) \cdot P(J_b \cap F_b|b)}{P(b) \cdot P(J_b \cap F_b|b) + P(n) \cdot P(J_b \cap F_b|n)}$$

Observem que podem simplificar l'expressió "que en Josep i en Ferran diguin que la bola extreta és blanca sabent que la bola és blanca" com "que en Josep i en Ferran diguin la veritat". Per tant,

$$P(J_b \cap F_b | b) = P(J_v \cap F_v)$$

De la mateixa manera, podem traduir l'expressió "que en Josep i en Ferran diguin que la bola extreta és blanca sabent que la bola és negra" com "que en Josep i en Ferran no diguin la veritat".

$$P(J_b \cap F_b | n) = P(\overline{J_v} \cap \overline{F_v})$$

El fet que en Josep digui la veritat no influeix que en Ferran digui la veritat; per tant, són esdeveniments independents. Llavors, podem dir que

$$P(J_v \cap F_v) = P(J_v) \cdot P(F_v)$$
$$P(\overline{J_v} \cap \overline{F_v}) = P(\overline{J_v}) \cdot P(\overline{F_v})$$

Ara podem escriure l'expressió inicial com

$$P(b | J_b \cap F_b) = \frac{P(b) \cdot P(J_v) \cdot P(F_v)}{P(b) \cdot P(J_v) \cdot P(F_v) + P(n) \cdot P(J_v) \cdot P(F_v)}$$

$$= \frac{\dfrac{1}{5} \cdot \dfrac{9}{10} \cdot \dfrac{7}{9}}{\dfrac{1}{5} \cdot \dfrac{9}{10} \cdot \dfrac{7}{9} + \dfrac{4}{5} \cdot \left(1 - \dfrac{9}{10}\right) \cdot \left(1 - \dfrac{7}{9}\right)} = \frac{63}{71} \approx 0.88732.$$

Problema 2.34 *En una urna, hi ha un total de dotze boles, entre blanques i negres. Sabent que la probabilitat d'escollir dues boles blanques en dues extraccions sense re-emplaçament és $\frac{1}{11}$, quantes boles negres hi ha a l'urna?*

Solució

Denotant per b el nombre de boles blanques, sabem que la probabilitat de treure una bola blanca en la primera extracció és de $\frac{b}{12}$. Sabent que la primera bola extreta ha estat blanca, sabem que ara queden $b-1$ boles blanques i un total d'11 boles; per tant, la probabilitat que en una segona extracció surti blanca és de $\frac{b-1}{11}$. Llavors,

$$\frac{b}{12} \cdot \frac{b-1}{11} = \frac{1}{11}$$

Si simplifiquem l'expressió, obtenim

$$b^2 - b - 12 = 0$$

i, resolent l'equació de segon grau,

$$b_1 = 4$$
$$b_2 = -3$$

El resultat negatiu no té sentit, en aquest cas. Aleshores, sabent que hi ha un total de dotze boles, podem assegurar que a la bossa hi ha 4 boles blanques i 8 de negres. ∎

Problema 2.35 *Quina és la probabilitat que els aniversaris de dotze persones siguin en mesos diferents? I la probabilitat que els aniversaris de sis persones siguin en dos mesos? [Suposeu que tots els mesos tenen el mateix nombre de dies.]*

Solució

Imaginem que anem preguntant a les dotze persones una per una el mes de naixement. La primera persona pot haver nascut en qualsevol dels dotze mesos; per tant, totes les respostes possibles ($\frac{12}{12}$) satisfaran el nostre esdeveniment. Perquè es continui satisfent l'esdeveniment, la segona persona ha d'haver nascut en algun dels mesos restants, i la probabilitat que això succeeixi és d'$\frac{11}{12}$. Seguint amb aquest mètode, l'última persona hauria d'haver nascut en l'únic mes restant, fet que té una probabilitat d'$\frac{1}{12}$. Per tant, calcularem la probabilitat d'aquest esdeveniment com

$$P(E) = \frac{12}{12} \cdot \frac{11}{12} \cdot \frac{10}{12} \cdot \frac{9}{12} \cdot \frac{8}{12} \cdot \frac{7}{12} \cdot \frac{6}{12} \cdot \frac{5}{12} \cdot \frac{4}{12} \cdot \frac{3}{12} \cdot \frac{2}{12} \cdot \frac{1}{12} = \frac{12!}{12^{12}} \approx 0.000053723$$

Ens demanen també la probabilitat que els aniversaris de sis persones siguin en dos mesos. Per a aquest càlcul, és útil fer l'arbre de probabilitats de la figura 2.27, del qual s'han exclòs les possibilitats que no satisfan l'esdeveniment en qüestió.

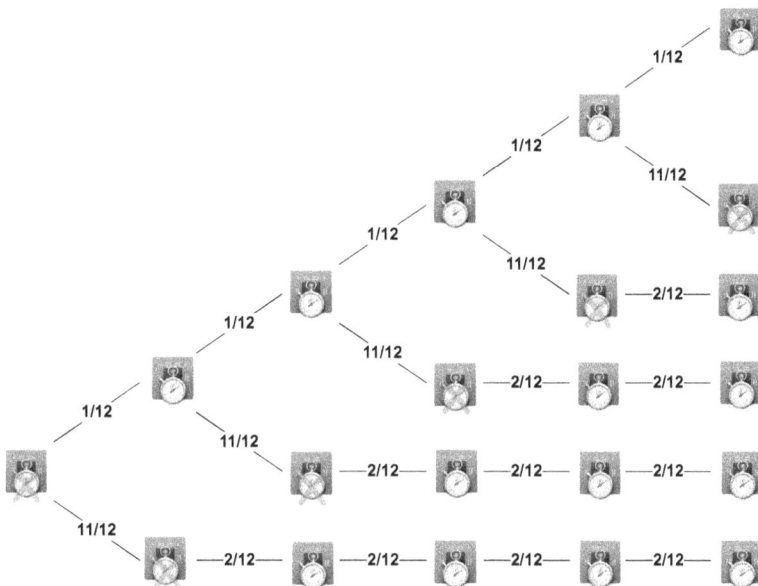

2.27
Arbre de probabilitats de l'exercici 2.35.

Hi hem denotat per *M* el fet d'haver nascut al mateix mes que alguna persona de les que han estat preguntades anteriorment (el *rellotge* de la figura 2.27) i per *D* el fet d'haver nascut en un mes diferent (el rellotge *ratllat*). Observeu que la primera persona nómes es pot trobar en el cas *D*, atès que ningú no ha estat preguntat abans. El nostre esdeveniment se satisfà sempre que no succeeixi més de dues vegades l'esdeveniment *D*.

Calculem la probabilitat que es doni el nostre esdeveniment com la probabilitat de la unió disjunta de les diferents possibilitats de satisfer-lo:

$$P(E) = P(DMMMM \sqcup DMMMMD \sqcup \ldots \sqcup DDMMMM)$$

i, atès que aquestes possibilitats són incompatibles,

$$P(E) = P(DMMMM) + P(DMMMMD) + \ldots + P(DDMMMM)$$

Substituint els valors, obtindrem

$$P(E) = \frac{1}{12} \cdot \frac{1}{12} \cdot \frac{1}{12} \cdot \frac{1}{12} \cdot \frac{1}{12} + \frac{1}{12} \cdot \frac{1}{12} \cdot \frac{1}{12} \cdot \frac{1}{12} \cdot \frac{11}{12} + \ldots + \frac{11}{12} \cdot \frac{2}{12} \cdot \frac{2}{12} \cdot \frac{2}{12} \cdot \frac{2}{12}$$

i, simplificant l'expressió

$$P(E) = \frac{1}{12^5} \cdot (1 + 11 + 11 \cdot 2 + 11 \cdot 2^2 + 11 \cdot 2^3 + 11 \cdot 2^4) = \frac{19}{13824} \approx 0.0013744.$$

Problema 2.36 *Hi ha 23 estudiants en una classe. Quina és la probabilitat que l'aniversari de, com a mínim, dos d'ells sigui el mateix dia (dia i mes)? Suposeu que un any té 365 dies.*

Solució

Ens demanen la probabilitat que, com a mínim, dos dels 23 hagin nascut el mateix dia o, dit d'una altra manera, la probabilitat que no hagin nascut tots en dies diferents. El camí més ràpid serà calcular la probabilitat que tots hagin nascut en dies diferents (fet que denotarem com D), i buscar-ne el complementari $(\bar{D})$. A partir d'aquí podem treballar com al primer apartat de l'exercici anterior. La probabilitat que la resposta del segon individu satisfaci l'esdeveniment D és de $\frac{364}{365}$; la del tercer, de $\frac{363}{365}$, i així fins a la de l'últim, que serà de $\frac{343}{365}$. Per tant,

$$P(\bar{D}) = 1 - P(D) = 1 - \frac{365}{365} \cdot \frac{364}{365} \cdot \ldots \cdot \frac{343}{365}$$

$$P(\bar{D}) = 1 - \frac{365!}{342! \cdot 365^{23}} = 0.50730.$$

Nota. Si introduïu aquesta operació a la vostra calculadora, probablement no la podrà resoldre, ja que els resultats de 365! i 342! són nombres molt grans. Si no disposeu d'un programa de càlcul simbòlic, com ara Maple o Matemàtica, podeu fer servir la combinatòria per transformar l'operació en una que la vostra calculadora pugui resoldre:

$$1 - \frac{365!}{342! \cdot 365^{23}} = 1 - \frac{365!}{342! \cdot 365^{23}} \cdot \frac{23!}{23!} = 1 - \binom{365}{23} \cdot \frac{23!}{365^{23}}$$

Problema 2.37 *Tenim tres joiers idèntics, cadascun dels quals té dos calaixos. El primer joier té un rellotge d'or a cada calaix. El segon té un rellotge de plata a cada calaix. El tercer joier té un rellotge de plata en un calaix i un d'or a l'altre calaix. Escollim un* *joier a l'atzar, n'obrim un calaix i resulta que conté un rellotge de plata. Quina és la probabilitat que a l'altre calaix hi hagi un rellotge d'or?*

Solució

Denotem per J_1, J_2 i J_3 el primer, el segon i el tercer joiers, respectivament. Ens demanen la probabilitat que, sabent que en un dels calaixos hi ha un rellotge de plata (és a dir, estem a J_2 o J_3), en l'altre calaix hi hagi un rellotge d'or (estaríem, doncs, a J_3). Aquesta probabilitat condicionada es pot representar com

$$P(J_3|J_2 \cup J_3) = \frac{P(J_3 \cap (J_2 \cup J_3))}{P(J_2 \cup J_3)} = \frac{P(J_3)}{P(J_2 \cup J_3)} = \frac{P(J_3)}{P(J_2) + P(J_3)} = \frac{\frac{1}{3}}{\frac{1}{3} + \frac{1}{3}} = \frac{1}{2}.$$

Problema 2.38 *En una bossa, es col·loquen boles vermelles i blanques (almenys una de cada color). Quin és el mínim nombre de boles vermelles i blanques que s'han de col·locar a la bossa perquè la probabilitat de no treure cap blanca coincideixi amb la d'obtenir-ne exactament una de blanca, en realitzar quatre extraccions amb reemplaçament?*

Solució

Denotem per V el nombre de boles vermelles i per B el nombre de boles blanques. Atès que després de cada extracció es reemplaça la bola extreta, el resultat de cada extracció és independent de l'anterior. Calculem, llavors, la probabilitat de no treure cap bola blanca en quatre extraccions, és a dir, de treure quatre boles vermelles com

$$P(4V) = \frac{V}{V+B} \cdot \frac{V}{V+B} \cdot \frac{V}{V+B} \cdot \frac{V}{V+B} = \left(\frac{V}{V+B}\right)^4$$

La probabilitat d'extreure només una bola blanca la calculem de la mateixa manera, però tenint en compte que la bola blanca podria sortir en qualsevol posició dintre de les quatre extraccions, és a dir, que hi ha més d'una combinació on només surt una bola blanca, tot i que la probabilitat de cadascuna d'aquestes combinacions és la mateixa. Ho calculem com

$$P(1B) = \binom{4}{1} \cdot \frac{B}{V+B} \cdot \frac{V}{V+B} \cdot \frac{V}{V+B} \cdot \frac{V}{V+B} = \binom{4}{1} \cdot \frac{B}{V+B} \cdot \left(\frac{V}{V+B}\right)^3$$

Aquest tipus de distribució de probabilitat s'anomena *distribució binomial*.

Sabem, per l'enunciat del problema, que $P(4V) = P(1B)$. És a dir,

$$\left(\frac{V}{V+B}\right)^4 = \binom{4}{1} \cdot \frac{B}{V+B} \cdot \left(\frac{V}{V+B}\right)^3 \iff \frac{V}{V+B} = 4 \cdot \frac{B}{V+B} \iff V = 4 \cdot B$$

Les dues probabilitats coincidiran sempre que a la bossa hi hagi 4 boles vermelles per a cada bola blanca. Hi haurà d'haver aleshores, com a mínim, cinc boles, una de blanca i i quatre de vermelles.

Problema 2.39 *Es plantegen sis missions espacials independents a Mart. La probabilitat estimada d'èxit de cada missió és de* 0.95. *Quina és la probabilitat que almenys cinc de les missions tinguin èxit?*

Solució

Denotem per 5*E* el fet que cinc missions tinguin èxit i per 6*E* el fet que les sis tinguin èxit. Ens demanen la probabilitat que, com a mínim, cinc tinguin èxit, és a dir:

$$P(5E \cup 6E).$$

Per calcular $P(5E)$, hem de tenir en compte que hi ha diverses combinacions on una de les sis missions fracassa, i que l'esdeveniment 5*E* preveu totes aquestes combinacions. La probabilitat de cada una d'aquestes combinacions és la mateixa. Es tracta, com en el problema anterior, d'una distribució binomial; per tant

$$P(5E) = \binom{6}{5} \cdot P(E)^5 \cdot P(\bar{E})^1$$
$$= 6 \cdot 0.95^5 \cdot 0.05 \approx 0.23213.$$

Per a la probabilitat $P(6E)$, només existeix una combinació:

$$P(6E) = 0.95^6 \approx 0.73509.$$

Donat que 5*E* i 6*E* són esdeveniments incompatibles:

$$P(5E \cup 6E) = P(5E) + P(6E) \approx 0.96723.$$

Problema 2.40 *Suposem que un porter té un clauer amb* 10 *claus. Digueu quina de les probabilitats següents és més gran:*

(a) la probabilitat d'haver de provar més de cinc claus si, quan n'ha provat una clau i no ha obert, la treu del clauer.
(b) la probabilitat d'haver de provar més de cinc claus si, després de provar-ne una clau, la barreja amb les altres i ho torna a provar.

Solució

Per intuïció, podem saber quina de les dues probabilitats serà més gran, però hem de demostrar-ho; per tant, les calcularem.

(a) En aquest cas, no reemplacem la clau; per tant, com a màxim en farem 10 intents. Si denotem per "+5" el fet d'haver de provar més de cinc claus, i per E_i el fet d'encertar a la *i*-èsima elecció de clau, podem dir que

$$P(+5) = P(E_6 \cup E_7 \cup E_8 \cup E_9 \cup E_{10})$$

i, atès que són esdeveniments incompatibles,

$$P(+5) = P(E_6) + P(E_7) + P(E_8) + P(E_9) + P(E_{10})$$

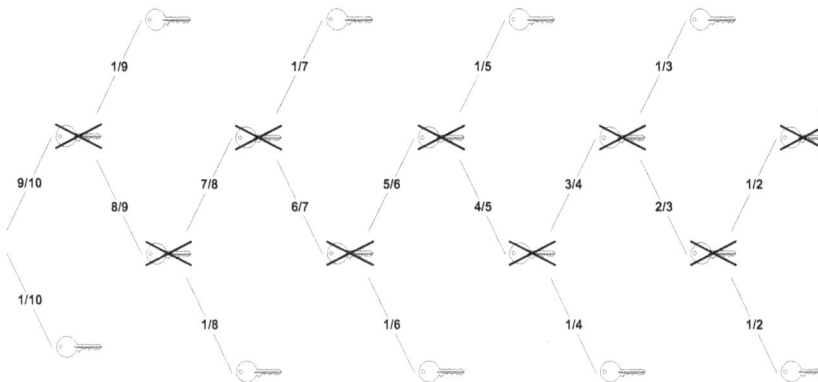

Per calcular-ho, ens pot ser útil fer un arbre de probabilitats com el de la figura 2.28.

Calculem, llavors, la probabilitat d'encertar a la sisena clau com

$$P(E_6) = \frac{9}{10} \cdot \frac{8}{9} \cdot \frac{7}{8} \cdot \frac{6}{7} \cdot \frac{5}{6} \cdot \frac{1}{5} = \frac{1}{10}$$

i, de la mateixa manera,

$$P(E_7) = \frac{9}{10} \cdot \frac{8}{9} \cdot \frac{7}{8} \cdot \frac{6}{7} \cdot \frac{5}{6} \cdot \frac{4}{5} \cdot \frac{1}{4} = \frac{1}{10}$$

$$P(E_8) = \frac{9}{10} \cdot \frac{8}{9} \cdot \frac{7}{8} \cdot \frac{6}{7} \cdot \frac{5}{6} \cdot \frac{4}{5} \cdot \frac{3}{4} \cdot \frac{1}{3} = \frac{1}{10}$$

$$P(E_9) = \frac{9}{10} \cdot \frac{8}{9} \cdot \frac{7}{8} \cdot \frac{6}{7} \cdot \frac{5}{6} \cdot \frac{4}{5} \cdot \frac{3}{4} \cdot \frac{2}{3} \cdot \frac{1}{2} = \frac{1}{10}$$

$$P(E_1 0) = \frac{9}{10} \cdot \frac{8}{9} \cdot \frac{7}{8} \cdot \frac{6}{7} \cdot \frac{5}{6} \cdot \frac{4}{5} \cdot \frac{3}{4} \cdot \frac{2}{3} \cdot \frac{1}{2} \cdot \frac{1}{1} = \frac{1}{10}$$

Per tant,

$$P(+5) = \frac{1}{10} + \frac{1}{10} + \frac{1}{10} + \frac{1}{10} + \frac{1}{10} = \frac{5}{10} = \frac{1}{2}$$

En aquest cas, podríem haver calculat $P(+5)$ de forma més ràpida. Si assignem a cada clau una posició entre l'1 i el 10, i les anem provant una a una, és fàcil veure que totes tenen la mateixa probabilitat de ser la correcta. Per tant, veiem que

$$P(E_6) = P(E_7) = P(E_8) = P(E_9) = P(E_{10}) = \frac{1}{10},$$

i llavors

$$P(+5) = P(6) + P(7) + P(8) + P(9) + P(10) = 5 \cdot \frac{1}{10} = \frac{1}{2}.$$

(b) Ara reemplacem cada clau que provem; per tant, no podem establir un màxim d'intents. L'esdeveniment $+5$ succeirà sempre que els cinc primers intents siguin fallits. La probabilitat de fallar en un intent qualsevol val $\frac{9}{10}$, ja que al clauer sempre hi ha 10 claus de les quals 9 no obren. Aleshores,

$$
\begin{aligned}
P(+5) &= P(E_6 \cup E_7 \cup \cdots) \\
&= 1 - P(E_1 \cup E_2 \cup E_3 \cup E_4 \cup E_5) \\
&= 1 - P(E_1) - P(E_2) - P(E_3) - P(E_4) - P(E_5) \\
&= 1 - \frac{1}{10} - \frac{9}{10} \cdot \frac{1}{10} - \left(\frac{9}{10}\right)^2 \cdot \frac{1}{10} - \left(\frac{9}{10}\right)^3 \cdot \frac{1}{10} - \left(\frac{9}{10}\right)^4 \cdot \frac{1}{10} \\
&= 0.59049
\end{aligned}
$$

Veiem que la probabilitat d'haver de provar més de cinc claus és més gran si reemplaçem cada vegada la clau provada.

Problema 2.41 *En una escola, hi ha matriculats 550 alumnes a primer, 300 a segon i 150 a tercer (es compta cada alumne una sola vegada en el curs inferior de totes les assignatures que tingui). El 70% dels alumnes de primer estan matriculats en més de vuit assignatures. El 90% dels alumnes de segon estan matriculats en més de 8 assignatures. El 30% d'alumnes de tercer està matriculat en més de 8 assignatures. Es demana trobar la probabilitat que:*

(a) un alumne estigui matriculat en més de 8 assignatures;
(b) un alumne de primer estigui matriculat en més de 8 assignatures;
(c) un alumne estigui matriculat en més de 8 assignatures i sigui de primer;
(d) un alumne que estigui matriculat en més de 8 assignatures sigui de primer

Solució

Denotem per V el fet que un alumne estigui matriculat en més de vuit assignatures, i per A_i el fet que un alumne sigui del curs i-èsim, $i = 1, 2, 3$. Sabent que hi ha un total de 1000 alumnes, podem resumir la informació de l'enunciat com

$$P(A_1) = \frac{550}{1000} = 0.55, \quad P(V|A_1) = 0.70$$

$$P(A_2) = \frac{300}{1000} = 0.30, \quad P(V|A_2) = 0.90$$

$$P(A_3) = \frac{150}{1000} = 0.15, \quad P(V|A_3) = 0.30$$

(a) Per probabilitat total:

$$
\begin{aligned}
P(V) &= P(A_1) \cdot P(V|A_1) + P(A_2) \cdot P(V|A_2) + P(A_3) \cdot P(V|A_3) \\
&= 0.55 \cdot 0.7 + 0.3 \cdot 0.9 + 0.15 \cdot 0.3 = 0.70.
\end{aligned}
$$

(b) Ens ho diu directament l'enunciat: $P(V|A_1) = 0.70$.

(c) Aplicant la definició de probabilitat condicionada:

$$P(V \cap A_1) = P(V|A_1) \cdot P(A_1) = 0.7 \cdot 0.55 = 0.385$$

(d) De nou, per probabilitat condicionada:

$$P(A_1|V) = \frac{P(A_1 \cap V)}{P(V)} = \frac{0.385}{0.70} = 0.55.$$

Problema 2.42 *Un estudiant contesta una pregunta que té quatre possibles solucions en un examen d'opció múltiple. Suposem que la probabilitat que l'estudiant sàpiga la resposta a la pregunta és de 0.8 i que la probabilitat que hagi de contestar a l'atzar és de 0.2. Suposem, a més, que la probabilitat de seleccionar la resposta correcta a l'atzar és de 0.25. Si l'estudiant contesta correctament la pregunta, quina és la probabilitat que realment sàpiga la resposta correcta?*

Solució

Si denotem per C el fet que l'estudiant contesti correctament i per S el fet que en sàpiga la resposta, podem expressar la informació de l'enunciat com

$$P(S) = \frac{8}{10}$$

$$P(\bar{S}) = \frac{2}{10}$$

$$P(C|\bar{S}) = \frac{1}{4}$$

Hem de buscar la probabilitat que l'estudiant en sàpiga la resposta sabent que ha contestat correctament, això és, $P(S|C)$. Segons el teorema de Bayes:

$$P(S|C) = \frac{P(S)P(C|S)}{P(C)}$$

Si l'estudiant en sap la resposta, sempre respondrà correctament; per tant:

$$P(C|S) = 1$$

Llavors, ens cal conèixer $P(C)$, i aquesta probabilitat la podem obtenir mitjançant la probabilitat total:

$$P(C) = P(C|\bar{S}) \cdot P(\bar{S}) + P(C|S) \cdot P(S) = \frac{1}{4} \cdot \frac{2}{10} + 1 \cdot \frac{8}{10} = \frac{17}{20} = 0.85$$

Finalment,

$$P(S|C) = \frac{P(S)P(C|S)}{P(C)} = \frac{\frac{8}{10} \cdot 1}{0.85} = \frac{16}{17} \approx 0.94118$$

Problema 2.43 *El Joan és el responsable d'una aula informàtica de la UPC i no es pot confiar en ell: la probabilitat que oblidi fer el manteniment d'un PC en absència del cap és de $\frac{2}{3}$.*

El PC no està segur: si el Joan li fa un manteniment, té la mateixa probabilitat d'espatllar-se que de funcionar correctament, però només un 0.25 de probabilitats que funcioni correctament si no en fa el manteniment.

(a) Quina és la probabilitat que un ordinador funcioni correctament quan el cap torni?
(b) En tornar, el cap troba un PC espatllat. Quina és la probabilitat que en Joan no en fes el manteniment?

Solució

Denotant per M el fet que en Joan faci el manteniment del PC i per F el fet que un PC funcioni, tenim

$$P(\bar{M}) = \frac{2}{3}$$

$$P(F|M) = P(\bar{F}|M) = \frac{1}{2}$$

$$P(F|\bar{M}) = \frac{1}{4}$$

(a) Es tracta d'un càlcul de probabilitat total:

$$P(F) = P(F|\bar{M}) \cdot P(\bar{M}) + P(F|M) \cdot P(M)$$

$$= \frac{1}{4} \cdot \frac{2}{3} + \frac{1}{2} \cdot \frac{1}{3} = \frac{1}{3},$$

ja que $P(M) = 1 - P(\bar{M}) = 1 - \frac{2}{3} = \frac{1}{3}$.

(b) Aplicant el teorema de Bayes:

$$P(\bar{M}|\bar{F}) = \frac{P(\bar{M})P(\bar{F}|\bar{M})}{P(\bar{F})} = \frac{P(\bar{M})\left(1 - P(F|\bar{M})\right)}{1 - P(F)}$$

$$= \frac{\dfrac{3}{4} \cdot \dfrac{2}{3}}{1 - \dfrac{1}{3}} = \frac{3}{4}$$

Problema 2.44 *Una fàbrica de blocs de ciment treu partides de 200 blocs. Amb els excedents de producció, ha format una partida on 20 dels blocs són defectuosos. Es realitza un control de qualitat, on un dels empleats de la fàbrica selecciona tres dels 200 blocs alhora i en comprova la qualitat. Determineu la probabilitat que*

(a) el primer bloc sigui defectuós
(b) el segon bloc sigui defectuós

(c) el segon bloc sigui defectuós, sabent que el primer ha sigut defectuós
(d) els dos primers blocs siguin defectuosos
(e) els tres blocs siguin defectuosos
(f) cap dels tres blocs sigui defectuós
(g) almenys un bloc sigui defectuós

Solució

Denotem per D_i el fet que l'i-èssim bloc sigui defectuós, per a $i = 1, 2, 3$. Ens serà útil, en aquest cas, fer un arbre de probabilitats condicionades (vegeu la figura 2.29).

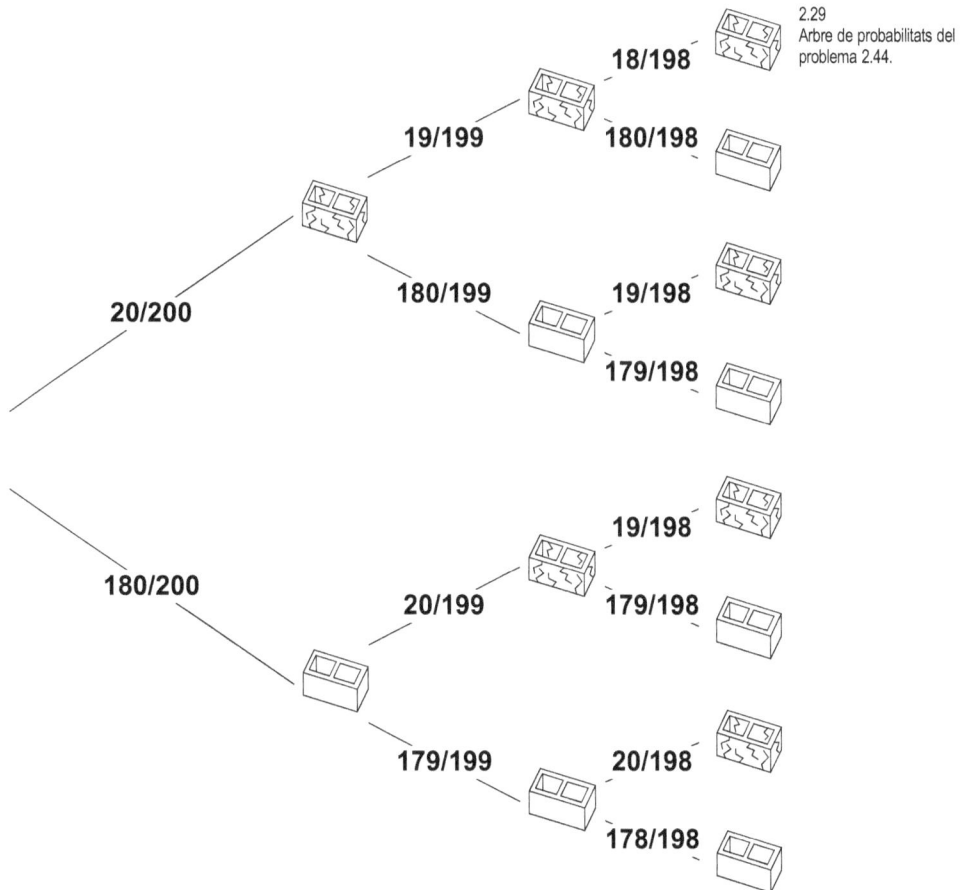

2.29
Arbre de probabilitats del problema 2.44.

(a) Com veiem a l'arbre que hem realitzat, aquesta probabilitat és $P(D_1) = \dfrac{20}{200} = \dfrac{1}{10}$.

(b) Farem servir probabilitat total:

$$P(D_2) = P(D_2|D_1) \cdot P(D_1) + P(D_2|\bar{D}_1) \cdot P(\bar{D}_1) = \frac{19}{199} \cdot \frac{20}{200} + \frac{20}{199} \cdot \frac{180}{200} = \frac{1}{10}$$

(c) Observant la figura, veiem que aquesta probabilitat és de

$$P(D_2|D_1) = \frac{19}{199} \approx 0.095477$$

(d) Segons la definició de probabilitat condicionada:

$$P(D_1 \cap D_2) = P(D_1) \cdot P(D_2|D_1) = \frac{20}{200} \cdot \frac{19}{199} \approx 0.0095477$$

(e) De nou, per probabilitat condicionada:

$$P(D_1 \cap D_2 \cap D_3) = P(D_1) \cdot P(D_2|D_1) \cdot P(D_3|D_1 \cap D_2)$$
$$= \frac{20}{200} \cdot \frac{19}{199} \cdot \frac{18}{198} = 0.00086798$$

(f) De la mateixa manera que al punt anterior:

$$P(\bar{D}_1 \cap \bar{D}_2 \cap \bar{D}_3) = P(\bar{D}_1) \cdot P(\bar{D}_2|\bar{D}_1) \cdot P(\bar{D}_3|\bar{D}_1 \cap \bar{D}_2) = \frac{180}{200} \cdot \frac{179}{199} \cdot \frac{178}{198} = 0.72778$$

(g) Ens demanen la probabilitat que un, dos o els tres siguin defectuosos. La manera més fàcil de calcular-ho és mitjançant el fet complementari, que és que cap sigui defectuós. Llavors,

$$P(D_1 \cup D_2 \cup D_3) = P(\overline{\bar{D}_1 \cap \bar{D}_2 \cap \bar{D}_3}) = 1 - P(\bar{D}_1 \cap \bar{D}_2 \cap \bar{D}_3) \approx 0.27222$$

Problema 2.45 *Realitzeu de nou el problema anterior, tenint en compte que ara el control de qualitat el fan tres empleats diferents: un de la fàbrica (al matí), un distribuïdor (al migdia) i el comprador (a la tarda), de manera que cadascun d'ells agafa un bloc sense saber quin bloc ha agafat l'empleat anterior. Determineu, a més,*

(h) *la probabilitat d'admetre el lot per aquest procediment, sabent que ha estat admès pel procediment del problema anterior*

Solució

El fet que ara el control de qualitat el facin tres empleats diferents i en moments diferents fa que les eleccions dels blocs siguin independents.

(a) Com en el cas anterior, aquesta probabilitat és de

$$P(D_1) = \frac{20}{200} = \frac{1}{10}.$$

(b) El bloc analitzat es torna a afegir a la partida inicial. Per tant, la probabilitat que un bloc analitzat sigui defectuós serà sempre de

$$P(D_i) = \frac{1}{10}, \ i = 1, 2, 3.$$

(c) Cada selecció és independent de l'anterior; per tant, de nou

$$P(D_2|D_1) = P(D_2) = \frac{1}{10}.$$

(d) Sabent que són esdeveniments independents:

$$P(D_1 \cap D_2) = P(D_1) \cdot P(D_2) = \frac{1}{10} \cdot \frac{1}{10} = \frac{1}{100}$$

(e) Igual que al punt anterior:

$$P(D_1 \cap D_2 \cap D_3) = P(D_1) \cdot P(D_2) \cdot P(D_3) = \left(\frac{1}{10}\right)^3 = \frac{1}{1000}$$

(f) Si els esdeveniments D_i són independents, també ho seran els seus complementaris $\bar{D}_i$. Aleshores,

$$P(\bar{D}_1 \cap \bar{D}_2 \cap \bar{D}_3) = P(\bar{D}_1)P(\bar{D}_2)P(\bar{D}_3) = (1-P(D_1))(1-P(D_2))(1-P(D_3))$$
$$= \left(\frac{9}{10}\right)^3 = 0.729$$

(g) Com hem fet al problema anterior,

$$P(D_1 \cup D_2 \cup D_3) = P(\overline{\bar{D}_1 \cap \bar{D}_2 \cap \bar{D}_3}) = 1 - P(\bar{D}_1 \cap \bar{D}_2 \cap \bar{D}_3) = 0.271$$

(h) El fet que el lot hagi estat admès pel procediment del problema anterior no condiciona l'admissió del lot pel segon procediment. Per tant, els dos procediments són independents. Aleshores, la probabilitat que el lot sigui admès, és a dir, que cap dels tres blocs sigui defectuós, és

$$P(\bar{D}_1 \cap \bar{D}_2 \cap \bar{D}_3) = P(\bar{D}_1)P(\bar{D}_2)P(\bar{D}_3) = (1-P(D_1))(1-P(D_2))(1-P(D_3))$$
$$= \left(\frac{9}{10}\right)^3 = 0.729$$

Problema 2.46 *En una capsa, hi ha 3 paquets de bombetes de 60 W i 5 paquets de 120 W per fer la instal·lació elèctrica d'un pis. Les de 60 W són per al segon pis i les de 120 W per al primer. L'aprenent no sap que hi ha bombetes de diferent potència i agafa 3 paquets per il·luminar el segon pis. Quina és la probabilitat que la primera bombeta que posin al primer pis sigui de 120 W?*

Solució

Denotem per A el fet d'agafar una capsa de bombetes de 60 W i per B el fet d'agafar una de les bombetes de 120 W. El que ens demanen és la probabilitat que la quarta capsa que agafem fent extraccions sense reemplaçament sigui de bombetes de 120 W. En aquest cas, ens és útil fer un arbre de probabilitats (vegeu la figura 2.30).

2.30
Arbre de probabilitats del
problema 2.46.

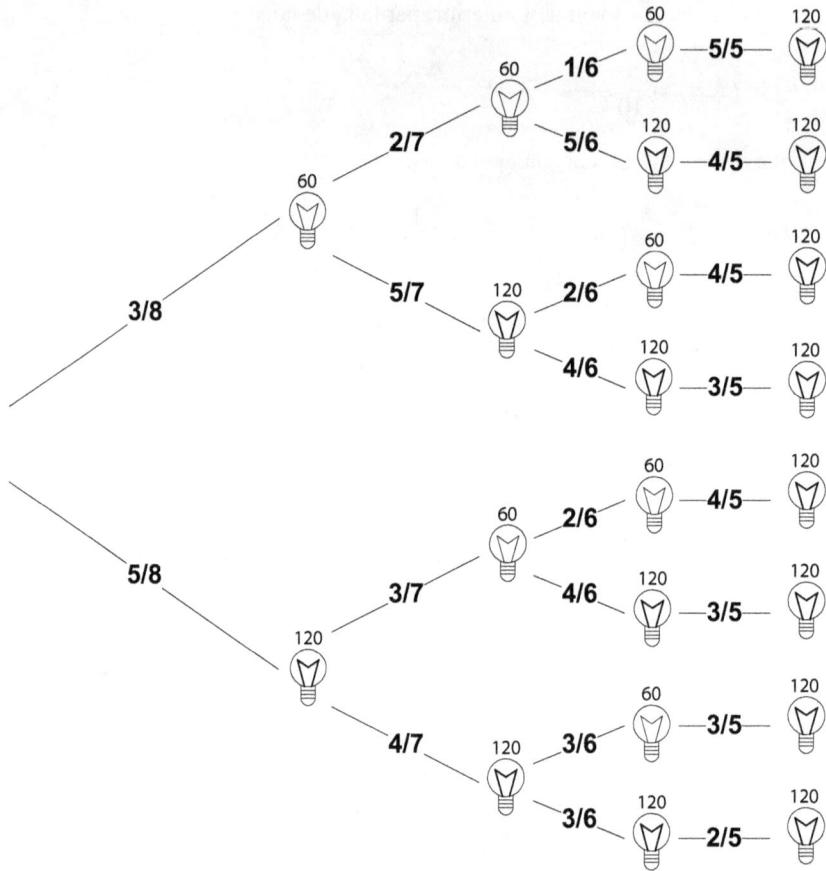

A l'arbre de la figura 2.30, s'ha eliminat la possibilitat de treure una capsa de 60 W en l'última extracció, ja que per a la probabilitat que volem calcular no ens interessa.

Calculem, doncs, la probabilitat d'agafar una capsa de 120 W a la quarta extracció com la suma de totes les seqüències de quatre extraccions acabades en aquest tipus de bombetes. Es tracta, per tant, d'un càlcul de probabilitat total. A partir de l'arbre:

$$P(B_4) = \frac{3}{8} \cdot \frac{2}{7} \cdot \frac{1}{6} \cdot \frac{5}{5} + \frac{3}{8} \cdot \frac{2}{7} \cdot \frac{5}{6} \cdot \frac{4}{5} + \frac{3}{8} \cdot \frac{5}{7} \cdot \frac{2}{6} \cdot \frac{4}{5}$$

$$+ \frac{3}{8} \cdot \frac{5}{7} \cdot \frac{4}{6} \cdot \frac{3}{5} + \frac{5}{8} \cdot \frac{3}{7} \cdot \frac{2}{6} \cdot \frac{4}{5} + \frac{5}{8} \cdot \frac{3}{7} \cdot \frac{4}{6} \cdot \frac{3}{5}$$

$$+ \frac{5}{8} \cdot \frac{4}{7} \cdot \frac{3}{6} \cdot \frac{3}{5} + \frac{5}{8} \cdot \frac{4}{7} \cdot \frac{3}{6} \cdot \frac{2}{5} = \frac{5}{8}$$

Problema 2.47 *En una capsa, tenim n resistències de les quals m són defectuoses. D'aquesta capsa, n'agafem tres resistències. Cada vegada que traiem una resistència, si surt defectuosa, en posem r més de no defectuoses. Quina és la probabilitat de treure tres resistències defectuoses?*

Denotem per D_i el fet de treure una resistència defectuosa a la i-èsima extracció. Cada extracció no és independent de l'anterior; per tant:

$$P(D_1 \cap D_2 \cap D_3) = P(D_1) \cdot P(D_2|D_1) \cdot P(D_3|D_1 \cap D_2)$$

A la primera extracció, sabem que hi ha m sobre un total de n resistències:

$$P(D_1) = \frac{m}{n}$$

En haver sortit defectuosa la primera resistència, s'afegeixen r resistències no defectuoses. Com que n'hem tret una, ara hi haurà $n - 1 + r$ resistències a la capsa, de les quals $m - 1$ són defectuoses.

$$P(D_2|D_1) = \frac{m-1}{n-1+r}$$

A la tercera extracció, tindrem $m - 2$ resistències defectuoses per un total de $n - 2 + 2r$ resistències que hi haurà a la capsa.

$$P(D_3|D_1 \cap D_2) = \frac{m-2}{n-2+2r}$$

Finalment,

$$P(D_1 \cap D_2 \cap D_3) = \frac{m \cdot (m-1) \cdot (m-2)}{n \cdot (n-1+r) \cdot (n-2+2r)}$$

Problema 2.48 *Una capsa conté 5 claus defectuosos i 4 d'acceptables; una altra en conté 4 de defectuosos i 5 d'acceptables. Es trasllada un clau de la primera capsa a la segona i, a continuació, se'n treu un de la segona.*

(a) *Quina és la probabilitat que sigui acceptable?*
(b) *Quina és la probabilitat que, sabent que és defectuós, provingui de la primera capsa?*

(a) Denotem per A_1 el fet de treure un clau acceptable a la primera extracció, és a dir, a l'extracció que fem de la primera capsa. Veieu que el fet de treure un clau defectuós el denotem per $\bar{A}_1$, ja que són esdeveniments complementaris. Tindrem:

$$P(A_1) = \frac{4}{9}$$

$$P(\bar{A}_1) = \frac{5}{9}$$

D'altra banda, denotem per A_2 el fet de treure un clau acceptable a la segona extracció, la que fem de la segona capsa havent ja traspassat el clau de la primera capsa. De nou queda denotat per A_2 el fet de treure un clau defectuós a la segona extracció. Llavors el que ens demanen és trobar $P(A_2)$. Hem de preveure dues possibilitats: que el clau traspassat sigui acceptable i que aquest sigui defectuós. Si és acceptable, a la segona capsa tindrem 6 claus acceptables i 4 de defectuosos. Per tant, la probabilitat de treure'n un d'acceptable a la segona extracció si sabem que a la primera ha sortit acceptable serà

$$P(A_2|A_1) = \frac{6}{10}$$

Si el clau traspassat és defectuós, a la segona capsa en tindrem 5 de defectuosos i 5 d'acceptables; per tant, la probabilitat de treure'n un d'acceptable en aquest cas serà

$$P(A_2|\bar{A_1}) = \frac{5}{10}$$

Per probabilitat total, podem calcular $P(A_2)$ com:

$$P(A_2) = P(A_2|A_1) \cdot P(A_1) + P(A_2|\bar{A_1}) \cdot P(\bar{A_1})$$
$$= \frac{6}{10} \cdot \frac{4}{9} + \frac{5}{10} \cdot \frac{5}{9} = \frac{49}{90} \approx 0.54444$$

(b) Denotem ara per C_1 el fet que el clau extret a la segona extracció sigui inicialment de la primera capsa. Ens demanen, per tant,

$$ds P(C_1|D_2)$$

Aplicant el teorema de Bayes:

$$P(C_1|\bar{A_2}) = \frac{P(C_1)P(\bar{A_2}|C_1)}{P(A_2)}$$

La probabilitat que el clau de la segona extracció sigui defectuós sabent que és de la primera capsa, és la probabilitat que el clau de la primera extracció sigui defectuós, és a dir,

$$P(\bar{A_2}|C_1) = P(\bar{A_1}) = \frac{5}{9}$$

Sabem d'altra banda, que a la segona capsa tenim 10 claus, dels quals només un pertany a la primera capsa; per tant,

$$P(C_1) = \frac{1}{10}$$

A l'apartat anterior, hem calculat $P(A_2)$; per tant, podem conèixer la probabilitat que a la segona extracció surti defectuós:

$$P(\bar{A_2}) = 1 - P(A_2) = 1 - \frac{49}{90} = \frac{41}{90}$$

Substituint els valors,

$$P(C_1|\bar{A_2}) \approx \frac{\frac{1}{10} \cdot \frac{5}{9}}{\frac{41}{90}} = \frac{5}{41} \approx 0.12195$$

Problema 2.49 *Es llança un dau equilibrat i el nombre obtingut és el nombre de boles blanques que posem en una urna. A continuació, es torna a llançar el dau i es repeteix l'operació introduint-hi ara boles negres. Finalment, traiem una bola de l'urna. Quina és la probabilitat que sigui blanca?*

Solució

Si denotem per D_i^b el fet de treure un i en llançar el primer dau (per tant, i serà el nombre de boles blanques), i per D_j^n el fet de treure un j en llançar el segon dau (j serà el nombre de boles negres), per a cada combinació de resultats la probabilitat de treure bola blanca serà

$$P(B|D_i^b \cap D_j^n) = \frac{i}{i+j}$$

Per probabilitat total, sabem que

$$P(B) = \sum_{i=1}^{6}\sum_{j=1}^{6} P(B|D_i^b \cap D_j^n) \cdot P(D_i^b \cap D_j^n)$$

El resultat dels dos llançaments de dau són independents, i els sis resultats de cada tirada són equiprobables. Llavors, per a qualsevol combinació resultant, la probabilitat és la mateixa:

$$P(D_i \cap D_j) = P(D_i) \cdot P(D_j) = \frac{1}{6} \cdot \frac{1}{6} = \frac{1}{36}$$

Per tant, calculem la probabilitat de treure una bola blanca com:

$$P(B) = \sum_{i=1}^{6}\sum_{j=1}^{6} \frac{i}{i+j} \cdot \frac{1}{36} = \frac{1}{2}$$

El resultat obtingut era previsible, ja que en fer servir el mateix dau per a determinar el nombre de boles blanques que per a determinar-ne el de boles negres, el problema es pot considerar simètric, és a dir, $P(B) = P(N)$, i atès que són esdeveniments complementaris, $P(B) + P(N) = 1$, tenim que $P(B) = \frac{1}{2}$.

Problema 2.50 *Es tenen N urnes, cada una de les quals conté 4 boles blanques i 6 de negres, i una altra urna amb 5 boles blanques i 5 boles negres. Es pren una urna a l'atzar entre les $N+1$ i se'n treuen dues boles, que resulten ser negres. La probabilitat que en aquesta urna hi quedin 5 boles blanques i 3 de negres és de $\frac{1}{7}$. Calculeu el valor de N.*

Solució

Denotem per U_1 el fet d'escollir una de les N urnes, i per U_2 el fet d'escollir l'altra urna. Denotem també per nn el fet de treure dues boles negres d'una urna. L'enunciat ens diu que la probabilitat que a la urna quedin 3 boles negres i 5 de blanques si n'hem tret dues negres, és a dir, la probabilitat que haguem triat la urna amb 5 boles de cada color si n'hem tret dues boles negres, és d'$\frac{1}{7}$:

$$P(U_2|nn) = \frac{1}{7}$$

Aplicant el teorema de Bayes

$$P(U_2|nn) = \frac{P(U_2)P(nn|U_2)}{P(nn)}$$

La probabilitat dels esdeveniments U_1 i U_2 és

$$P(U_1) = \frac{N}{N+1}$$

$$P(U_2) = \frac{1}{N+1}$$

Podem calcular fàcilment la probabilitat de treure dues boles negres si sabem quina urna hem triat:

$$P(nn|U_1) = \frac{6}{10} \cdot \frac{5}{9} = \frac{1}{3}$$

$$P(nn|U_2) = \frac{5}{10} \cdot \frac{4}{9} = \frac{2}{9}$$

La probabilitat de treure dues boles blanques dependrà de quina urna hem triat; per tant, podem fer servir el teorema de la probabilitat total:

$$P(nn) = P(nn|U_1) \cdot P(U_1) + P(nn|U_2) \cdot P(U_2) = \frac{1}{3} \cdot \frac{N}{N+1} + \frac{2}{9} \cdot \frac{1}{N+1}$$

Substituint-ho, tindrem

$$P(U_2|nn) = \frac{\frac{1}{N+1} \cdot \frac{2}{9}}{\frac{1}{3} \cdot \frac{N}{N+1} + \frac{2}{9} \cdot \frac{1}{N+1}} = \frac{2}{3N+2}$$

Per tant, hem de resoldre l'equació

$$\frac{2}{3N+2} = \frac{1}{7} \quad \Rightarrow \quad N = 4$$

Problema 2.51 *S'ha llançat un nombre indeterminat de daus i la suma dels punts obtinguts és quatre. Calculeu la probabilitat que s'hagi jugat amb dos daus.*

Solució

Denotem per D_i el fet que s'hagin fet servir i daus, on $i = 1, 2, 3, 4$, ja que com a màxim es poden haver fet servir 4 daus. Per tant, sabem que $P(D_i) = \frac{1}{4}$ Denotem també per S_i el fet que la suma dels resultats dels daus sigui igual a i. Ens demanen, llavors, $P(D_2|S_4)$, i aplicant el teorema de Bayes tenim que

$$P(D_2|S_4) = \frac{P(D_2)P(S_4|D_2)}{P(S_4)}$$

Calculem la probabilitat de treure una suma en concret en una tirada de i daus com el nombre de casos favorables sobre el nombre de casos totals. Haurem de veure, doncs, per a cada nombre de daus les possibilitats que sumen 4. Considerem els esdeveniments condicionats següents:

$$S_4|D_1 = \{4\}$$
$$S_4|D_2 = \{13, 22, 31\}$$
$$S_4|D_3 = \{112, 121, 211\}$$
$$S_4|D_4 = \{1111\}$$

i sabem, mitjançant variacions amb repetició, que el nombre de possibilitats en cada cas és:

$$VR_{6,i} = 6^i$$

Per tant,

$$P(S_4|D_1) = \frac{1}{6}$$

$$P(S_4|D_2) = \frac{3}{6^2}$$

$$P(S_4|D_3) = \frac{3}{6^3}$$

$$P(S_4|D_4) = \frac{1}{6^4}$$

Per a calcular $P(S_4)$, fem servir probabilitat total:

$$P(S_4) = P(S_4|D_1) \cdot P(D_1) + P(S_4|D_2) \cdot P(D_2) + P(S_4|D_3) \cdot P(D_3) + P(S_4|D_4) \cdot P(D_4)$$
$$= \frac{1}{6} \cdot \frac{1}{4} + \frac{3}{6^2} \cdot \frac{1}{4} + \frac{3}{6^3} \cdot \frac{1}{4} + \frac{1}{6^4} \cdot \frac{1}{4} = \frac{343}{5184}$$

Substituint els valors,

$$P(D_2|S_4) = \frac{\frac{1}{4} \cdot \frac{3}{36}}{\frac{343}{5184}} = \frac{108}{343} \approx 0.31487$$

Problema 2.52 *L'Anna, el Jordi i la Laia, per aquest ordre, llancen una moneda a l'aire. El primer que treu una cara guanya. Quines són les seves probabilitats respectives de guanyar?*

Solució

Denotem per G_A el fet que guanyi l'Anna, per G_J el fet que guanyi el Jordi i per G_L el fet que guanyi la Laia. Perquè l'Anna guanyi, ha de surtir cara al primer llançament. Però també guanyarà si treu creu, surten dues creus més i, després, ella treu cara. I també ho farà si surten sis creus i ella treu una cara, i així succesivament. Per tant,

$$G_A = (c) \cup (+++c) \cup (\underbrace{+\cdots+c}_{6 \text{ vegades}}) \cup (\underbrace{+\cdots+c}_{9 \text{ vegades}}) \cup \cdots$$

i atès que cada combinació és incompatible amb la resta,

$$P(G_A) = P(c) + P(+++c) + P(\underbrace{+\cdots+c}_{6 \text{ vegades}}) + P(\underbrace{+\cdots+c}_{9 \text{ vegades}}) + \cdots$$

La probabilitat que en llançar una moneda i vegades surti una combinació concreta de resultats és $(\frac{1}{2})^i$, és a dir,

$$P(c) = \frac{1}{2}$$

$$P(+++c) = \left(\frac{1}{2}\right)^4$$

$$P(\underbrace{+\cdots+c}_{6 \text{ vegades}}) = \left(\frac{1}{2}\right)^7$$

i així successivament. Llavors, busquem

$$P(G_A) = \frac{1}{2} + \left(\frac{1}{2}\right)^4 + \left(\frac{1}{2}\right)^7 + \cdots = \sum_{i=0}^{\infty} \left(\frac{1}{2}\right)^{1+3i}$$

Per resoldre aquest sumatori, hem de saber que la suma d'una progressió geomètrica de raó r amb $|r| < 1$ és $\sum_{i=0}^{\infty} r^i = \dfrac{1}{1-r}$. Si reescrivim el nostre sumatori,

$$P(G_A) = \sum_{i=0}^{\infty} \left(\frac{1}{2}\right)^{1+3i} = \frac{1}{2} \sum_{i=0}^{\infty} \left(\frac{1}{2}\right)^{3i} = \frac{1}{2} \sum_{i=0}^{\infty} \left(\frac{1}{2^3}\right)^i$$

$$= \frac{1}{2} \cdot \frac{1}{1 - \dfrac{1}{2^3}} = \frac{4}{7}$$

Les combinacions que fan guanyador en Jordi són

$$G_J = (+c) \cup (+++c) \cup (\underbrace{+\cdots+c}_{\text{7 vegades}}) \cup \cdots$$

Per tant,

$$P(G_J) = P(+c) + P(+++c) + P(\underbrace{+\cdots+c}_{\text{7 vegades}}) + \cdots$$

$$= \left(\frac{1}{2}\right)^2 + \left(\frac{1}{2}\right)^5 + \left(\frac{1}{2}\right)^8 + \cdots$$

$$= \frac{1}{2^2} \sum_{i=0}^{\infty} \left(\frac{1}{2^3}\right)^i = \frac{1}{4} \cdot \frac{1}{1 - \dfrac{1}{2^3}} = \frac{2}{7}$$

I, pel mateix mètode,

$$G_L = (++c) \cup (\underbrace{+\cdots+c}_{\text{5 vegades}}) \cup (\underbrace{+\cdots+c}_{\text{8 vegades}}) \cup \cdots$$

$$P(G_L) = P(++c) + P(\underbrace{+\cdots+c}_{\text{5 vegades}}) + P(\underbrace{+\cdots+c}_{\text{8 vegades}}) + \cdots$$

$$= \left(\frac{1}{2}\right)^3 + \left(\frac{1}{2}\right)^6 + \left(\frac{1}{2}\right)^9 + \cdots$$

$$= \frac{1}{2^3} \sum_{i=0}^{\infty} \left(\frac{1}{2^3}\right)^i = \frac{1}{8} \cdot \frac{1}{1 - \dfrac{1}{2^3}} = \frac{1}{7}$$

Problema 2.53 *L'Oriol llança una moneda a l'aire fins que treu una cara. A continuació, la Clàudia llança la mateixa moneda fins que treu una cara. Calculeu la probabilitat que la moneda s'hagi llançat un total de n vegades.*

Solució

El problema plantejat és equivalent al de llançar una moneda a l'aire fins que surten dues cares. En aquest cas, les primeres tirades de la moneda les fa l'Oriol, i les últimes tirades les fa la Clàudia.

Observem, per un moment, un dels casos favorables en 5 tirades:

$$\underbrace{++c}_{\text{Oriol}} \underbrace{+c}_{\text{Clàudia}}$$

Observem que l'última tirada és sempre una cara, i que en les quatre anteriors només hi ha una cara.

Quina és la probabilitat d'aquest cas particular? En aquest cas, atès que la moneda és equiprobable, la probabilitat és

$$P(\{++c+c\}) = \left(\frac{1}{2}\right)^5 = \frac{1}{32}$$

Però com aquest cas favorable en 5 tirades n'hi ha més:

$c+++c$
$+c++c$
$++c+c$
$\vdots$

Quants són, exactament? Són, de fet, el nombre de maneres diferents que tenim de col·locar les tres creus en quatre posicions, és a dir,

$$C_{4,3} = \binom{4}{3} = 4$$

Per tant, la probabilitat que la moneda s'hagi llançat un total de 5 vegades és

$$4 \cdot \frac{1}{32} = \frac{1}{8}.$$

I la probabilitat que la moneda s'hagi llançat n vegades?

Veiem que la probabilitat de qualsevol combinació concreta de n llançaments de moneda serà sempre de $\left(\frac{1}{2}\right)^n$. Veiem també que el nombre de combinacions per a un nombre de llançaments determinat depèn de quan tregui cara l'Oriol, ja que la Clàudia sempre la traurà en última posició. Per tant, per a n llançaments l'Oriol pot treure cara al primer llançament, o al segon, o al tercer,... i així fins al penúltim, és a dir, el $n-1$, i tots ells seran esdeveniments diferents amb el mateix nombre de llançaments i que satisfan les condicions de l'enunciat.

En aquest cas general, tenim, doncs,

$$\binom{n-1}{1} \cdot \left(\frac{1}{2}\right)^n = (n-1)\left(\frac{1}{2}\right)^n.$$

Problema 2.54 *S'introdueixen tres boles a l'atzar i de forma independent en cinc urnes.*

(a) Calculeu la probabilitat que les tres boles estiguin a la mateixa urna
(b) Calculeu la probabilitat que no hi hagi cap urna que contingui dues boles.

Solució

Ens serà més fàcil resoldre aquest problema si interpretem que estem escollint tres urnes de cinc possibles amb possibilitat de repetir. Per tant, l'esdeveniment 131 significa que la primera bola ha anat a la primera urna; la bola dos a la tercera urna, i l'última bola a la primera urna de nou. Atès que cada introducció és independent, la probabilitat de qualsevol conjunt de tres introduccions serà $\frac{1}{5} \cdot \frac{1}{5} \cdot \frac{1}{5} = \frac{1}{5^3} = \frac{1}{125}$.

(a) Denotem per T el fet que les tres boles acabin a la mateixa urna. Segons la notació definida, això és

$$T = \{111, 222, 333, 444, 555\}$$

i, atès que els esdeveniments són incompatibles,

$$\begin{aligned}P(T) &= P(\{111\} \cup \{222\} \cup \{333\} \cup \{444\} \cup \{555\}) \\ &= P(\{111\}) + P(\{222\}) + P(\{333\}) + P(\{444\}) + P(\{555\}) \\ &= 5 \cdot \frac{1}{5^3} = \frac{1}{25}\end{aligned}$$

(b) Quan fem l'experiment proposat, hi ha tres possibilitats quant a la distribució de les boles: que les tres quedin juntes (fet que hem denotat per T), que les tres quedin separades (fet que denotem per S) i que quedin dues en una urna i una en una altra (fet que denotem per D). Ens demanen $P(\overline{D})$, i sabem que entre T, D i S es preveuen totes les possibilitats de l'espai mostral; per tant,

$$P(\overline{D}) = P(T) + P(S)$$

A l'apartat anterior, ja hem calculat $P(T)$. Per calcular $P(S)$, hem de buscar quantes combinacions de tres urnes satisfan l'esdeveniment S. Ho podem calcular mitjançant les variacions

$$V_{5,3} = 5 \cdot 4 \cdot 3 = 60$$

Llavors, igual que hem fet en calcular $P(T)$,

$$P(S) = P(123) + P(124) + P(125) + \cdots + P(456) = 60 \cdot \frac{1}{5^3} = \frac{12}{25}$$

I, finalment,

$$P(\overline{D}) = P(T) + P(S) = \frac{1}{25} + \frac{12}{25} = \frac{13}{25}$$

Problema 2.55 *El temari d'un examen està compost per 100 temes. L'examen consisteix en l'exposició a l'atzar de dos temes. Per aprovar, cal contestar correctament els dos temes. Quin és el nombre mínim de temes que cal estudiar perquè la probabilitat d'aprovar sigui superior a la probabilitat de suspendre?*

Solució

Denotem per A el fet d'aprovar l'examen; per S_i el fet d'haver estudiat el i-èsim tema que ens preguntin, i per n el nombre de temes que ens sabem. Necessitem que la probabilitat d'aprovar sigui superior a la de no aprovar.

$$P(A) > P(\bar{A}) = 1 - P(A) \quad \Rightarrow \quad 2 \cdot P(A) > 1 \quad \Rightarrow \quad P(A) > \frac{1}{2}$$

Per tant, calcularem quin valor de n fa que $P(A) = \frac{1}{2}$, i sabrem que ens cal l'enter immediatament superior. Per aprovar, hem d'haver estudiat els dos temes que ens demanin. Llavors

$$P(A) = P(S_1 \cap S_2) = P(S_1) \cdot P(S_2|S_1)$$

Hi ha un total de 100 temes, dels quals haurem estudiat n, per tant,

$$P(S_1) = \frac{n}{100}$$

Atès que el segon tema que ens preguntin no pot coincidir amb el primer, un cop respost el primer ens quedaran $n-1$ temes coneguts per un total de 99 temes possibles:

$$P(S_2|S_1) = \frac{n-1}{99}$$

Substituint les dades,

$$P(A) = P(S_1) \cdot P(S_2|S_1) = \frac{n}{100} \cdot \frac{n-1}{99}$$

Per tant, hem de resoldre l'equació

$$\frac{n}{100} \cdot \frac{n-1}{99} = \frac{1}{2} \quad \Longleftrightarrow \quad 2n^2 - 2n - 9900 = 0$$

que té dues solucions:

$$n_1 = 70.858$$
$$n_2 = -69.858$$

El valor negatiu no té sentit, en aquest cas. El valor positiu correspon al nombre de temes que igualaria la probabilitat d'aprovar amb la de suspendre; per tant, 71 és el nombre mínim de temes que hem d'estudiar per a tenir més opcions d'aprovar que de suspendre. Ho podem comprovar:

$$P(A_{70}) = \frac{70}{100} \cdot \frac{69}{99} \approx 0.48788$$
$$P(A_{71}) = \frac{71}{100} \cdot \frac{70}{99} \approx 0.50202$$

Problema 2.56 *Suposem que el temari d'un examen té 50 lliçons i que ens n'hem preparat 15. A l'examen, se seleccionen aleatòriament 5 lliçons.*

(a) Calculeu la probabilitat que ens sapiguem les 5 lliçons.
(b) Si per aprovar cal contestar, com a mínim, tres lliçons, calculeu la probabilitat d'aprovar l'examen.

Solució

(a) Denotem per S_i el fet de saber i lliçons de les cinc que entren a l'examen, i per L_i el fet de saber la i-èsima pregunta de les cinc de l'examen. Per tant, en aquest cas hem de trobar

$$P(S_5) = P(L_1 \cap L_2 \cap L_3 \cap L_4 \cap L_5)$$

La probabilitat que ens sapiguem la segona lliçó depèn de si ens sabem la primera, i així successivament; per tant,

$$P(S_5) = P(L_1) \cdot P(L_2|L_1) \cdot P(L_3|L_1 \cap L_2) \cdot P(L_4|L_1 \cap L_2 \cap L_3) \cdot P(L_5|L_1 \cap L_2 \cap L_3 \cap L_4)$$

Si sabem 15 de les 50 lliçons, la probabilitat de saber la primera lliçó serà de $\frac{15}{50}$. Per a la segona, ens quedaran 49 lliçons possibles, de les quals en sabrem 14; per tant, la probabilitat de saber la segona lliçó si sabíem la primera serà de $\frac{14}{49}$. Seguint amb aquest raonament, tindrem

$$P(S_5) = \frac{15}{50} \cdot \frac{14}{49} \cdot \frac{13}{48} \cdot \frac{12}{47} \cdot \frac{11}{46} \approx 0.0014173$$

(b) Si hem de contestar tres lliçons o més per aprovar, calcularem aquesta probabilitat com

$$P(A) = P(S_3 \cup S_4 \cup S_5) = P(S_3) + P(S_4) + P(S_5)$$

Ja hem calculat $P(S_5)$. Per calcular $P(S_4)$, fem servir el mateix sistema, però en aquest cas veiem que hi ha diverses combinacions: podríem no saber la primera pregunta, o la segona, o la tercera...; per tant,

$$P(S_4) =$$
$$P((\overline{L_1} \cap L_2 \cap L_3 \cap L_4 \cap L_5) \cup (L_1 \cap \overline{L_2} \cap L_3 \cap L_4 \cap L_5) \cup \ldots \cup (L_1 \cap L_2 \cap L_3 \cap L_4 \cap \overline{L_5}))$$

La probabilitat de cada una d'aquestes combinacions és la mateixa; per tant, calculant-ne una sabrem el valor de la resta. Si calculem la primera com ho hem fet abans, tindrem

$$P(\overline{L_1} \cap L_2 \cap L_3 \cap L_4 \cap L_5) =$$
$$P(\overline{L_1}) \cdot P(L_2|\overline{L_1}) \cdot P(L_3|\overline{L_1} \cap L_2) \cdot P(L_4|\overline{L_1} \cap L_2 \cap L_3) \cdot P(L_5|\overline{L_1} \cap L_2 \cap L_3 \cap L_4)$$
$$= \frac{35}{50} \cdot \frac{15}{49} \cdot \frac{14}{48} \cdot \frac{13}{47} \cdot \frac{12}{46}$$

Aleshores, ens cal conèixer el nombre de combinacions diferents que podem fer de cinc elements on quatre són iguals, i això ve donat per $C_{5,4}$. Per tant,

$$P(S_4) = \binom{5}{4} \cdot \frac{35}{50} \cdot \frac{15}{49} \cdot \frac{14}{48} \cdot \frac{13}{47} \cdot \frac{12}{46}$$

Si calculem S_3 pel mateix mètode, obtindrem

$$P(S_3) = \binom{5}{3} \cdot \frac{35}{50} \cdot \frac{34}{49} \cdot \frac{15}{48} \cdot \frac{14}{47} \cdot \frac{13}{46}$$

i, ajuntant-ho tot,

$$P(A) = \binom{5}{3} \cdot \frac{35}{50} \cdot \frac{34}{49} \cdot \frac{15}{48} \cdot \frac{14}{47} \cdot \frac{13}{46} + \binom{5}{4} \cdot \frac{35}{50} \cdot \frac{15}{49} \cdot \frac{14}{48} \cdot \frac{13}{47} \cdot \frac{12}{46} + \frac{15}{50} \cdot \frac{14}{49} \cdot \frac{13}{48} \cdot \frac{12}{47} \cdot \frac{11}{46}$$

$$\approx 0.15174$$

Problema 2.57 *El 20% dels ordinadors d'una empresa són portàtils i la resta, de sobretaula. Dels portàtils, el 10% tenen una memòria RAM de 8 Gb, el 20% tenen una memòria de 4 Gb i la resta tenen 1 Gb. Dels ordinadors de sobretaula, el 30% tenen una memòria RAM de 8 Gb, el 50% tenen una memòria de 4 Gb i la resta tenen 1 Gb. Es demana:*

(a) Trobeu la probabilitat que un ordinador tingui 8 Gb.
(b) Trobeu la probabilitat que un ordinador tingui 8 Gb i sigui portàtil.
(c) Trobeu la probabilitat que un ordinador que tingui 8 Gb sigui portàtil.

Solució

Denotem per L el fet que un ordinador sigui portàtil i per iG el fet que un ordinador tingui una memòria RAM de i Gb. Llavors, podem expressar les dades de l'enunciat com

$$P(L) = \frac{2}{10} \qquad P(\bar{L}) = \frac{8}{10}$$

$$P(8G|L) = \frac{1}{10} \qquad P(8G|\bar{L}) = \frac{3}{10}$$

$$P(4G|L) = \frac{2}{10} \qquad P(4G|\bar{L}) = \frac{5}{10}$$

$$P(1G|L) = \frac{7}{10} \qquad P(1G|\bar{L}) = \frac{2}{10}$$

(a) Per probabilitat total,

$$P(8G) = P(8G|L) \cdot P(L) + P(8G|\bar{L}) \cdot P(\bar{L}) = \frac{1}{10} \cdot \frac{2}{10} + \frac{3}{10} \cdot \frac{8}{10} = \frac{26}{100}$$

(b) Per la definició de probabilitat condicionada,

$$P(8G \cap L) = P(8G|L) \cdot P(L) = \frac{1}{10} \cdot \frac{2}{10} = \frac{2}{100}$$

(c) De nou, mitjançant la definició de probabilitat condicionada,

$$P(L|8G) = \frac{P(L \cap 8G)}{P(8G)} = \frac{\frac{2}{100}}{\frac{26}{100}} = \frac{2}{26} \approx 0.076923$$

Problema 2.58 *Una capsa conté dues monedes normals i una moneda trucada, que té dues cares.*

(a) Escollim una moneda a l'atzar i es llança dues vegades a l'aire. Quina és la probabilitat que surtin dues cares?

(b) Escollim una moneda a l'atzar i es llança tres vegades a l'aire. Quina és la probabilitat que surtin tres cares?

(c) Escollim una moneda a l'atzar i es llança tres vegades a l'aire. Si n'obtenim tres cares, quina és la probabilitat que sigui la moneda trucada?

Solució

(a) Segons l'enunciat, podem considerar que l'espai mostral està dividit en dues parts: moneda no trucada (que representem per $\overline{T}$) i moneda trucada (que representem per T). Atès que tenim dues monedes no trucades, d'un total de tres monedes, la probabilitat de considerar una moneda no trucada és $P(\overline{T}) = \frac{2}{3}$, mentre que la probabilitat de considerar una moneda trucada és $P(T) = \frac{1}{3}$. Pel teorema de la probabilitat total, tenim que la probabilitat de treure dues cares és

$$P(\{cc\}) = P(\{cc\}|\overline{T})P(\overline{T}) + P(\{cc\}|T)P(T)$$
$$= \frac{1}{4} \cdot \frac{2}{3} + 1 \cdot \frac{1}{3} = \frac{1}{2}.$$

(b) De forma similar a l'apartat anterior, tenim que

$$P(\{ccc\}) = P(\{ccc\}|\overline{T})P(\overline{T}) + P(\{ccc\}|T)P(T)$$
$$= \frac{1}{8} \cdot \frac{2}{3} + 1 \cdot \frac{1}{3} = \frac{5}{12}.$$

(c) En aquest cas, ens demanen $P(T|\{ccc\})$. Aplicant el teorema de Bayes,

$$P(T|ccc) = \frac{P(T)}{P(\{ccc\})} \cdot P(\{ccc\}|T)$$
$$= \frac{\frac{1}{3}}{\frac{5}{12}} \cdot 1 = \frac{4}{5}.$$

→3

Variables aleatòries

Moltes vegades, els esdeveniments elementals o els resultats d'una experiència aleatòria s'expressen en forma numèrica, com és el cas del llançament d'un dau. Però hi ha experiments, com ara el llançament d'una moneda o d'un dard a una diana, que donen resultats no numèrics, cosa que dificulta el plantejament d'un possible estudi quantitatiu dels trets més característics dels esdeveniments. Gràcies a les variables aleatòries, es pot assignar un nombre real a cada resultat d'una experiència aleatòria, i així es pot fer un tractament matemàtic més còmode de les característiques d'aquests resultats.

3.1. Conceptes bàsics

Sigui ξ una experiència aleatòria com, per exemple, el llançament d'una moneda a l'aire, i Ω el seu espai mostral.

S'anomena *variable aleatòria* tota aplicació X de l'espai mostral Ω sobre els reals

$$X : \Omega \to \mathbb{R},$$

de forma que s'assigna un nombre real a cada esdeveniment elemental.

Si el recorregut $X(\Omega)$ o conjunt de valors que pot prendre la variable aleatòria és finit o numerable, es diu que la variable aleatòria X és *discreta*.

Denotem per $X(\Omega) = \{x_1, x_2, \ldots, x_n\}$ el recorregut de X si aquest és finit. En el cas que el recorregut sigui numerable, el denotem per $X(\Omega) = \{x_1, x_2, \ldots\}$.

Si $X(\Omega)$ és un conjunt infinit no numerable, es diu que la variable aleatòria X és *contínua*.

Observació 3.5 *Notem que una variable aleatòria no és una característica intrínseca de l'experiència aleatòria ni del seu espai mostral. Sobre un mateix espai mostral, poden haver-hi definides tantes variables aleatòries com aplicacions X de Ω sobre $\mathbb{R}$.*

Exemple 3.9 *Considerem l'experiència aleatòria ξ de llançar dues vegades una moneda a l'aire. L'espai mostral associat a aquesta experiència és*

$$\Omega = \{cc, c+, +c, ++\}.$$

Una possible variable aleatòria és

$$X_1 : \Omega \to \mathbb{R}$$
$$cc \mapsto 2$$
$$c+ \mapsto 1$$
$$+c \mapsto 1$$
$$++ \mapsto 0$$

però una altra variable aleatòria seria

$$X_2 : \Omega \to \mathbb{R}$$
$$cc \mapsto 1$$
$$c+ \mapsto 0$$
$$+c \mapsto 0$$
$$++ \mapsto 1$$

Fixeu-vos que la variable X_1 compta el nombre de cares, mentre que X_2 està associada al fet d'obtenir dos resultats idèntics en els dos llançaments.

Observació 3.6 *Per a una variable aleatòria discreta, la imatge inversa $X^{-1}(x_i)$ de cada element x_i de $X(\Omega)$ és un esdeveniment i, com a tal, té associada una probabilitat. Per exemple, si considerem la variable X, que compta la suma del llançament de dos daus de sis cares, aleshores $X^{-1}(3) = \{(2,1),(1,2)\}$, que té probabilitat $\frac{1}{18}$.*

Exemple 3.10 *Sigui l'esdeveniment ξ fer tres tirades d'una moneda. Aleshores, l'espai mostral és*

$$\Omega = \{ccc, cc+, c+c, +cc, c++, +c+, ++c, +++\}$$

Ens pot interessar recollir per mitjà d'una variable el nombre de cares que han sortit. Aquesta variable és $Y = \sum_{i=1}^{3} X_i$, amb X_i definida com $X_i(\xi) = 1$ si ha sortit cara en el llançament i-èsim, i $X_i(\xi) = 0$ altrament.

3.2. Àlgebra de variables aleatòries

El conjunt de variables aleatòries real d'un espai mostral $\mathscr{F} = \{X : \Omega \to \mathbb{R}\}$ té estructura d'àlgebra, és a dir:

(i) Donades $X, Y \in \mathscr{F}$, la suma $X + Y \in \mathscr{F}$.

(ii) Donada $X \in \mathscr{F}$ i $\lambda \in \mathbb{R}$, $\lambda X \in \mathscr{F}$.

(iii) Donades $X, Y \in \mathscr{F}$, el producte $XY \in \mathscr{F}$.

(iv) La variable $1_{\mathscr{F}}$ definida per $1_{\mathscr{F}}(s) = 1$ per a tot $s \in \Omega$, pertany a $\mathscr{F}$.

(v) Donada $X \in \mathscr{F}$, amb $P(X = 0) = 0$, $\frac{1_{\mathscr{F}}}{X} \in \mathscr{F}$.

(vi) Donades $X, Y \in \mathscr{F}$, el màxim $\max(X,Y)$ i el mínim $\min(X,Y) \in \mathscr{F}$.

Exemple 3.11 *Sigui l'esdeveniment ξ fer dues tirades d'una moneda. Aleshores l'espai mostral és*

$$\Omega = \{cc, c+, +c, ++\}$$

Considerem la variable aleatòria X_1, que val 1 si en el primer llançament ha sortit cara i 0 altrament:

$$\begin{aligned}
X_1 : \Omega &\to \mathbb{R} \\
cc &\mapsto 1 \\
c+ &\mapsto 1 \\
+c &\mapsto 0 \\
++ &\mapsto 0
\end{aligned}$$

Considerem també la variable aleatòria X_2, que val 1 si en el segon llançament ha sortit cara i 0 altrament:

$$\begin{aligned}
X_2 : \Omega &\to \mathbb{R} \\
cc &\mapsto 1 \\
c+ &\mapsto 0 \\
+c &\mapsto 1 \\
++ &\mapsto 0
\end{aligned}$$

La variable $X = X_1 + X_2$ és tal que

$$X(s) = X_1(s) + X_2(s), \; s \in \Omega$$

i, en conseqüència,

$$\begin{aligned}
X : \Omega &\to \mathbb{R} \\
cc &\mapsto X(cc) = X_1(cc) + X_2(cc) = 1 + 1 = 2 \\
c+ &\mapsto X(c+) = X_1(c+) + X_2(c+) = 1 + 0 = 1 \\
+c &\mapsto X(+c) = X_1(+c) + X_2(+c) = 0 + 1 = 1 \\
++ &\mapsto X(++) = X_1(++) + X_2(++) = 0 + 0 = 0
\end{aligned}$$

Observació 3.7 *La composició de variables aleatòries és també una variable aleatòria.*

L'esdeveniment $X^{-1}(a)$, és a dir, $X^{-1}(a) = \{s \in \Omega \mid X(s) = a\}$ el denotem per $X = a$:

$$(X = a) \equiv X^{-1}(a) = \{s \in \Omega \mid X(s) = a\}$$

De la mateixa manera, $X^{-1}([a,b])$, és a dir, $\{s \in \Omega \mid a \le X(s) \le b\}$ el denotem per $a \le X \le b$:

$$(a \le X \le b) \equiv X^{-1}([a,b]) = \{s \in \Omega \mid a \le X(s) \le b\}$$

Exemple 3.12 *Considerem l'experiència aleatòria ξ de llançar dues vegades una moneda a l'aire. L'espai mostral associat a aquesta experiència és*

$$\Omega = \{cc, c+, +c, ++\}.$$

La variable aleatòria X, que compta el nombre de cares, és

$$X : \Omega \to \mathbb{R}$$
$$cc \mapsto 2$$
$$c+ \mapsto 1$$
$$+c \mapsto 1$$
$$++ \mapsto 0$$

Aleshores,

$$(X=0) = X^{-1}(0) = \{++\}$$
$$(X=1) = X^{-1}(1) = \{c+, +c\}$$
$$(X=2) = X^{-1}(2) = \{cc\}$$

Noteu que, si en aquest cas $X(\Omega) = \{0,1,2\}$, aleshores

$$\Omega = (X=0) \cup (X=1) \cup (X=2)$$

essent, a més, esdeveniments incompatibles, és a dir,

$$(X=i) \cap (X=j) = \emptyset, \; i \neq j, \; i,j = 0,1,2$$

3.3. Distribucions de probabilitat

La *distribució de probabilitat* o *funció de probabilitat* associada a una variable aleatòria discreta X, definida sobre un espai mostral Ω, és l'aplicació f que fa correspondre a cada element x_i de $X(\Omega)$ la probabilitat que la variable X prengui aquest valor o, el que és el mateix, la probabilitat de l'esdeveniment $X^{-1}(x_i)$:

$$f : X(\Omega) \to \mathbb{R}$$
$$x_i \mapsto f(x_i) = P(X = x_i)$$

Podem estendre aquesta funció a tots els reals fàcilment, $f_e : \mathbb{R} \to \mathbb{R}$, si considerem

$$f_e(x) = \begin{cases} f(x), & x \in X(\Omega) \\ 0, & x \notin X(\Omega) \end{cases}.$$

En el fons, identifiquem f amb f_e.

Exemple 3.13 *En el cas de la tirada d'un dau de sis cares, si definim la variable aleatòria X com el resultat de la tirada, la funció de probabilitat f_e és*

$$f_e(x) = \begin{cases} \frac{1}{6}, & x = 1,2,3,4,5,6 \\ 0, & \text{altrament} \end{cases}$$

Propietats de la funció de probabilitat

La funció de probabilitat compleix dues propietats que, a la vegada, la caracteritzen:

(i) $0 \leq f(x) \leq 1$, per a tot $x \in \mathbb{R}$.

(ii) $\sum_{i=1}^{\infty} f(x_i) = 1$.

Observació 3.8 *La suma de tots els valors que pren la distribució de probabilitat és la suma de les probabilitats que es donin tots i cada un dels valors de la variable aleatòria. I, com que representen esdeveniments mútuament excloents, podem afirmar que*

$$\sum_i f(x_i) = \sum_i P(X = x_i) = 1.$$

La *funció de distribució* o *distribució de probabilitat acumulada* associada a una variable aleatòria discreta X, definida sobre un espai mostral Ω, és l'aplicació F_X que fa correspondre a cada element x de $X(\Omega)$ la probabilitat que la variable X prengui un valor més petit o igual a x:

$$F_X : X(\Omega) \to \mathbb{R}$$

$$x \mapsto F(x) = P(X \leq x) = \sum_{x_k \leq x} P(X = x_k)$$

De la mateixa manera que ho hem fet amb la funció de probabilitat, podem estendre la funció F_X a $F_e : \mathbb{R} \to \mathbb{R}$. En aquest cas, també identifiquem $F = F_e$.

Exemple 3.14 *En el cas de la tirada d'un dau de sis cares, si definim la variable aleatòria X com el resultat de la tirada, la funció de probabilitat f_e és*

$$f_e(x) = \begin{cases} \frac{1}{6}, & x = 1,2,3,4,5,6 \\ 0, & \text{altrament} \end{cases}$$

Aleshores, la seva funció de distribució és

$$F(x) = \begin{cases} 0, & x < 1 \\ 1/6, & 1 \leq x < 2 \\ 2/6, & 2 \leq x < 3 \\ 3/6, & 3 \leq x < 4 \\ 4/6, & 4 \leq x < 5 \\ 5/6, & 5 \leq x < 6 \\ 1, & 1 \leq x \geq 6 \end{cases}$$

Propietats de la funció de distribució

Les propietats més importants de la funció de distribució són

(i) $0 \leq F_X(x) \leq 1$, per a tot $x \in \mathbb{R}$.

(ii) F és monòtona creixent.

(iii) $\lim\limits_{x \to \infty} F_X(x) = 1$ i $\lim\limits_{x \to -\infty} F(x) = 0$.

(iv) $P[a < X \leq b] = F_X(b) - F_X(a)$.

(v) F_X és contínua per la dreta.

Demostració

(i) Per a tot $x \in \mathbb{R}$, $F_X(x) = P(X \leq x) \in [0,1]$, atès que P és una probabilitat i X és variable aleatòria.

(ii) Donat $x \leq y$, és clar que el conjunt $\{X \leq x\}$ està contingut en $\{X \leq y\}$. Per tant,

$$F_X(x) = P(X \leq x) \leq P(X \leq y) = F_X(y).$$

(iii) D'una banda, és clar que $\lim\limits_{x \to \infty}\{X \leq x\} = \Omega$, ja que el recorregut de X està contingut en els reals i, per tant, si és finit té màxim i, si és numerable per l'axioma del suprem, té suprem menor o igual a infinit. D'altra banda, $\lim\limits_{x \to -\infty}\{X \leq x\} = \emptyset$, atès que, si el recorregut és fitat, té mínim i, si és numerable per l'axioma de l'ínfim, té ínfim que serà major o igual a menys infinit. La propietat resulta del fet que $P(\Omega) = 1$ i $P(\emptyset) = 0$.

(iv) $F_X(b) - F_X(a) = P(X \leq b) - P(X \leq a) = P(X \leq a) + P(a < X \leq b) - P(X \leq a)$
$$= P(a < X \leq b).$$

(v) Donada una successió decreixent $\{x_n\}$ tal que

$$\lim\limits_{n \to \infty}\{x_n\} = x,$$

tenim que

$$\lim\limits_{n \to \infty}\{X \leq x_n\} = \{X \leq x\},$$

de manera que F_X és contínua per la dreta. ∎

Observació 3.9 *Suposant que els valors del recorregut de X estan ordenats de menor a major, podem expressar també la funció de distribució com*

$$F(x_i) = \sum_{k=1}^{i} P(X = x_k).$$

Observació 3.10 *Les funcions de distribució i de probabilitat d'una variable aleatòria discreta es poden relacionar de la manera següent:*

1. $F(x) = \sum\limits_{x_i \leq x} f(x_i)$, per a tot $x \in \mathbb{R}$.

2. $f(x_k) = F(x_k) - F(x_{k-1})$, per a $k = 2, 3, \ldots$ i considerant $f(x_1) = F(x_1)$.

3.4. Característiques d'una variable aleatòria discreta

Quan un estudiant rep un conjunt de notes, el primer que es planteja és fer-ne la mitjana, és a dir, trobar el resultat que s'espera que tregui als seus exàmens: l'esperança de la variable. Tot i això, aquesta característica no ens aporta massa informació, ja que dos estudiants poden tenir una mitjana de 7 però a partir de notes diferents. El primer pot haver tret un 6.5 i un 7.5, mostrant una bona regularitat, mentre que el segon podria tenir un 4 i un 10. Per tant, una segona característica interessant a estudiar en les variables aleatòries discretes és com es desvien de la mitjana, la seva variància.

En aquesta secció, presentem un estudi rigurós d'aquestes dues i d'altres característiques fonamentals d'una variable aleatòria.

Esperança matemàtica

Anomenem *esperança matemàtica* o *mitjana* d'una variable aleatòria X amb recorregut $X(\Omega) = \{x_1, x_2, \ldots, x_k\}$ el nombre

$$E(X) = \mu = \sum_{i=1}^{k} x_i \cdot f(x_i) = \sum_{i=1}^{k} x_i \cdot P[X = x_i].$$

Si el recorregut de la variable aleatòria discreta és infinit numerable, aleshores $k = \infty$ i la suma es converteix en una sèrie numèrica.

Propietats de l'esperança

(i) Si $a \leq X \leq b$, l'esperança de X existeix i, a més, $a \leq E(X) \leq b$.

(ii) Si $X \geq 0$, l'esperança de X, si existeix, també és positiva.

(iii) Donada una variable X (amb esperança) i $\lambda \in \mathbb{R}$, $E(\lambda X) = \lambda X$.

(iv) Donades dues variables X i Y (amb esperança), $E(X + Y) = E(X) + E(Y)$.

(v) Si existeix l'esperança d'una variable aleatòria X, aleshores $|E(X)| \leq E(|X|)$.

(vi) Si la funció de probabilitat de X és simètrica respecte de a, l'esperança, si existeix, val a.

Demostració

(i) Suposem que la variable té un recorregut finit, és a dir, $X(\Omega) = \{x_1, \ldots, x_n\}$ (el cas infinit no numerable és absolutament idèntic canviant n per $+\infty$). Aleshores, sabent que $a \leq x_i \leq b$ per a tot $i = 1, 2, \ldots, n$, tenim que

$$\sum_{i=1}^{n} a P(X = x_i) \leq \sum_{i=1}^{n} x_i P(X = x_i) \leq \sum_{i=1}^{n} b P(X = x_i),$$

que és equivalent a

$$a \underbrace{\sum_{i=1}^{n} P(X = x_i)}_{1} \leq \sum_{i=1}^{n} x_i P(X = x_i) \leq b \underbrace{\sum_{i=1}^{n} P(X = x_i)}_{1},$$

és a dir,

$$a \leq E(X) \leq b.$$

L'existència de l'esperança és garantida, fins i tot en el cas numerable, ja que la sèrie corresponent seria de termes positius i estaria fitada superiorment per b.

(ii) Si existeix l'esperança, la demostració és directa aplicant l'apartat (i), considerant $a = 0$ i $b = +\infty$.

(iii) Suposem que existeix l'esperança de la variable aleatòria X, és a dir,

$$E(X) = \sum_{i=1}^{n} x_i P(X = x_i),$$

aleshores, tenim que

$$E(\lambda X) = \sum_{i=1}^{n} \lambda x_i P(X = x_i) = \lambda \sum_{i=1}^{n} x_i P(X = x_i) = \lambda E(X).$$

(iv) Per definició, tenim que

$$
\begin{aligned}
E(X + Y) &= \sum_{i=1}^{n} \sum_{j=1}^{m} (x_i + y_j) P(X = x_i) P(Y = y_j) \\
&= \sum_{i=1}^{n} \sum_{j=1}^{m} x_i P(X = x_i) P(Y = y_j) + \sum_{i=1}^{n} \sum_{j=1}^{m} y_j P(X = x_i) P(Y = y_j) \\
&= \sum_{j=1}^{m} P(Y = y_j) \sum_{i=1}^{n} x_i P(X = x_i) + \sum_{i=1}^{n} P(X = x_i) \sum_{j=1}^{m} y_j P(Y = y_j) \\
&= \sum_{j=1}^{m} P(Y = y_j) E(X) + \sum_{i=1}^{n} P(X = x_i) E(Y) \\
&= E(X) \sum_{j=1}^{m} P(Y = y_j) + E(Y) \sum_{i=1}^{n} P(X = x_i) \\
&= E(X) + E(Y).
\end{aligned}
$$

(v) Sabem que, per a qualsevol nombres reals a i b, es té

$$|a + b| \leq |a| + |b|.$$

Aleshores, fent servir aquesta propietat, tenim que

$$|E(X)| = \left| \sum_{i=1}^{n} x_i P(X = x_i) \right| \leq \sum_{i=1}^{n} |x_i P(X = x_i)|$$

$$= \sum_{i=1}^{n} |x_i| P(X = x_i) = E(|X|).$$

(vi) Sigui $\{x_i \mid i \in I\}$ el recorregut de X. Considerem la variable $Y = X - a$. Aleshores, el seu recorregut és $\{y_i = x_i - a \| i \in I\}$. Com que la funció de probabilitat de X és simètrica respecte de a, la de Y ho és respecte de zero, de manera que

$$P(Y = y_i) = P(Y = -y_i).$$

Per tant, en el sumatori que defineix l'esperança, els termes

$$y_i \cdot P(Y = y_i) \text{ i } -y_i \cdot P(Y = y_i)$$

es cancel·len, de manera que $E(Y) = 0$, i per les propietats (i), de la qual es desprèn que l'esperança d'una constant és la constant, i (iv), obtenim que $E(X) = a$. ∎

Observació 3.11 *Si $X(\Omega)$ és finit, és tal que $\#\Omega = n$ i tots els valors x_i que pot prendre la variable aleatòria tenen la mateixa probabilitat $f(x_i) = \frac{1}{n}$, aleshores l'esperança matemàtica és la mitjana aritmètica.*

Observació 3.12 *L'esperança matemàtica és una mesura de la* tendència central *de la variable aleatòria.*

Variància

La *variància* d'una variable aleatòria discreta X amb $E(X) = \mu$ es defineix com

$$VAR(X) = E[(X - \mu)^2] = \sum_{i=1}^{\infty} (x_i - \mu)^2 \cdot P[X = x_i].$$

Propietats

(i) Resultat de Steiner: $VAR(X) = E(X^2) - [E(X)]^2$.

(ii) La variància d'una variable és zero si i només si és constant.

(iii) $VAR(a \cdot X) = a^2 \cdot VAR(X)$.

(iv) $VAR(a + X) = VAR(X)$.

Demostració

(i) $\begin{aligned} VAR(X) &= E[(X - E(X))^2] = E(X^2 - 2XE(X) + [E(X)]^2) \\ &= E(X^2) - 2E(X)E(X) + [E(X)]^2 \\ &= E(X^2) - [E(X)]^2 \end{aligned}$

(ii) Donada una variable $X = a$, amb a constant, $E(X) = a$. Per tant,

$$E[(X - E(X))^2] = E[(a - a)^2] = E(0) = 0.$$

Recíprocament, si

$$VAR(X) = E[(X - E(X))^2] = \sum_{i=1}^{n} (x_i - E(X))^2 = 0,$$

aleshores, com que es tracta d'un sumatori de termes més grans que 0 o iguals, es compleix que és 0 només si tots els termes ho són, és a dir, només si X és constant.

(iii) $VAR(a \cdot X) = E[(a \cdot X - E(a \cdot X))^2] = E[(a \cdot X - aE(X))^2]$
$\qquad\qquad = E[a^2(X - E(X)^2] = a^2 \cdot VAR(X).$

(iv) $VAR(a + X) = E[(a + X - E(a + X))^2] = E[(a + X - a - E(X))^2]$
$\qquad\qquad = E[(X - E(X))^2] = VAR(X).$ ∎

Moments

Anomenem *moment centrat respecte de l'origen d'ordre k* o moment no central

$$\alpha_k = E(X^k).$$

Anomenem *moment centrat respecte de la mitjana d'ordre k* o moment central

$$\mu_k = E[(X - E(x))^k] = E[(X - \mu)^k].$$

Cal destacar que, per a la definició dels moments, cal que les variables X^k estiguin definides.

Observació 3.13 *També podem definir l'esperança com el moment no central d'ordre 1 i la variància com el moment central d'ordre 2.*

Desviació tipus

La *desviació tipus* d'una variable aleatòria X es defineix com l'arrel quadrada de la seva variància

$$\sigma_X = \sqrt{VAR(X)}.$$

Observació 3.14 *La variància i la desviació tipus mesuren com es dispersa, s'allunya, o es desvia la variable respecte de la seva mitjana. Així, una variància o desviació tipus gran indica que la variable pren valors molt allunyats respecte de la mitjana. A l'exemple inicial, la variància de les notes de l'alumne que té un 4 i un 10 és 9, mentre que la de l'alumne que ha tret un 6.5 i un 7.5 és 0.25.*

Coeficient de variació

El *coeficient de variació*, com a mesura relativa de la dispersió, es defineix com

$$CV_X = \frac{\sigma_X}{\mu_X}.$$

3.5. Variables aleatòries contínues

Funció de densitat

Anomenem *funció de densitat de probabilitat* de la variable aleatòria contínua X la funció

$f : \mathbb{R} \to \mathbb{R}$

que compleix les condicions següents:

1. $f(x) \geq 0, \quad \forall x \in \mathbb{R}$.
2. $\int_{-\infty}^{\infty} f(x)dx = 1$.
3. $P(a < X < b) = \int_a^b f(x)dx$.

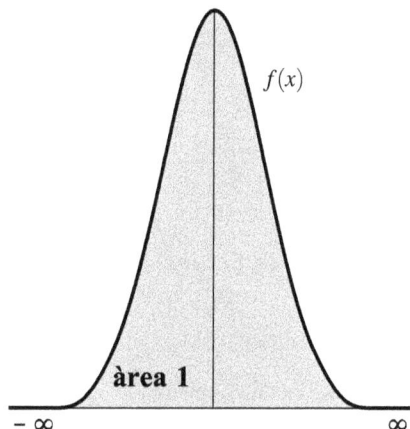

$f(x)$

àrea 1

$-\infty$ ∞

3.1
L'àrea sota la corba d'una funció de densitat és sempre 1.

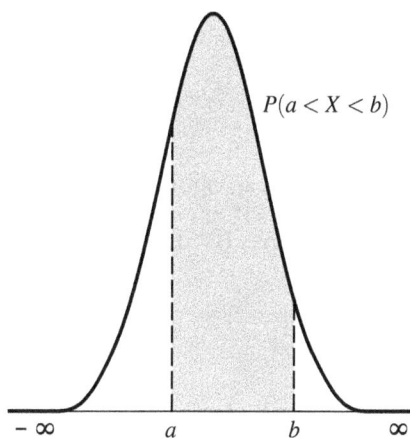

$P(a < X < b)$

$-\infty$ a b ∞

3.2
La probabilitat $P(a < X < b)$ es calcula com l'àrea delimitada entre la gràfica de la funció de densitat $f(x)$ i les rectes $x = a$ i $x = b$.

Funció de distribució

La *funció de distribució* $F(x)$ d'una variable aleatòria contínua X de funció de densitat $f(x)$ es defineix com

$F(x) = P(X \leq x)$.

és a dir,

$$F(x) = \int_{-\infty}^{x} f(t)dt.$$

3.3
La funció de distribució F d'una variable aleatòria contínua X de funció de densitat $f(x)$ avaluada en el punt x es defineix com l'àrea acumulada a l'esquerra del punt x.

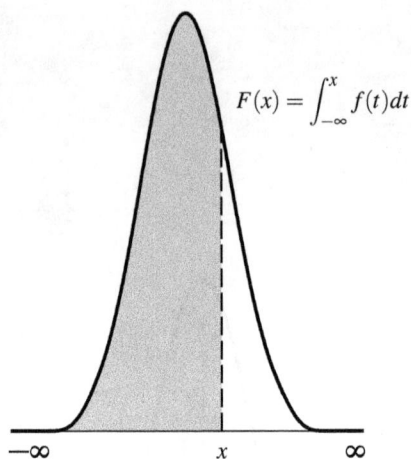

$$F(x) = \int_{-\infty}^{x} f(t)dt$$

$-\infty$ $\quad x \quad$ ∞

Propietats de la funció de distribució

(i) $F(x)$ és creixent.

(ii) $F(x)$ és no negativa.

(iii) $F(x)$ és contínua.

(iv) $F(x)$ és derivable. La seva derivada és, de fet, la funció de densitat

$$f(x) = \frac{dF(x)}{dx}.$$

(v) Els límits asimptòtics són

$$\lim_{x\to-\infty} F(x) = 0, \quad \lim_{x\to\infty} F(x) = 1.$$

(vi) Es verifica $P(a < X < b) = F(b) - F(a)$.

3.4
Límits asimptòtics de tota funció de distribució.

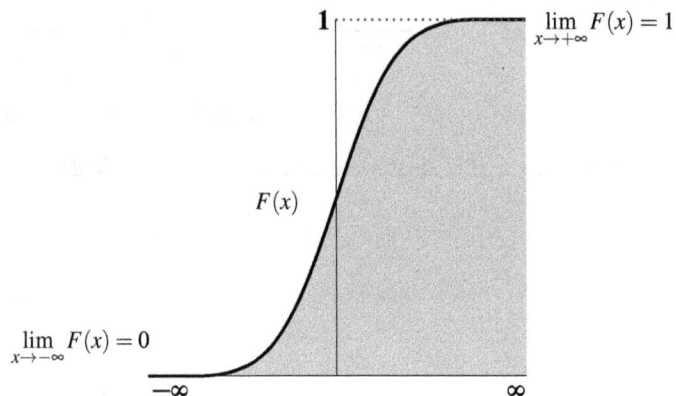

$$\lim_{x\to+\infty} F(x) = 1$$

$F(x)$

$$\lim_{x\to-\infty} F(x) = 0$$

$-\infty$ $\quad$ ∞

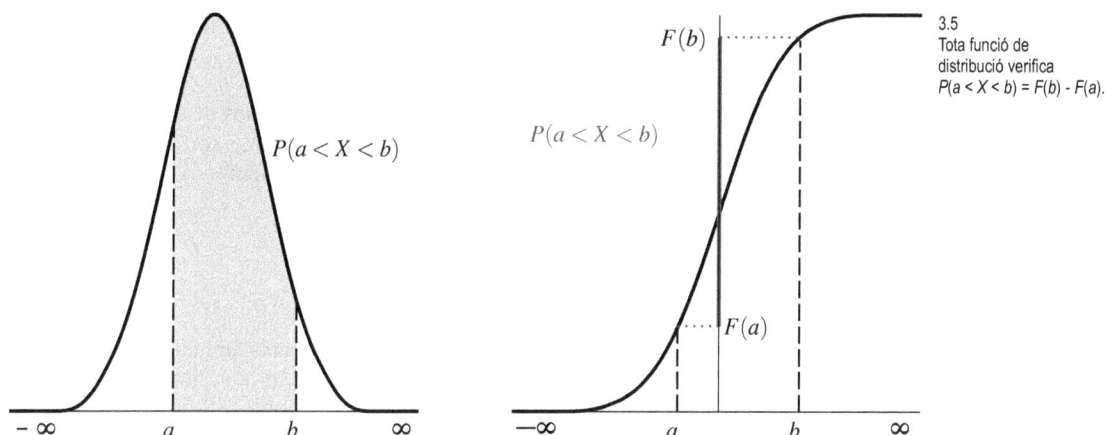

3.5
Tota funció de
distribució verifica
$P(a < X < b) = F(b) - F(a)$.

3.6. Característiques d'una variable aleatòria contínua

De la mateixa manera que en el cas discret, les característiques més rellevants de les variables aleatòries contínues són les que indiquen el seu comportament esperat i la seva desviació respecte d'aquell. És clar, però, que la seva definició serà diferent, ja que no podem plantejar sumatoris indexats en conjunts no numerables.

Esperança matemàtica

Anomenem *esperança matemàtica* o *mitjana* d'una variable aleatòria contínua X el nombre

$$E(X) = \mu = \int_{-\infty}^{\infty} x \cdot f(x)dx.$$

Com en el cas discret, aquest paràmetre indica la tendència central de la variable aleatòria, és a dir, el valor al voltant del qual es distribueix.

Observació 3.15 *La integral que defineix l'esperança és, en molts casos, una integral impròpia de primera espècie. Cal doncs, calcular-la de la manera següent:*

$$E(X) = \int_{-\infty}^{\infty} x \cdot f(x)dx = \lim_{b \to \infty} \int_{-b}^{0} x \cdot f(x)dx + \lim_{b \to \infty} \int_{0}^{b} x \cdot f(x)dx$$

Les propietats de l'esperança per a variables contínues són les mateixes que per a variables discretes.

Variància

La *variància* d'una variable aleatòria contínua X es defineix com

$$VAR(X) = E[(X - \mu)^2] = \int_{-\infty}^{\infty} (x - \mu)^2 \cdot f(x)dx.$$

Les seves propietats són les mateixes que les de la variància definida per a variables discretes.

La resta de característiques que s'han especificat per a les variables discretes (desviació tipus, moments i coeficient de variació) es defineixen de la mateixa manera per a les variables discretes. Només cal tenir present que el càlcul de l'esperança i la variància és diferent.

3.7. Tipificació de variables

Moltes vegades, es mesura una mateixa magnitud en diferents unitats o en diferents situacions; per poder comparar-ne els resultats, hem de tipificar la variable. Donada una variable X contínua o aleatòria, es diu que Z^* és la variable tipificada si

$$Z^* = \frac{X - \mu_X}{\sigma_X};$$

la variable Z^* té ara una esperança 0 i una desviació tipus 1.

Exemple 3.15 *La puntuació que un candidat obté en el primer exercici d'una oposició és una variable aleatòria amb funció de densitat*

$$f_1(x) = \begin{cases} \frac{x}{20}, & 0 \leq x < 4 \\ \frac{10-x}{30}, & 4 \leq x \leq 10 \\ 0, & altrament \end{cases}$$

i la que obté en el segon exercici es distribueix segons la densitat

$$f_2(x) = \begin{cases} \frac{x}{25}, & 0 \leq x < 5 \\ \frac{10-x}{25}, & 5 \leq x \leq 10 \\ 0, & altrament \end{cases}$$

Si un opositor obté unes qualificacions de 6 i 7 en el primer exercici i en el segon, respectivament, en quin dels dos n'ha aconseguit un resultat millor amb relació a l'actuació general dels candidats?

Per poder resoldre el problema ens, cal poder comparar les dues puntuacions respecte de la resta de candidats. Per això, cal tipificar-les.

En primer lloc, calculem l'esperança i la variància de les variables X_1 ={nota dels candidats al primer exercici} i X_2 ={nota dels candidats al segon exercici}.

$$\mu_{X_1} = E(X_1) = \int_{-\infty}^{\infty} x f_1(x)\, dx = \int_0^4 \frac{x^2}{20}\, dx + \int_4^{10} \frac{10x - x^2}{30}\, dx = \frac{14}{3}$$

$$\mu_{X_2} = E(X_2) = \int_{-\infty}^{\infty} x f_2(x)\, dx = \int_0^5 \frac{x^2}{25}\, dx + \int_5^{10} \frac{10x - x^2}{25}\, dx = 5$$

Per al càlcul de les variàncies, recordem el resultat de Steiner: $VAR(X) = E(X^2) - (E(X))^2$.

$$E(X_1^2) = \int_{-\infty}^{\infty} x^2 f_1(x)\, dx = \int_0^4 \frac{x^3}{20}\, dx + \int_4^{10} \frac{10x^2 - x^3}{30}\, dx = 26$$

$$E(X_2^2) = \int_{-\infty}^{\infty} x^2 f_2(x)\, dx = \int_0^5 \frac{x^3}{25}\, dx + \int_5^{10} \frac{10x^2 - x^3}{25}\, dx = \frac{175}{6}$$

De manera que

$$\sigma_{X_1}^2 = VAR(X_1) = 26 - \left(\frac{14}{3}\right)^2 = \frac{38}{9}$$

$$\sigma_{X_2}^2 = VAR(X_2) = \frac{175}{6} - 5^2 = \frac{25}{6}$$

Finalment, les puntuacions tipificades són

$$Z_1 = \frac{6 - \frac{14}{3}}{\frac{\sqrt{38}}{3}} \approx 0.64889 \qquad Z_2 = \frac{7 - 5}{\frac{5}{\sqrt{6}}} \approx 0.97979$$

Com que $Z_2 > Z_1$, l'opositor ho ha fet millor en el segon exercici.

3.8. Teorema de Txebitxev

Sigui X una variable aleatòria amb $E(X) = \mu$ i $VAR(X) = \sigma^2$, i $k > 0$. Aleshores,

$$P(|X - \mu| < k\sigma) = P(\mu - k\sigma < X < \mu + k\sigma) \leq 1 - \frac{1}{k^2},$$

o, equivalentment,

$$P(|X - \mu| \geq k) \leq \frac{\sigma^2}{k^2}$$

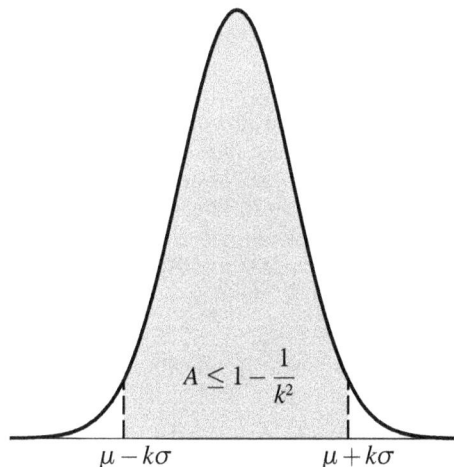

3.6
Per a qualsevol
distribució, làrea
ombrejada és inferior a

$1 - \frac{1}{k^2}$

$A \leq 1 - \frac{1}{k^2}$

$\mu - k\sigma$ $\qquad$ $\mu + k\sigma$

3.7
Representació equivalent
del teorema de
Txebitxev: l'àrea de la
regió ombrejada és
inferior a

$\dfrac{\sigma^2}{k^2}$

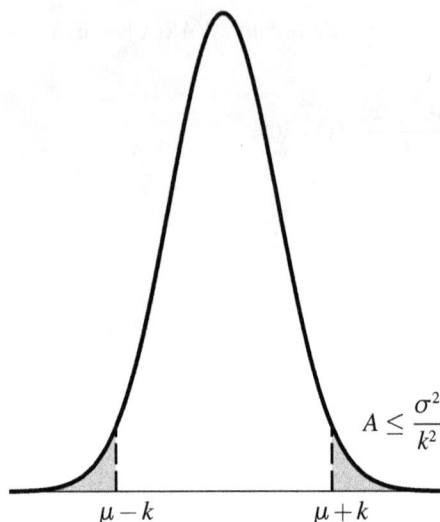

$$A \leq \dfrac{\sigma^2}{k^2}$$

$\mu - k$ $\mu + k$

Demostració. Sigui $A = \{|X - E(X)| \geq k\}$. Considerem la variable

$$Y = (X - E(X))^2 = (X - E(X))^2 \cdot \mathbf{1}_A(X) + (X - E(X))^2 \cdot \mathbf{1}_{\bar{A}}(X)$$

on $\mathbf{1}_A$ és la funció indicadora del conjunt A, és a dir, $\mathbf{1}_A(x) = 1$, si $x \in A$, i zero altrament, i $\mathbf{1}_{\bar{A}}$ la funció indicadora del conjunt $\bar{A}$.

Aleshores,

$$\begin{aligned} VAR(X) &= E(Y) = E(Y \cdot \mathbf{1}_A(X) + Y \cdot \mathbf{1}_{\bar{A}}(X)) = E(Y \cdot \mathbf{1}_A(X)) + E(Y \cdot \mathbf{1}_{\bar{A}}(X)) \\ &\geq E(Y \cdot \mathbf{1}_A(X)) \geq E(k^2 \cdot \mathbf{1}_A(X)) = k^2 \cdot P(A) = k^2 \cdot P(|X - E(X)| \geq k) \end{aligned}$$

En conclusió,

$$\dfrac{VAR(X)}{k^2} \geq P(|X - E(X)| \geq k) \qquad \blacksquare$$

Observacions

- El teorema de Txebitxev dóna una aproximació, conservadora i per defecte, de la probabilitat de trobar un valor de la variable aleatòria dintre de l'interval d'amplitud $k\sigma$ centrat en la seva mitjana.
- Aquesta imprecisió és deguda al fet que no en coneixem la distribució de probabilitat.
- N'hi ha prou de conèixer la mitjana i la desviació tipus per establir una fita inferior d'aquesta probabilitat.
- Observem que, per a qualsevol variable aleatòria, independentment de la distribució de probabilitat, tenim que

$$P(\mu - 2\sigma < X < \mu + 2\sigma) \geq \dfrac{3}{4},$$

$$P(\mu - 3\sigma < X < \mu + 3\sigma) \geq \dfrac{8}{9}.$$

Exemple 3.16 *Abans de construir un cinema nou, es fa la previsió que el nombre mitjà de persones que poden assistir en una sessió és de 1.200, amb una desviació tipus de 18 persones. Quina ha de ser la capacitat del cinema per poder assegurar que la probabilitat que els assistents puguin entrar-hi sigui del 80%?*

Sigui X la variable aleatòria que indica el nombre d'assistents que poden entrar al cinema i m el nombre de places que es pretén construir. Es vol assegurar que la probabilitat que el nombre d'assistents X sigui superior al nombre de places m sigui, com a molt, de 0.2, és a dir,

$$P(X \geq m) \leq 0.2.$$

Si desenvolupem aquesta probabilitat, tenim que

$$\begin{aligned}
P(X \geq m) &= P(X - \mu \geq x - \mu) \\
&\leq P(\{X - \mu \geq m - \mu\} \cup \{X - \mu \leq -m + \mu\}) \\
&= P(|X - \mu| \geq m - \mu) \leq \frac{\sigma^2}{(m-\mu)^2} \leq 0.2.
\end{aligned}$$

Aleshores, el valor de m que satisfà aquesta última desigualtat és m = 1241.

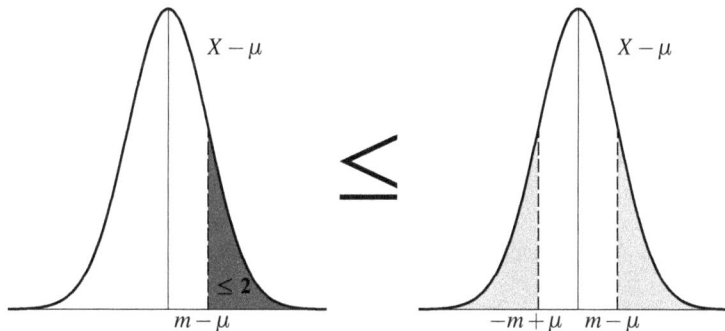

3.8
Per a resoldre l'exemple 3.16, es considera la desigualtat d'àrees representada en aquesta figura.

3.9. Vectors aleatoris discrets

Anomenem *vectors aleatoris discrets* o variables aleatòries discretes multidimensionals les funcions

$$X = (X_1, \ldots, X_n) : \Omega \to \mathbb{R}^n$$

en què X_i és una variable aleatòria discreta per a tot i.

Probabilitat conjunta de vectors aleatoris discrets

Siguin $X_1, \ldots, X_n$ variables aleatòries discretes. La *funció de probabilitat composta* de $X = (X_1, \ldots, X_n)$ es determina com

$$f_{X=(X_1,\ldots X_n)}(x_1, \ldots, x_n) = P[X = (x_1, \ldots, x_n)] = P(X_1 = x_1, \ldots, X_n = x_n)$$

La funció de probabilitat acumulada de X és defineix de manera anàloga, és a dir,

$$F_{X=(X_1,\ldots X_n)}(x_1,\ldots,x_n) = P[X \leq (x_1,\ldots,x_n)] = P(X_1 \leq x_1,\ldots,X_n \leq x_n)$$

Notem que, si les variables són independents,

$$P[X = (x_1,\ldots,x_n)] = \prod_{i=1}^{n} P[X_i = x_i]$$

$$P[X \leq (x_1,\ldots,x_n)] = \prod_{i=1}^{n} P[X_i \leq x_i]$$

3.10. Vectors aleatoris continus

Anomenem *vectors aleatoris continus* o variables aleatòries multidimensionals les funcions

$$X = (X_1,\ldots,X_n) : \Omega \to \mathbb{R}^n$$

en què X_i és una variable aleatòria contínua per a tot i.

En aquesta secció, ens centrem en l'estudi de variables bidimensionals, però tot el model teòric que s'hi exposa es pot aplicar també a variables de dimensió major.

Distribucions de probabilitat conjuntes

Diem que una funció $f : \mathbb{R}^2 \to \mathbb{R}$ és una *funció de densitat conjunta* de les variables aleatòries X i Y si es compleixen les condicions següents:

1. $f(x,y) \geq 0, \quad \forall(x,y) \in \mathbb{R}^2$.

2. $\int_{-\infty}^{\infty} \int_{-\infty}^{\infty} f(x,y)dxdy = 1$.

3. $P((X,Y) \in A) = \int \int_A f(x,y)dxdy$.

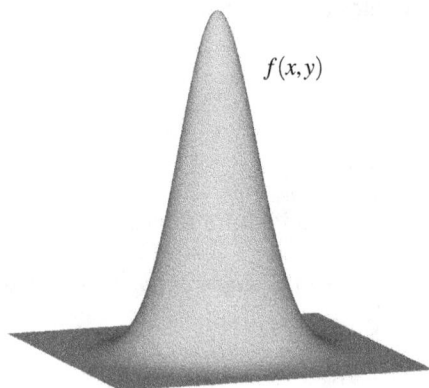

3.9
La funció de densitat conjunta d'una variable aleatòria bidimensional és una superfície en l'espai, de volum unitari.

$f(x,y)$

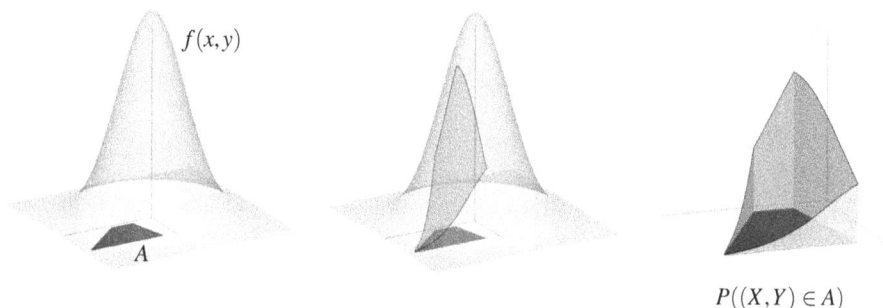

$$P((X,Y) \in A)$$

3.10
La probabilitat que la variable aleatòria bidimensional (X,Y) pertanyi a la regió A (esquerra) és calcula com el volum sota la superfície delimitada per aquesta regió (centre). A la dreta es pot veure aquest volum ampliat.

Distribucions marginals

Les funcions de densitat de les variables aleatòries X i Y considerades individualment s'anomenen *distribucions marginals* i es defineixen a partir de la seva funció de densitat conjunta, de la manera següent:

$$f_X(x) = \int_{-\infty}^{\infty} f(x,y)dy$$

$$f_Y(y) = \int_{-\infty}^{\infty} f(x,y)dx$$

Si X i Y són independents, $f_{X,Y}(x,y) = f_X(x)f_Y(y)$.

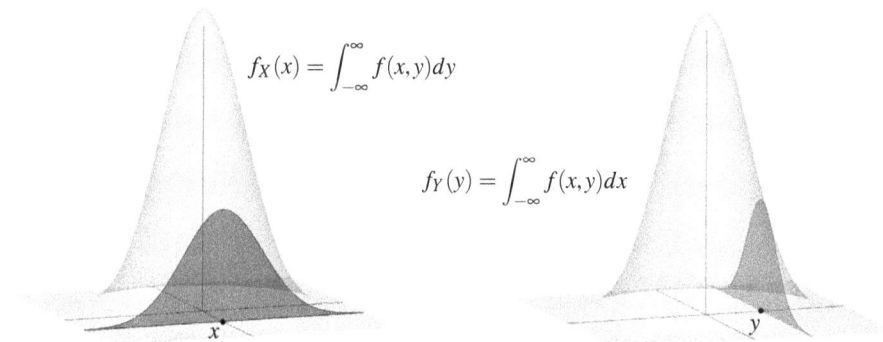

$$f_X(x) = \int_{-\infty}^{\infty} f(x,y)dy$$

$$f_Y(y) = \int_{-\infty}^{\infty} f(x,y)dx$$

3.11
La funció de densitat marginal f_X avaluada en el punt x es calcula com l'àrea sota la corba de la funció real de variable real $f(x, y)$ (si x és fix, aquesta és una funció unidimensional), per a tot $y \in (-\infty, +\infty)$. De forma simètrica es pot calcular la funció de densitat marginal f_Y.

Exemple 3.17 *Siguin X i Y dues variables que mesuren un determinat tipus d'error, en mm, en la determinació de les coordenades d'un punt, la distribució de probabilitat de les quals està descrita conjuntament per la funció de densitat següent:*

$$f(x,y) = \begin{cases} \frac{2}{5}(2x+3y), & 0 \leq x \leq 1, 0 \leq y \leq 1 \\ 0, & 0 > x > 1, 0 > y > 1 \end{cases}.$$

1. *Comproveu que f defineix una densitat.*
2. *Quina és la probabilitat que $0 < X < \frac{1}{2}$ i $\frac{1}{4} < Y < \frac{1}{2}$?*
3. *Calculeu-ne les distribucions marginals.*

Per tal de comprovar que la funció f defineix una densitat, cal veure que la seva integral doble val 1. És a dir,

$$\int_{-\infty}^{\infty}\int_{-\infty}^{\infty} f(x,y)\,dxdy = \int_0^1\int_0^1 \frac{2}{5}(2x+3y)\,dxdy = \int_0^1 \frac{2}{5}\left(2x+\frac{3}{2}\right)dx = \frac{2}{5}\left(1+3\frac{3}{2}\right) = 1$$

Per la definició de la funció de densitat conjunta,

$$P\left(0 < X < \frac{1}{2}, \frac{1}{4} < Y < \frac{1}{2}\right) = \int_0^{\frac{1}{2}}\int_{\frac{1}{4}}^{\frac{1}{2}} \frac{2}{5}(2x+3y)\,dxdy$$

$$= \frac{2}{5}\int_0^{\frac{1}{2}}\left(\frac{x}{2}+\frac{9}{32}\right)dx = \frac{2}{5}\frac{13}{62} = \frac{13}{160}$$

3.12
Funció de densitat de l'exemple 3.17 i càlcul de la probabilitat
$P(0 < X < ½, ¼ < Y < ½)$

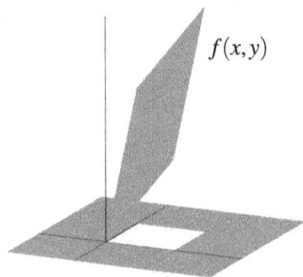

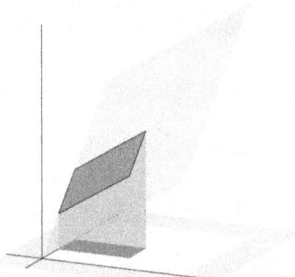

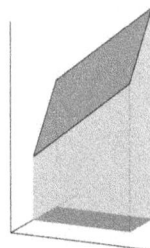

$f(x,y)$

regió $[0,0.5] \times [0.25,0.5]$ $P\left(0 < X < \frac{1}{2}, \frac{1}{4} < Y < \frac{1}{2}\right)$

Finalment, les distribucions marginals són

$$f_X(x) = \begin{cases} \displaystyle\int_0^1 \frac{2}{5}(2x+3y)\,dy = \frac{2}{5}\left(2x+\frac{3}{2}\right), & 0 < x < 1 \\ 0, & \text{altrament} \end{cases}$$

$$f_Y(y) = \begin{cases} \displaystyle\int_0^1 \frac{2}{5}(2x+3y)\,dx = \frac{2}{5}(3y+1), & 0 < y < 1 \\ 0, & \text{altrament} \end{cases}$$

Funció de distribució conjunta

La *funció de distribució conjunta* de les variables X i Y es defineix com a

$$F(x,y) = P(X \le x, Y \le y) = \int_{-\infty}^x \int_{-\infty}^y f(s,t)\,dt\,ds,$$

i les *funcions de distribució marginals*, com a

$$F_X(x) = P(X \le x) = P(X \le x, Y \le \infty) = F(x,\infty)$$
$$F_Y(y) = P(Y \le y) = P(X \le \infty, Y \le y) = F(\infty,y).$$

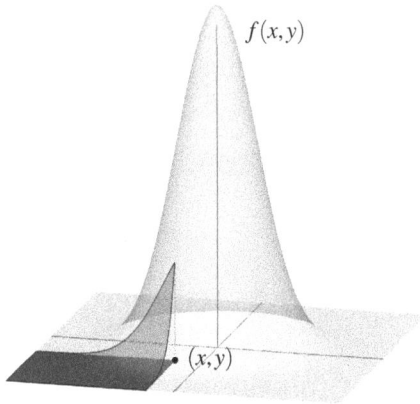

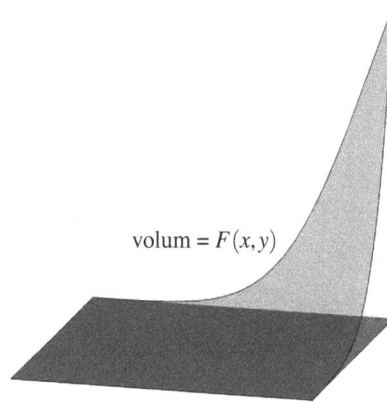

3.13
El valor de la funció de distribució conjunta *F* en el punt (x, y) és igual al volum acumulat delimitat per la superfície
z = f(x, y) de la funció de densitat i la regió
$(-\infty, x) \times (-\infty, y)$.

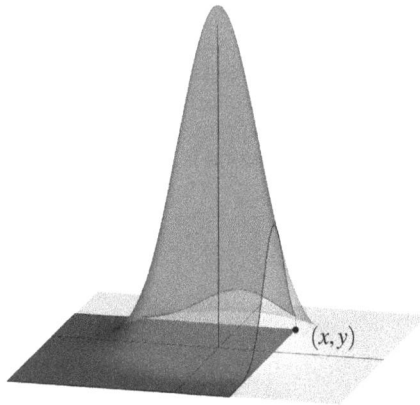

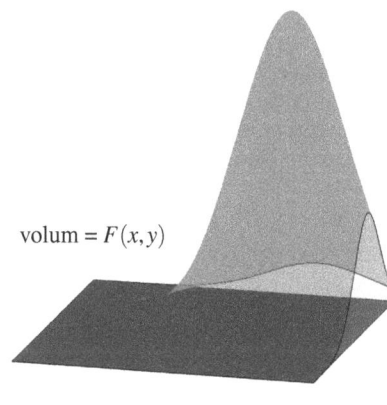

volum = $F(x,y)$

volum = $F(x,y)$

Propietats de la funció de distribució conjunta

(i) $0 \leq F(x,y) \leq 1$, per a tot $(x,y) \in \mathbb{R}^2$.

(ii) F és monòtona creixent en cada variable.

(iii) $\lim\limits_{x \to \infty, y \to \infty} F(x,y) = 1$.

(iv) $\lim\limits_{x \to -\infty} F(x,y) = 0$, per a tot $y \in \mathbb{R}$.

(v) $\lim\limits_{y \to -\infty} F(x,y) = 0$, per a tot $x \in \mathbb{R}$.

(vi) $\lim\limits_{x \to \infty} F(x,y) = F_Y(y)$, per a tot $y \in \mathbb{R}$.

(vii) $\lim\limits_{y \to \infty} F(x,y) = F_X(x)$, per a tot $x \in \mathbb{R}$.

(vii) F és contínua per la dreta en cada variable.

(ix) $f(x,y) = \dfrac{\partial^2}{\partial x \partial y} F(x,y)$.

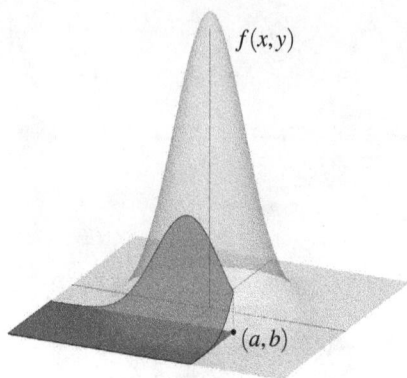

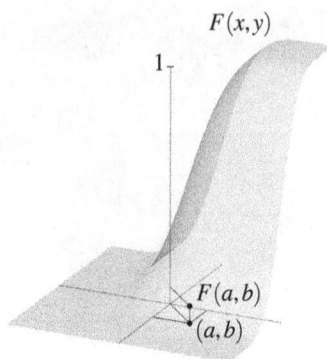

3.11. Transformacions de variables

Donades unes determinades variables aleatòries, sovint ens interessa conèixer el comportament de la seva suma, el seu producte o d'altres funcions matemàtiques construïdes a partir d'elles. Quan aquestes variables són regulars, en el sentit que tenen una funció de densitat que compleix les propietats que s'han vist a la secció anterior, i la transformació és diferenciable i bijectiva, es pot conèixer de manera molt senzilla la seva llei.

Sigui $X = (X_1, \ldots X_n)$ un vector aleatori i $\Phi = (\phi_1, \ldots, \phi_n) : \mathbb{R}^n \to \mathbb{R}^n$ una funció diferenciable i bijectiva; aleshores, la llei del vector $Y = \Phi(X)$ és

$$f_Y(y_1, \ldots, y_n) = f_X(s_1(y_1, \ldots, y_n), \ldots s_n(y_1, \ldots, y_n)) \cdot |J(s_1, \ldots, s_n)|$$

on $\Phi^{-1} = (s_1, \ldots, s_n)$ i $|J(s_1, \ldots, s_n)|$ és el jacobià.

Exemple 3.18 *Donades dues variables X i Y de les quals es coneix la funció de densitat conjunta $f_{(X,Y)}$, es vol conèixer la distribució que segueixen les variables $U = X + Y$ i $V = X - Y$. Per fer-ho, considerem la funció $\Phi(X,Y) = (X + Y, X - Y) \equiv (U,V)$. Aleshores, $\Phi^{-1}(U,V) = \left(\frac{U+V}{2}, \frac{U-V}{2}\right)$. El jacobià del canvi invers és*

$$|J\Phi^{-1}| = det \begin{pmatrix} \dfrac{1}{2} & \dfrac{1}{2} \\[2mm] \dfrac{1}{2} & -\dfrac{1}{2} \end{pmatrix} = \frac{1}{2}.$$

De manera que $f_{(U,V)}(u,v) = f_{(X,Y)}\left(\frac{u+v}{2}, \frac{u-v}{2}\right) \cdot \frac{1}{2}$. Finalment, només cal trobar les distribucions marginals de U i de V per tal de determinar les densitats de $X + Y$ i de $X - Y$.

Variables aleatòries estadísticament independents

Es diu que dues variables aleatòries X i Y, amb funció de densitat conjunta $f(x,y)$ i funcions de densitat marginals $f_X(x)$ i $f_Y(y)$, respectivament, són *estadísticament independents* quan es compleix

$$f(x,y) = f_X(x)f_Y(y),$$

per a tot (x,y) del domini de definició de f.

Observació 3.16 *Es pot donar una definició equivalent a partir de la funció de distribució segons la qual X i Y són independents si*

$$F(x,y) = F_X(x)F_Y(y).$$

és a dir, si

$$P(X \leq x, Y \leq y) = P(X \leq x) \cdot P(Y \leq y).$$

Exemple 3.19 *Siguin X i Y dues variables que mesuren un determinat tipus d'error, en mm, en la determinació de les coordenades d'un punt, la distribució de probabilitat de les quals està descrita conjuntament per la funció de densitat següent:*

$$f(x,y) = \begin{cases} \frac{4}{3}(x+xy), & 0 \leq x \leq 1, \, 0 \leq y \leq 1 \\ 0, & 0 > x > 1, \, 0 > y > 1 \end{cases}.$$

Són independents les variables X i Y?

Calculem les funcions de densitat marginals:

$$f_X(x) = \int_0^1 \frac{4}{3}(x+xy)\,dy = \frac{4}{3} \cdot \frac{3x}{2} = 2x, \, 0 < x < 1$$

$$f_Y(y) = \int_0^1 \frac{4}{3}(x+xy)\,dx = \frac{4}{3} \cdot \frac{(1+y)}{2} = \frac{2(1+y)}{3}, \, 0 < y < 1$$

Com que $f(x) \cdot f(y) = \frac{4}{3}(x+xy) = f(x,y)$, per a tot $(x,y) \in \mathbb{R}^2$ les variables són independents.

Característiques d'una variable aleatòria bidimensional

Donada una variable aleatòria bidimensional (X,Y), podem definir una sèrie de característiques que en resumeixen la distribució conjunta.

Si $g(X,Y)$ és una variable aleatòria unidimensional, la seva *esperança* és

$$E[g(X,Y)] = \int_{-\infty}^{\infty} \int_{-\infty}^{\infty} g(x,y) \cdot f_{(X,Y)}(x,y)dx\,dy.$$

S'anomena moment centrat respecte de l'origen d'ordre r en X i d'ordre s en Y, o *moment no central*, la quantitat

$$\alpha_{r,s} = E(X^r \cdot Y^s).$$

S'anomena moment centrat respecte de les mitjanes d'ordre r en X i d'ordre s en Y, o *moment central*, la quantitat

$$\mu_{r,s} = E[(X - \mu_X)^r \cdot (Y - \mu_Y)^s].$$

Covariància de variables

És especialment interessant el moment

$$\mu_{1,1} = E[(X - \mu_X) \cdot (Y - \mu_Y)],$$

anomenat *covariància*, que designem també com a σ_{XY}, μ_{XY} o com a $Cov(X, Y)$.

Per les propietats de l'esperança, tenim que

$$Cov(X, Y) = \int_{-\infty}^{\infty} \int_{-\infty}^{\infty} (x - \mu_X) \cdot (y - \mu_Y) \cdot f_{(X,Y)}(x, y) dx\, dy.$$

Propietats de la covariància

  (i) $Cov(X, Y) = Cov(Y, X)$.

  (ii) $Cov(X, X) = VAR(X)$.

 (iii) $Cov(X, Y) = E(X \cdot Y) - E(X) \cdot E(Y)$.

 (iv) $Cov(a \cdot X + b, c \cdot Y + d) = a \cdot c \cdot Cov(X, Y)$.

  (v) Si X i Y són dues variables aleatòries independents, $Cov(X, Y) = 0$.

 (vi) $VAR(X + Y) = VAR(X) + VAR(Y) + 2Cov(X, Y)$.

(vii) Si X i Y són variables aleatòries independents, $VAR(X + Y) = VAR(X) + VAR(Y)$.

Demostració

(i) $\begin{aligned} Cov(X, Y) &= \int_{-\infty}^{\infty} \int_{-\infty}^{\infty} (x - \mu_X) \cdot (y - \mu_Y) \cdot f_{(X,Y)}(x, y) dx\, dy \\ &= \int_{-\infty}^{\infty} \int_{-\infty}^{\infty} (y - \mu_Y) \cdot (x - \mu_X) \cdot f_{(X,Y)}(x, y) dx\, dy \\ &= Cov(Y, X) \end{aligned}$

(ii) $Cov(X, X) = E[(X - E(X)) \cdot (X - E(X))] = E[(X - E(X))^2] = VAR(X)$.

(iii) $\begin{aligned} Cov(X, Y) &= E((X - E(X))(Y - E(Y))) = E(XY - XE(Y) - E(X)Y + E(X)E(Y)) \\ &= E(X \cdot Y) - E(X) \cdot E(Y). \end{aligned}$

(iv) $\begin{aligned} Cov(a \cdot X + b, c \cdot Y + d) &= E[(a \cdot X + b - E(a \cdot X + b)) \cdot (c \cdot Y + d - E(c \cdot Y + d))] \\ &= E[a \cdot (X - E(X)) \cdot c \cdot (Y - E(Y))] = a \cdot c \cdot Cov(X, Y). \end{aligned}$

(v) Vegem, primer, que l'esperança del producte és el producte d'esperances, és a dir, $E(XY) = E(X)E(Y)$. Considerem la funció $\Phi(X, Y) = (XY, Y) \equiv (U, V)$. Aleshores, $\Phi^{-1}(U, V) = (\frac{U}{V}, V)$. El jacobià de l'invers del canvi és $\left|\frac{1}{v}\right|$. Bo i atenent les característiques d'aquesta transformació i la independència de X i Y, tenim que

$$f_{(U,V)}(u, v) = f_{(X,Y)}\left(\frac{u}{v}, v\right) \cdot \frac{1}{v} = f_X\left(\frac{u}{v}\right) \cdot f_Y(v) \frac{1}{v}$$

La densitat marginal de U és

$$f_U(u) = \int_{\mathbb{R}} f_X\left(\frac{u}{v}\right) \cdot f_Y(v)\frac{1}{v}\, dv$$

I la seva esperança és

$$E(U) = \int_{\mathbb{R}}\int_{\mathbb{R}} f_X\left(\frac{u}{v}\right) \cdot f_Y(v)\frac{u}{v}\, du dv$$

Fent el canvi de variable $(a,b) = \left(\frac{u}{v}, v\right)$ que té per jacobià b, obtenim que

$$E(U) = \int_{\mathbb{R}}\int_{\mathbb{R}} f_X(a)\cdot f_Y(b)\cdot a\cdot b\, dadb = \int_{\mathbb{R}} f_X(a)\cdot a\, da \cdot \int_{\mathbb{R}} f_Y(b)\cdot b\, db = E(X)\cdot E(Y)$$

Aleshores, $Cov(X,Y) = E(XY) - E(X)E(Y) = E(X)E(Y) - E(X)E(Y) = 0$.

Les demostracions de les altres propietats es deixen com a exercici per al lector. ∎

Interpretació de la covariància

La covariància indica la presència o no d'una relació lineal entre les variables. Això vol dir que, si dues variables presenten una relació no lineal, per exemple quadràtica, la covariància podria ser nul·la.

- Si la covariància és positiva o negativa, es diu que les dues variables estan correlacionades positivament o negativament, respectivament.
- Si la covariància és nul·la, es diu que les dues variables no estan correlacionades.

Calculant la covariància, podem dir si dues variables estan correlacionades o no, però per mesurar el grau de correlació és necessari un paràmetre adimensional que no depengui de les unitats que s'utilitzin.

El *coeficient de correlació* es defineix com la covariància de les dues variables normalitzades en el sentit següent:

$$\rho_{XY} = E\left[\left(\frac{X-\mu_X}{\sigma_X}\right)\left(\frac{Y-\mu_Y}{\sigma_Y}\right)\right].$$

Observació 3.17 *El coeficient de correlació es pot escriure també com a*

$$\rho_{XY} = \frac{\sigma_{XY}}{\sigma_X\sigma_Y}, \qquad |\rho_{XY}| \le 1.$$

Problemes resolts (variables aleatòries discretes)

Problema 3.1 *Quin és el recorregut o conjunt de valors que poden prendre les variables aleatòries següents:*

(a) X = "nombre de cares obtingudes en llançar cinc monedes a l'aire"

(b) X = *"nombre de vegades que s'ha de llançar un dau fins a obtenir-ne un resultat parell"*
(c) X = *"nombre de persones amb ulleres d'un grup de 30 persones"*

Solució

(a) Per al primer apartat, veiem que llançant cinc monedes a l'aire pot ser que ens surti una cara, dues, tres, quatre, cinc o cap, de manera que el recorregut és $X(\Omega) = \{0,1,2,3,4,5\}$.

(b) Observem que, a priori, no podem assegurar que ens surti cap resultat parell amb un nombre finit de tirades, és a dir, es podria donar el cas que *mai* no sortís parell. Per això, el recorregut és el conjunt dels nombres naturals $\mathbb{N}$.

(c) Finalment, la tercera variable aleatòria té per recorregut els enters de 0 a 30. Pot ser que no hi hagi cap persona amb ulleres, que n'hi hagi dues, tres, etc.

Problema 3.2 *La funció de probabilitat d'una variable aleatòria X és*

$$f(x) = \begin{cases} 2p, & x = 1 \\ p, & x = 2 \\ 4p, & x = 3 \\ 0, & altrament \end{cases}$$

on p és una constant.

(a) Determineu p.
(b) Calculeu $P(0 \leq X < 3)$ i $P(X > 1)$.

Solució

(a) Per tal de determinar p, cal recordar que una variable aleatòria discreta ha de satisfer que

$$\sum_{k \in X(\Omega)} P(X = k) = 1.$$

En el nostre cas, això significa que

$$P(X = 1) + P(X = 2) + P(X = 3) = f(1) + f(2) + f(3) = 2p + p + 4p = 7p$$

$$= = 1 \Rightarrow p = \frac{1}{7}.$$

(b) Un cop coneguda la distribució, podem calcular ara les probabilitats que es demanen. Tenim que

$$P(0 \leq X < 3) = P(X = 1) + P(X = 2) = \frac{3}{7}$$

$$P(X > 1) = P(X = 2) + P(X = 3) = \frac{5}{7}$$

Problema 3.3 *Considereu l'experiment aleatori de llançar un dau trucat de sis cares, on les probabilitats puntuals vénen donades per*

$P(X = 1) = p_1 = 0.10$

$P(X = 2) = p_2 = 0.20$

$P(X = 3) = p_3 = 0.30$

$P(X = 4) = p_4 = 0.10$

$P(X = 5) = p_5 = 0.25$

$P(X = 6) = p_6 = 0.05$

Calculeu $P(X \leq 1.5)$, $P(X \geq 4)$, $P(X > 5)$, $P(3 < X \leq 6)$, $P(2 \leq X < 4)$, $P(X = 5)$, $P(X \leq 6)$.

Solució

Tenint en compte les dades del problema, tenim que

$$P(X \leq 1.5) = P(X = 1) = p_1 = 0.1$$
$$P(X \geq 4) = p_4 + p_5 + p_6 = 0.4$$
$$P(X > 5) = p_6 = 0.05$$
$$P(3 < X \leq 6) = p_4 + p_5 + p_6 = 0.4$$
$$P(2 \leq X < 4) = p_2 + p_3 = 0.5$$
$$P(X = 5) = p_5 = 0.25$$
$$P(X \leq 6) = 1$$

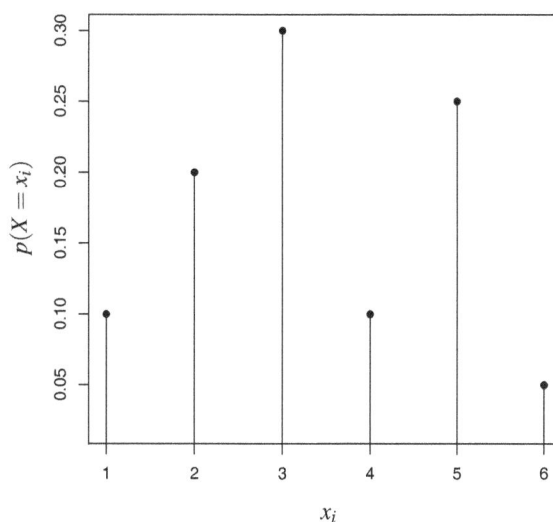

3.15
Funció de probabilitat de
la variable aleatòria
discreta del problema 3.3.

Problema 3.4 *Considereu l'experiment de llançar un dau de deu cares. Suposeu que el dau no està trucat, és a dir, que els resultats són equiprobables. Si denotem per X el resultat de la tirada i per P la probabilitat, calculeu:*

(a) La probabilitat que ens surti un 3, la probabilitat que ens surti un 6 i la probabilitat, en general, que ens surti un número i, és a dir, $P(X = 3), P(X = 6), P(X = i)$.

(b) La probabilitat que ens surti un número inferior o igual a 2, la probabilitat que ens surti un número inferior o igual a 5 i la probabilitat que ens surti un número inferior o igual a i, és a dir, $P(X \le 2), P(X \le 5), P(X \le i)$.

Solució

(a) Atès que els resultats són equiprobables, tenim que $P(X = i) = p_i = \dfrac{1}{10}$ per a $i = 1, 2 \dots 10$. Aleshores,

$$p_3 = p_6 = p_i = \frac{1}{10}, \quad i = 1, 2, \dots, 10.$$

(b) $P(X \le 2) = p_1 + p_2 = \dfrac{2}{10}$

$P(X \le 5) = p_1 + p_2 + p_3 + p_4 + p_5 = \dfrac{1}{2}$

$P(X \le i) = \displaystyle\sum_{n=1}^{i} p_n = \sum_{n=1}^{i} \frac{1}{10} = \frac{i}{10}$

Problema 3.5 *Considereu l'experiment de llançar un dau de sis cares fins que surt un 1. Denotem per X el nombre de vegades que hem hagut de llançar el dau. És a dir, $X = 6$ vol dir que hem hagut de llançar el dau sis vegades i, per tant, ens han sortit primer cinc nombres diferents d'1 i, a la sisena, ens ha sortit un 1. Calculeu:*

(a) La probabilitat d'haver de tirar una vegada i la probabilitat d'haver de tirar cinc vegades.

(b) La probabilitat d'haver de tirar i vegades.

3.16
Funció de probabilitat de
la variable aleatòria
discreta del problema 3.5.

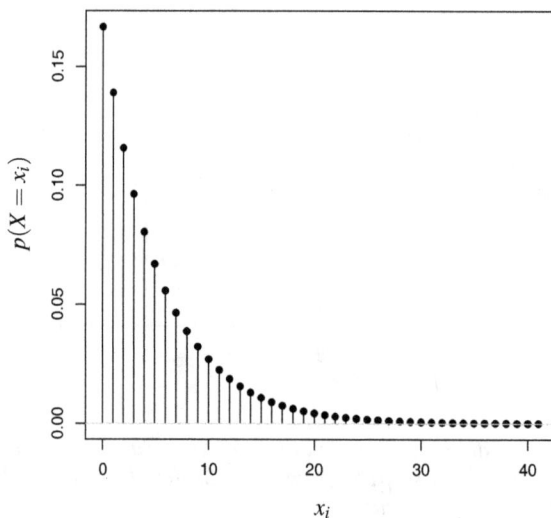

Solució

(a) La probabilitat $P(X = 1)$ equival a dir que surti un 1 a la primera tirada. Com que el dau no està trucat, assumim que cada resultat és equiprobable, de manera que $P(X = 1) = \frac{1}{6}$.

Per calcular $P(X = 5)$, observem que l'esdeveniment significa que han sortit quatre nombres diferents de 1 i un 1. Com que la probabilitat que surti un nombre diferent de 1 és $\frac{5}{6}$, obtenim que

$$P(X = 5) = \frac{5}{6} \cdot \frac{5}{6} \cdot \frac{5}{6} \cdot \frac{5}{6} \cdot \frac{1}{6} = \left(\frac{5}{6}\right)^4 \cdot \frac{1}{6} \approx 0.080376.$$

(b) Per l'apartat anterior, deduïm que

$$P(X = i) = \left(\frac{5}{6}\right)^{i-1} \cdot \frac{1}{6}, \quad i = 1, 2, 3, \ldots,$$

és a dir, la probabilitat que surtin $i - 1$ nombres diferents de 1 seguits i un 1 en la i-èsima tirada.

Les variables aleatòries que segueixen una distribució d'aquest estil s'anomenen *variables geomètriques*.

Problema 3.6 *Considereu ara el joc de la ruleta. Suposem que hi ha deu caselles vermelles, deu caselles negres i la casella blanca. Fem cinc apostes en total, i sempre apostem a les vermelles, és a dir, en deu casos guanyarem i en 11 perdrem. Ens interessa saber quantes vegades en aquestes cinc apostes ha sortit vermell; per tant, denotem X el nombre de vegades que ha sortit vermell.*

(a) *Calculeu la probabilitat que en les cinc apostes només hagi sortit una vegada vermell, és a dir, $P(X = 1)$.*

(b) *Calculeu la probabilitat que en les cinc apostes només haguem perdut una vegada, és a dir, que n'hagin sortit quatre de vermelles.*

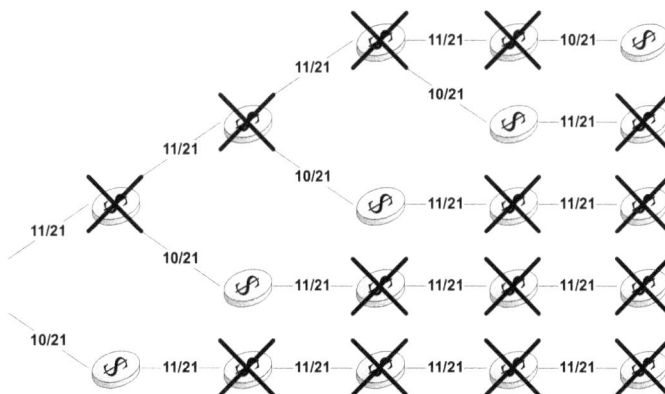

3.17
Diagrama d'arbre
associat al problema 3.6.

(c) *Calculeu les probabilitats dels casos que queden:*

$$P(X = 0), P(X = 2), P(X = 3), P(X = 5).$$

(d) *Deduïu la fórmula general per a $P(X = i)$.*

Solució

(a) Observem que el joc és una experiència dicotòmica, en el sentit que podem guanyar o perdre. La probabilitat de guanyar és que surti vermell: $p = \frac{10}{21}$, i la de perdre, $q = \frac{11}{21}$. La probabilitat de guanyar una sola vegada és la suma de les probabilitats de guanyar la primera i perdre les altres, guanyar la segona i perdre les altres, guanyar la tercera i perdre les altres, i així fins a la cinquena. És a dir,

$$P(X = 1) = \frac{10}{21} \cdot \left(\frac{11}{21}\right)^4 + \frac{11}{21} \cdot \frac{10}{21} \cdot \left(\frac{11}{21}\right)^3 + \cdots + \left(\frac{11}{21}\right)^4 \cdot \frac{10}{21}$$

$$= 5 \cdot \left(\frac{11}{21}\right)^4 \cdot \frac{10}{21} \approx 0.179243$$

(b) Per al càlcul $P(X = 4)$, podem aprofitar l'apartat anterior, en el sentit que aquesta probabilitat equival a la de fer només un error. Per tant, si canviem la probabilitat d'encert per la d'error, la manera de procedir és la mateixa. Així doncs, n'obtenim

$$P(X = 4) = 5 \cdot \left(\frac{11}{21}\right) \cdot \left(\frac{10}{21}\right)^4 \approx 0.134668$$

(c, d) Per a resoldre la resta de casos, en deduïm primer la fórmula general. A l'apartat (a) hem comentat que la variable modelitza una experiència dicotòmica. De manera que $P(X = i)$ es pot calcular a partir de trobar primer les diferents formes

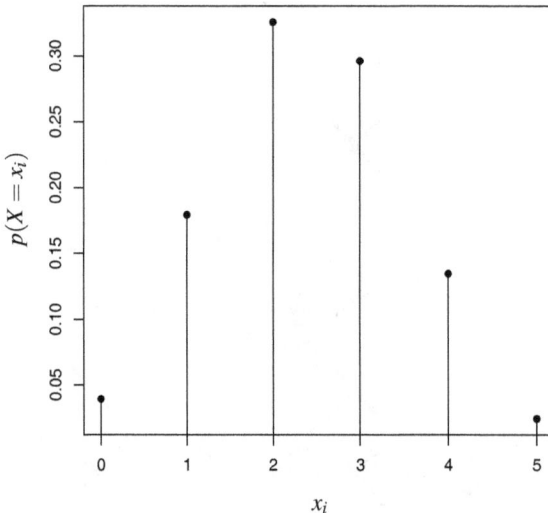

3.18
Funció de probabilitat de
la variable aleatòria
discreta del problema 3.6.

d'escollir els i encerts sobre les 5 tirades, i multiplicar-les per la probabilitat que tenen d'esdevenir (que en totes serà la mateixa). És a dir,

$$P(X = i) = \binom{5}{i} \cdot \left(\frac{10}{21}\right)^i \cdot \left(\frac{11}{21}\right)^{5-i}, \quad i = 1,2,3,4,5.$$

Aleshores,

$P(X = 0) \approx 0.039434$
$P(X = 2) \approx 0.325898$
$P(X = 3) \approx 0.296271$
$P(X = 5) \approx 0.024485$

Les variables aleatòries que segueixen una distribució d'aquest estil s'anomenen *variables binomials*.

Problema 3.7 *En un examen tipus test de deu preguntes, cada pregunta té cinc respostes possibles i s'ha de marcar una resposta obligatòriament. Cada resposta encertada val 1 punt i cada resposta incorrecta resta 0.5 punts. Deu alumnes es posen d'acord a respondre a l'atzar totes les preguntes. Quina és la probabilitat que almenys un d'ells aprovi?*

Solució

Sigui A = "almenys un alumne aprova". Observem que el complementari de A és l'esdeveniment A^c = "cap alumne no aprova". Per les propietats de la probabilitat, tenim que $P(A) = 1 - P(A^c)$, de manera que el problema es pot resoldre calculant $P(A^c)$.

Per trobar la probabilitat que cap no aprovi, ens cal conèixer la probabilitat de no aprovar. Com que respondre és obligatori, un alumne suspèn si i només si falla quatre preguntes o més. Denotant per X la variable aleatòria que compta el nombre d'errades en el test,

$$P(\text{suspendre}) = 1 - P(\text{aprovar}) = 1 - [P(X = 0) + P(X = 1) + P(X = 2) + P(X = 3)]$$

$$= 1 - \sum_{n=0}^{3} \binom{10}{n} \cdot \left(\frac{4}{5}\right)^n \cdot \left(\frac{1}{5}\right)^{10-n} = 0.999135$$

Finalment,

$$P(A) = 1 - P(A^c) = 1 - (0.999135)^{10} = 0.008614.$$

Problema 3.8 *Una variable aleatòria pren els valors* $-3, -2, -1, 0, 1, 2, 3$, *i la funció de distribució de probabilitats és*

$$f(x) = k \cdot (2.5)^x$$

per a aquests valors.

(a) *Quin és el valor de k?*

(b) *Trobeu $E(X)$ i $VAR(X)$.*

(c) *Calculeu $P(0 \leq X \leq 2)$.*

Solució

(a) Sabent que el recorregut de la variable és

$$X(\Omega) = \{-3, -2, -1, 0, 1, 2, 3\}$$

el valor de k ha de ser tal que

$$
\begin{aligned}
P(X \in X(\Omega)) &= \sum_{i \in X(\Omega)} P(X = i) \\
&= P(X = -3) + P(X = -2) + P(X = -1) + P(X = 0) + \\
&\quad + P(X = 1) + P(X = 2) + P(X = 3) \\
&= k \cdot 2.5^{-3} + k \cdot 2.5^{-2} + k \cdot 2.5^{-1} + k \cdot 2.5^0 + \\
&\quad + k \cdot 2.5^1 + k \cdot 2.5^2 + k \cdot 2.5^3 = 1
\end{aligned}
$$

Per tant, $k = \dfrac{1}{2.5^{-3} + 2.5^{-2} + 2.5^{-1} + 2.5^0 + 2.5^1 + 2.5^2 + 2.5^3} \approx 0.038463$

(b) $E(X) = \sum_{n=-3}^{3} n \cdot P(X = n) = \sum_{n=-3}^{3} n \cdot 0.038463 \cdot 2.5^n = 2.344819$

Per a la variància, recordem que, pel resultat de Steiner, tenim que

$$VAR(X) = E(X^2) - [E(X)]^2.$$

Aleshores,

$$VAR(X) = \sum_{n=-3}^{3} (n^2 \cdot P(X = n)) - 2.344819^2 = 1.03058$$

(c) $P(0 \leq X \leq 2) = P(X = 0) + P(X = 1) + P(X = 2) = 0.375014$.

Problema 3.9 *Una variable aleatòria X pren el valor 1 amb probabilitat p i el valor 0 amb probabilitat $q = 1 - p$. Vegeu que*

(a) *$E(X) = p$*

(b) *$VAR(X) = pq$*

> *Nota: Aquesta variable es pot utilitzar, per exemple, com a indicadora d'un determinat esdeveniment. Es pot pensar que la variable prendrà valor 1 si el resultat de l'experiència és èxit i 0 si és fracàs. La distribució de probabilitat d'aquesta variable es diu distribució de Bernoulli.*

Solució

(a) $E(X) = P(X = 1) \cdot 1 + P(X = 0) \cdot 0 = P(X = 1) = p$.

(b) $VAR(X) = E(X^2) - [E(X)]^2 = P(X = 1) \cdot 1^2 + P(X = 0) \cdot 0^2 - p^2 = p - p^2$
$$= p(1 - p) = pq$$

Problema 3.10 *Sigui X una variable aleatòria discreta amb funció de probabilitat*

$$P[X = k] = \alpha k, \quad k = 1, 2, 3, 4, 5.$$

(a) Determineu el valor de α perquè P sigui efectivament una funció de probabilitat.
(b) Determineu l'esperança i la variància de la variable X.

Solució

(a) Perquè f sigui una funció de probabilitat, cal que $P(X \in \{1, 2, 3, 4, 5\}) = 1$. En efecte,

$$P(X \in \{1, 2, 3, 4, 5\}) = P(X = 1) + P(X = 2) + P(X = 3) + P(X = 4) + P(X = 5)$$
$$= 15\alpha = 1$$

En conseqüència, $\alpha = \dfrac{1}{15}$.

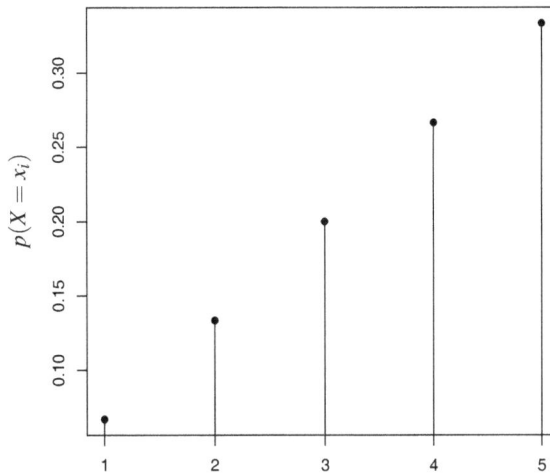

3.19
Funció de distribució de la variable aleatòria discreta del problema 3.10.

(b) Aplicant les definicions de $E(X)$ i $VAR(X)$ obtenim:

$$E(X) = \sum_{k=1}^{5} k P(X = k) = \sum_{k=1}^{5} k \cdot \frac{k}{15} = \frac{11}{3}$$

$$VAR(X) = \sum_{k=1}^{5} (k - E(X))^2 P(X = k) = \sum_{k=1}^{5} \left(k - \frac{11}{3}\right)^2 \frac{k}{15} = \frac{14}{9}$$

143

Problema 3.11 *Es fa un examen de tipus test de deu preguntes, en què les respostes poden ser cert o fals. Sigui X la variable aleatòria discreta que compta el nombre de preguntes encertades. Determineu la funció de probabilitat de X. És a dir, per cada valor k que pot prendre la variable, determineu $P(X = k)$.*

Solució

Observeu que aquesta distribució segueix un model binomial (vegeu el problema 3.6), amb la probabilitat d'èxit $p = \frac{1}{2}$ –d'encertar la pregunta. Aleshores,

$$P(X = k) = \binom{10}{k} \left(\frac{1}{2}\right)^k \left(\frac{1}{2}\right)^{10-k} = \binom{10}{k} \left(\frac{1}{2}\right)^{10}, \quad k = 0, 1, \ldots, 10.$$

3.20
Funció de distribució de la
variable aleatòria discreta
del problema 3.11.

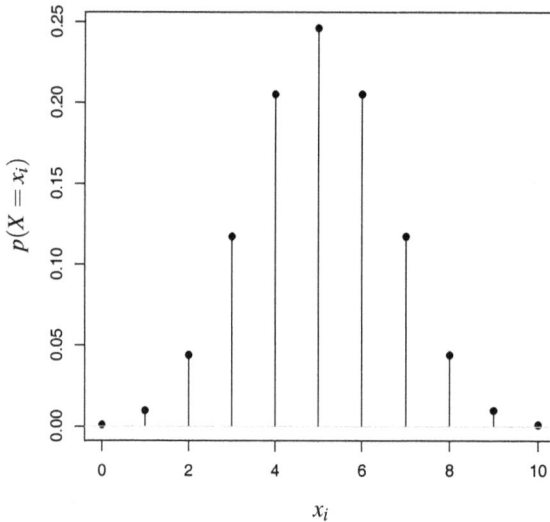

Problema 3.12 *Sigui X una variable aleatòria discreta amb funció de probabilitat*

$$P(X = k) = p(1-p)^{k-1}, \quad k = 1, 2, \ldots, \quad 0 < p < 1.$$

(a) Comproveu que realment és una funció de probabilitat.

(b) Calculeu l'esperança de la variable aleatòria.

> *Ajuda: La suma d'una progressió geomètrica és $\sum\limits_{i=0}^{\infty} a^i = \frac{1}{1-a}$; per sumar $\sum\limits_{i=1}^{\infty} ia^{i-1}$, fixeu-vos en l'expressió que queda en derivar $\sum\limits_{i=0}^{\infty} a^i$ respecte de a.*

Solució

(a) Per veure que és funció de probabilitat, comprovem que $P(X \in \mathbb{N}) = 1$. En efecte,

$$P(X \in \mathbb{N}) = \sum_{k=1}^{\infty} p(1-p)^{k-1}$$

$$= p \sum_{k=1}^{\infty} (1-p)^{k-1}$$

$$= p \sum_{j=0}^{\infty} (1-p)^{j} \quad \text{(fent el canvi, } j = k-1)$$

$$= p \cdot \frac{1}{1-(1-p)} = 1$$

(b) Per la definició d'esperança, tenim que

$$E(X) = \sum_{k=1}^{\infty} kp(1-p)^{k-1} = p \sum_{k=1}^{\infty} k(1-p)^{k-1}.$$

Per tant, només ens cal calcular

$$\sum_{k=1}^{\infty} k(1-p)^{k-1}.$$

Com que les sèries geomètriques –convergents– es poden derivar terme a terme, tenim que

$$\sum_{i=0}^{\infty} a^{i} = \frac{1}{1-a}$$

Notant $(1-p) := a$, es té

$$\frac{d}{da} \sum_{i=0}^{\infty} a^{i} = \sum_{i=1}^{\infty} i a^{i-1} = \frac{d}{da} \frac{1}{1-a} = \frac{1}{(1-a)^{2}}$$

En conclusió, $E(X) = p \dfrac{1}{p^{2}} = \dfrac{1}{p}$.

Problema 3.13 *Sigui X una variable aleatòria discreta, $E(X)$ la seva esperança i $VAR(X)$ la variància.*

(a) Vegeu que $VAR(X) = E(X^{2}) - (E(X))^{2}$.

(b) Determineu el valor de a que minimitza l'expressió $E((X-a)^{2})$.

(c) Considerem la variable aleatòria $Y = aX + b$. Vegeu que

$$E(Y) = aE(X) + B$$
$$VAR(Y) = a^{2}VAR(Y).$$

(d) Considerem ara una altra variable aleatòria discreta Z. Vegeu que

$$E(X+Z) = E(X) + E(Z).$$

Solució

(a) Com que X és una variable aleatòria discreta, tenim que

$$VAR(X) = \sum_{i=1}^{N}(x_i - E(X))^2 P(X = x_i) = \sum_{i=1}^{N}(x_i^2 - 2x_i E(X) + (E(X))^2)P(X = x_i)$$

$$= \underbrace{\sum_{i=1}^{N}x_i^2 P(X = x_i)}_{E(X^2)} - 2E(X)\underbrace{\sum_{i=1}^{N}x_i P(X = x_i)}_{E(X)} + (E(X))^2 \sum_{i=1}^{N}P(X = x_i)$$

Com que X és variable aleatòria, $\sum_{i=1}^{N}P(X = x_i) = 1$, de manera que s'obté

$$VAR(X) = E(X^2) - 2(E(X))^2 + (E(X))^2 = E(X^2) - (E(X))^2$$

(b) Per a minimitzar l'expressió $E((X - a)^2)$, imposem que se satisfaci la condició necessària de mínim, és a dir, que la derivada respecte de a sigui 0. És a dir,

$$\frac{d}{da}E((X - a)^2) = \frac{d}{da}\sum_{i=1}^{N}(x_i - a)^2 \underbrace{P(X = X_i)}_{p_i} = -2\sum_{i=1}^{N}(x_i - a)p_i = 0$$

Per tant,

$$\sum_{i=1}^{N}(x_i - a)p_i = 0 \Leftrightarrow \underbrace{\sum_{i=1}^{N}x_i p_i}_{E(X)} - a\underbrace{\sum_{i=1}^{N}p_i}_{1} = 0 \Leftrightarrow a = E(X)$$

(c) En aquest cas, tenim que

$$E(Y) = E(aX + b) = \sum_{i=1}^{N}(ax_i + b)p_i = \sum_{i=1}^{N}ax_i p_i + \sum_{i=1}^{N}bp_i$$

$$= a\sum_{i=1}^{N}x_i p_i + b = aE(X) + b$$

$$VAR(Y) = E(Y^2) - (E(Y))^2 = \sum_{i=1}^{N}(ax_i + b)^2 p_i - (aE(X) + b)^2$$

Desenvolupant els productes notables,

$$VAR(Y) = a^2 \underbrace{\sum_{i=1}^{N}x_i^2 p_i}_{E(X^2)} + 2ab\underbrace{\sum_{i=1}^{N}x_i p_i}_{E(X)} + b^2\underbrace{\sum_{i=1}^{N}p_i}_{1} - a^2(E(X))^2 - 2abE(X) - b^2$$

$$= a^2(E(X^2) - (E(X))^2) = a^2 VAR(X)$$

(d) Donada la nova variable discreta Z, siguin z_j els valors que pot prendre i $q_j = P(Z = z_j)$, per a $j = 1\ldots M$. Aleshores,

$$E(X+Z) = \sum_{j=1}^{M}\sum_{i=1}^{N}(x_i+z_j)p_iq_j = \sum_{j=1}^{M}q_j\sum_{i=1}^{N}(x_i+z_j)p_i = \sum_{j=1}^{M}q_j\left(\sum_{i=1}^{N}x_ip_i+\sum_{i=1}^{N}z_jp_i\right)$$

Com que tant X com Z són variables aleatòries, es compleix que $\sum_{i=1}^{N}p_i = 1$ i $\sum_{j=1}^{M}q_j = 1$. Aleshores, de l'expressió anterior, trobem que

$$E(X+Z) = \sum_{j=1}^{M}q_j(E(X)+z_j) = E(x)\sum_{j=1}^{M}q_j + \sum_{j=1}^{M}z_jq_j = E(X)+E(Z)$$

Problema 3.14 *Sigui X una variable aleatòria que ens compta el nombre de xuts a porteria d'un equip abans de fer el primer gol. Suposem que la probabilitat de marcar un gol quan es xuta és p. Calculeu la distribució de X, és a dir, $P(X = x_k)$ per a tots els valors x_k que pot prendre la variable. Comproveu que*

$$E(X) = \frac{1-p}{p} \ i \ VAR(X) = \frac{1-p}{p^2}.$$

Indicació: *Deriveu dos cops l'expressió $\sum_{i=0}^{\infty}a^i$ respecte de a.*

Solució

Observem que la variable X segueix un model geomètric (vegeu el problema 3.5) amb probabilitat d'encert p. Aleshores, la seva distribució és

$$P(X = k) = (1-p)^kp, \quad k = 0,1,2,\ldots$$

I la seva esperança és

$$E(X) = \sum_{k=0}^{\infty}k(1-p)^kp = p(1-p)\sum_{k=1}^{\infty}k(1-p)^{k-1} = p(1-p)\frac{1}{(1-(1-p))^2} = \frac{1-p}{p}$$

on hem utilitzat la fórmula de sumes geomètriques del problema 3.12.

Pel que fa a la variància, observem primer que

$$\frac{d^2}{da^2}\sum_{i=0}^{\infty}a^i = \sum_{i=2}^{\infty}i(i-1)a^{i-2} = \frac{2}{(1-a)^3}$$

En segon lloc, veiem que

$$E(X^2) = E(X^2-X+X) = \sum_{k=0}^{\infty}(k^2-k+k)(1-p)^kp$$

$$= p(1-p)^2\left[\sum_{k=2}^{\infty}k(k-1)(1-p)^{k-2}+\sum_{k=2}^{\infty}k(1-p)\right] = \frac{2p(1-p)^2}{p^3}+\frac{1-p}{p}$$

Finalment,

$$VAR(X) = E(X^2) - (E(X))^2$$

$$= \frac{2(1-p)^2}{p^2} + \frac{1-p}{p} - \frac{(1-p)^2}{p^2}$$

$$= \frac{2(1-2p+p^2)+p-p^2-1+2p-p^2}{p^2}$$

$$= \frac{1-p}{p^2}$$

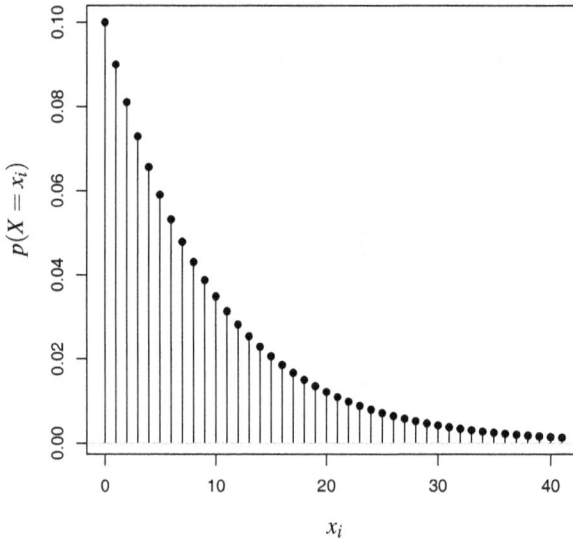

3.21
Funció de probabilitat de la
variable aleatòria discreta
del problema 3.14.

Problema 3.15 *En un concurs de triples, cal comptar els triples que fa cada partici-pant. Suposem que un participant ha fet n llançaments. Sigui Y la variable aleatòria que ens compta el nombre de triples que ha encertat. Suposem, a més, que la proba-bilitat d'encertar un triple és p. Calculeu la distribució de Y, és a dir, $P(Y = y_k)$, i comproveu que $E(Y) = np$ i $VAR(Y) = np(1-p)$.*

Solució

Atès que el recorregut de Y és $\{0, 1 \ldots n\}$, per calcular-ne la funció de distribució cal trobar les probabilitats $P(Y = k)$ per a $k = 0, 1 \ldots n$. Encertar o no un triple és una expe-riència dicotòmica, de manera que la varibale Y compta el nombre d'encerts després de n repeticions de l'experiència. Per tant, Y segueix un model binomial (vegeu el problema 3.6). La seva distribució és

$$P(Y = k) = \binom{n}{k} p^k (1-p)^{n-k}, \; k = 0, 1, \ldots, n.$$

Per al càlcul de l'esperança i de la variància, suposem primer que tenim un sol tir. Aleshores, la variable és de tipus Bernoulli, B_i, la seva esperança és p i la variància, $p(1-p)$. Quan tenim n llançaments, com que són independents (la probabilitat d'encertar no està condicionada a haver encertat o fallat el llançament anterior i, per això, sempre és p), la variable Y es pot entendre com la suma de n variables aleatòries que segueixen una distribució de Bernoulli. De manera que, com que l'esperança és un operador lineal,

$$E(Y) = E(B_1 + \ldots + B_n) = E(B_1) + \ldots + E(B_n) = np$$

i, com que les variables són independents,

$$VAR(Y) = VAR(B_1 + \cdots + B_n) = VAR(B_1) + \cdots + VAR(B_n) = np(1-p).$$

Problemes resolts (variables aleatòries contínues)

Problema 3.16 *Sigui X una variable aleatòria amb funció de densitat*

$$f(x) = \begin{cases} x, & 0 \leq x < 1 \\ 2-x, & 1 \leq x < 2 \\ 0, & altrament \end{cases}$$

(a) Calculeu-ne la funció de distribució.
(b) Calculeu-ne l'esperança $E(X)$.

Solució

Sigui $f(x)$ la funció de densitat.

(a) En calculem la funció de distribució. Si $x < 0$, $f(x) = 0$, aleshores

$$F(x) = \int_{-\infty}^{x} f(t)dt = 0.$$

Si $0 \leq x < 1$, aleshores

$$F(x) = \int_{-\infty}^{x} f(t)dt = \int_{-\infty}^{0} f(t)dt + \int_{0}^{x} f(t)dt = \int_{0}^{x} tdt = \left[\frac{t^2}{2}\right]_{0}^{x} = \frac{x^2}{2}.$$

Si $1 \leq x < 2$, aleshores

$$F(x) = F(1) + \int_{1}^{x} f(t)dt = \frac{1}{2} + \int_{1}^{x}(2-t)dt = \frac{1}{2} + \left[2t - \frac{t^2}{2}\right]_{1}^{x} = -\frac{x^2}{2} + 2x - 1.$$

Finalment, si $x > 2$, aleshores

$$F(x) = F(2) + \int_{2}^{x} f(t)dt = F(2) = 1.$$

3.22
Funció de densitat del problema 3.16. Es pot comprovar que, en efecte, l'àrea sota la corba és igual a 1.

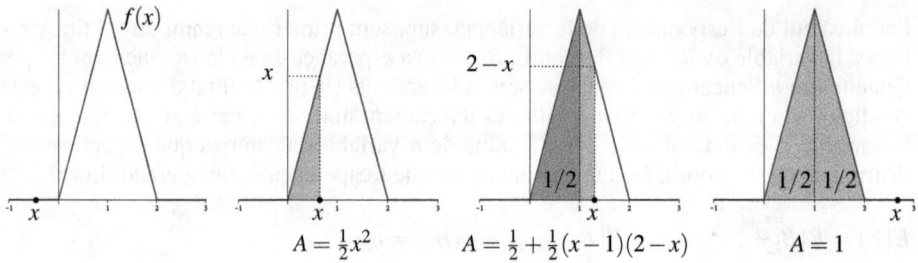

$A = \frac{1}{2}x^2$ $\qquad A = \frac{1}{2} + \frac{1}{2}(x-1)(2-x)$ $\qquad A = 1$

En resum, la funció de distribució és

$$F(x) = \begin{cases} 0, & x < 0 \\ \frac{x^2}{2}, & 0 \le x < 1 \\ -\frac{x^2}{2} + 2x - 1, & 1 \le x < 2 \\ 1, & x > 2 \end{cases}$$

(b) Aplicant la fórmula de l'esperança, tenim que

$$E(X) = \int_{-\infty}^{+\infty} x f(x) dx = \int_0^1 x f(x) dx + \int_1^2 x f(x) dx = \int_0^1 x \cdot x \, dx + \int_1^2 x(2-x) dx = 1.$$

Problema 3.17 *La funció de densitat d'una variable aleatòria X és*

$$f(x) = \begin{cases} ax^2 + b, & si \ x \in (0,2) \\ 0, & altrament \end{cases}$$

Determineu a i b sabent que $P\left(\frac{1}{2} \le X \le 1\right) = 0.1357$.

Solució

En primer lloc, recordem que, per ser $f(x)$ una funció de densitat, ha de complir que

$$\int_{\mathbb{R}} f(x) dx = \int_0^2 f(x) dx = \int_0^2 (ax^2 + b) \, dx = 1.$$

Aleshores,

$$\int_0^2 (ax^2 + b) \, dx = 1 \iff \left[\frac{ax^3}{3} + bx \right]_0^2 = 1 \iff a \cdot \frac{2^3}{3} + 2b = 1$$

En segon lloc, i tenint en compte la informació de l'enunciat, tenim que

$$P\left(\frac{1}{2} \le X \le 1\right) = \int_{0.5}^1 (ax^2 + b) \, dx = a \cdot \frac{7}{24} + b \cdot \frac{1}{2} = 0.1357$$

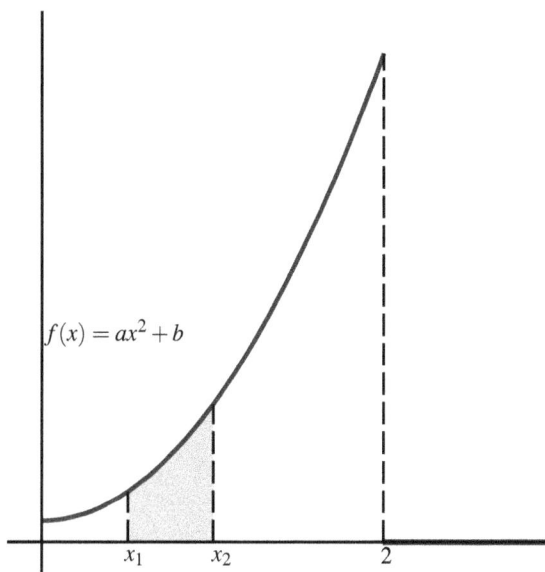

3.23
La probabilitat que la variable *X* es trobi entre els punts x_1 i x_2 és l'àrea delimitada per la funció de densitat $f(x)$ entre aquests punts (problema 3.17.

$$f(x) = ax^2 + b$$

Finalment, només resta resoldre el sistema d'equacions

$$\begin{cases} a \cdot \frac{2^3}{3} + 2b = 1 \\ a \cdot \frac{7}{24} + b \cdot \frac{2}{3} = 0.1357 \end{cases}$$

per obtenir $a = 0.330921$ i $b = 0.058772$.

Problema 3.18 *La variable aleatòria X té, com a funció de densitat,*

$$f(x) = \begin{cases} ce^{-3x}, & si \ x > 0 \\ 0, & altrament \end{cases}$$

Trobeu c i la funció de distribució de X.

Solució

Per trobar c, fem com a l'exercici anterior:

$$\begin{aligned} \int_{\mathbb{R}} f(x)dx &= \int_0^\infty ce^{-3x}dx \\ &= \lim_{b \to +\infty} \int_0^b ce^{-3x}dx \\ &= \lim_{b \to +\infty} \left[\frac{-1}{3}ce^{-3x} \right]_0^b \\ &= \lim_{b \to +\infty} \left(\frac{-1}{3}ce^{-3b} + \frac{1}{3}c \right) = \frac{1}{3}c = 1 \end{aligned}$$

151

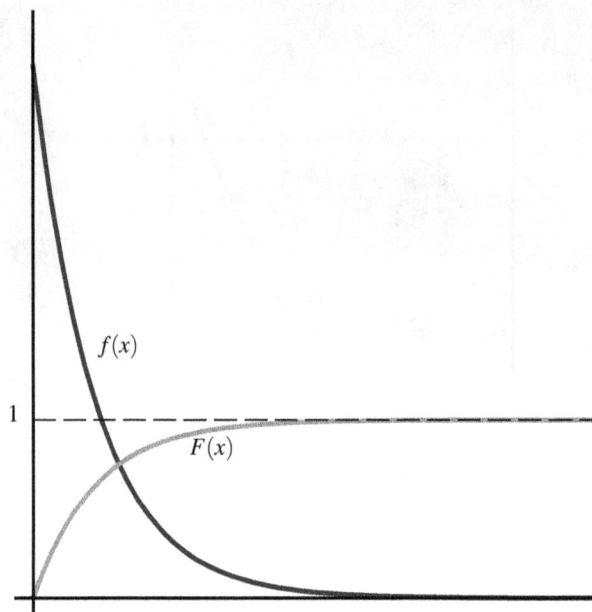

Això implica que $c = 3$.

La funció de distribució $F(x)$ es defineix com $F(x) = P(X \leq x)$. Per tant,

$$F(x) = \int_{-\infty}^{x} f(s)ds = \int_{0}^{x} 3e^{-3s}ds = 1 - e^{-3x}, \; x > 0.$$

Problema 3.19 *El percentatge d'additiu en un tipus de benzina és una variable aelatò-ria X, amb una funció de densitat $f(x) = 20x^3(1-x)$, per a $0 \leq x \leq 10$, i 0 a la resta de valors.*

(a) Trobeu el percentatge mitjà d'additiu.
(b) Si el benefici ve donat per $B = 18 + 3X$, trobeu $E(B)$.

Solució

(a) Trobar el percentatge mitjà equival a buscar el valor *esperat*, és a dir, a calcular-ne l'esperança. De manera que

$$E(X) = \int_{-\infty}^{+\infty} xf(x)dx = \int_{0}^{1} x \cdot 20x^3(1-x)dx = \frac{2}{3}.$$

(b) Per les propietats de linealitat de l'esperança –recordem que és un operador lineal en el conjunt de variables aleatòries, és a dir,

$$E(\lambda X) = \lambda E(X),$$
$$E(X+Y) = E(X) + E(Y),$$

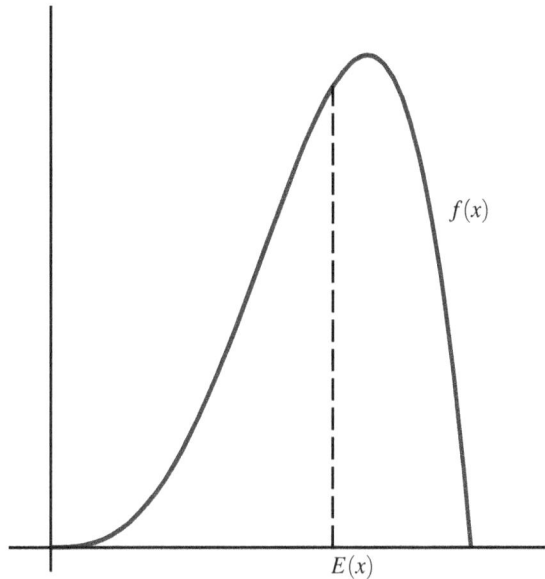

3.25
Funció de densitat de la
variable aleatòria contínua
del problema 3.19 i
ubicació de la seva
esperança E(X).

aleshores

$$E(B) = E(18 + 3X) = E(18) + E(3X) = 18 + 3E(X) = 20.$$

Problema 3.20 *Considerem una variable aleatòria X, que té per funció de densitat:*

$$f(x) = \begin{cases} k, & si\ a \leq x \leq b \\ 0, & altrament \end{cases}$$

(a) *Determineu k, de manera que f sigui realment una funció de densitat, i calculeu la funció de distribució de X.*

(b) *Suposeu que a = 2 i b = 6. Calculeu $P(X \leq 1)$, $P(X \leq 3)$, $P(X = 4)$, $P(3 \leq X < 5)$ i $P(X \geq 3)$.*

Solució

(a) Tal com hem vist en exercicis anteriors, la condició que la funció $f(x)$ sigui una densitat és

$$\int_{\mathbb{R}} f(x)dx = \int_a^b k\,dx = 1.$$

En aquest cas, això és equivalent a

$$\int_a^b k\,dx = [kx]_a^b = k(b-a) = 1$$

Cosa que implica que

$$k = \frac{1}{b-a}.$$

La funció de distribució de la variable X queda com

$$F(x) = \int_{-\infty}^{x} f(s)\,ds = \int_{a}^{x} \frac{1}{b-a}\,ds = \frac{x-a}{b-a}, \quad \text{si } x \in [a,b],$$

$$F(x) = \int_{-\infty}^{x} f(s)\,ds = 0, \quad \text{si } x < a,$$

$$F(x) = \int_{-\infty}^{x} f(s)\,ds = \int_{a}^{b} f(x)dx = 1, \quad \text{si } x > b.$$

(b) Prenent ara els valors $a = 2$ i $b = 6$, obtenim

$$F(x) = \begin{cases} 0, & \text{si } x < 2 \\ \frac{x-2}{4}, & \text{si } x \in [2,6] \\ 1, & \text{si } x < 6 \end{cases}$$

Les probabilitats que es demanen són

$$P(X \leq 1) = F(1) = 0$$
$$P(X \leq 3) = F(3) = 0.25$$
$$P(X = 4) = 0$$
$$P(3 \leq X < 5) = F(5) - F(3) = 0.5$$
$$P(X \geq 3) = 1 - P(X \leq 3) = 1 - F(3) = 0.75$$

Problema 3.21 *Sigui X una variable aleatòria, amb funció de densitat*

$$f(x) = \begin{cases} ae^{-ax}, & x > 0; \\ 0, & \text{altrament} \end{cases}$$

Calculeu $P(|X - \mu| \geq k\sigma)$ per $k \geq 1$ i compareu el resultat anterior amb la cota que s'obté usant la desigualtat de Txebitxev.

Solució

En primer lloc, calculem μ i σ^2 per integració per parts, i obtenim:

$$E(X) = \frac{1}{a} \text{ i } VAR(X) = \frac{1}{a^2}.$$

En segon lloc, i com que la densitat és 0 per a valors negatius:

$$P(|X - \mu| \geq k\sigma) = 1 - P\left(\left|X - \frac{1}{a}\right| \leq k\frac{1}{a}\right) = 1 - P\left(X - \frac{1}{a} \leq k\frac{1}{a}\right)$$

$$= 1 - P\left(X \leq \frac{k+1}{a}\right) = 1 - F_X\left(\frac{k+1}{a}\right) = e^{-(k+1)}$$

Finalment, comparem el resultat amb el que proporciona el teorema de Txebitxev:

$$1 - P(|X - \mu| \leq k\sigma) \geq \frac{\frac{1}{a^2}}{\frac{k^2}{a^2}} = \frac{1}{k^2}$$

Per exemple, per a $k = 2$ i $k = 3$, les diferències són

k	$P(|X - \mu| \geq k\sigma)$	$P(|X - \mu| \geq k\sigma)$ (Txebitxev)
2	0.049787	0.25000
3	0.018316	0.11111

Problema 3.22 *Suposeu que el radi d'un cercle és una variable aleatòria que té per funció de densitat:*

$$f_R(r) = \begin{cases} \frac{1}{(\pi/4)^{1/3}} e^{-\frac{r}{(\pi/4)^{1/3}}}, & r > 0 \\ 0, & altrament \end{cases}$$

(a) Calculeu la probabilitat que el radi sigui inferior a 0.5.
(b) Trobeu la funció de densitat de l'àrea del cercle.

Solució

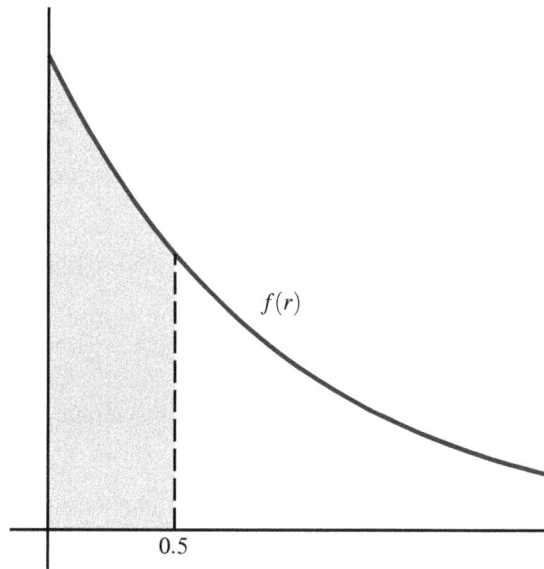

3.26
Funció de densitat de la variable del problema 3.22 en què l'àrea ombrejada representa la probabilitat que el radi prengui un valor igual o inferior a 0.5.

(a) Si R és la variable aleatòria que mesura el radi d'un cercle, aleshores

$$P(R < 0.5) = F(0.5) = \int_0^{0.5} \frac{1}{(\pi/4)^{1/3}} e^{-\frac{r}{(\pi/4)^{1/3}}} \, dr = \left[-e^{-\frac{r}{(\pi/4)^{1/3}}} \right]_0^{0.5} = 0.418373$$

(b) L'àrea d'un cercle ve donada per $A = \pi R^2$. Calculem la densitat de A a partir de la seva distribució:

$$P(A \leq a) = P(\pi R^2 \leq a) = P\left(R^2 \leq \frac{a}{\pi}\right) = P\left(-\sqrt{\frac{a}{\pi}} \leq R \leq \sqrt{\frac{a}{\pi}}\right)$$

$$= F_R\left(\sqrt{\frac{a}{\pi}}\right) - F_R\left(-\sqrt{\frac{a}{\pi}}\right) = F_R\left(\sqrt{\frac{a}{\pi}}\right)$$

Finalment, derivant $F_A(a)$, obtenim

$$f_A(a) = f_R\left(\sqrt{\frac{a}{\pi}}\right)\frac{1}{2\sqrt{a\pi}}$$

Problema 3.23 *La mitjana dels sous d'una empresa és de 1200 euros, amb una desviació tipus de 100 euros. Quin percentatge de treballadors té un sou d'entre 900 i 1500 euros? En quin interval de sous trobarem, com a mínim, un 75% dels treballadors?*

Solució

Per resoldre aquest problema, ens cal recordar la desigualtat de Txebitxev:

$$P(\mu - \sigma k < X < \mu + \sigma k) \geq 1 - \frac{1}{k^2}$$

L'interval proposat en aquest cas s'ajusta al teorema, amb $k = 3$

$$P(1200 - 100 \cdot 3 < X < 1200 + 100 \cdot 3) \geq 1 - \frac{1}{3^2} = \frac{8}{9} \approx 0.8889$$

Per tant, podem assegurar que, com a mínim, un 88.89% dels treballadors tenen un sou d'entre 900 i 1500 euros.

Per a la segona part, seguim el procés invers. Llavors,

$$P(1200 - 100k < X < 1200 + 100k) \geq 1 - \frac{1}{k^2} = 0.75 \Rightarrow k = 2$$

Entre 1000 i 1400 euros trobarem, com a mínim, el 75% dels sous dels treballadors.

Problema 3.24 *Si X és una variable aleatòria contínua amb $E(X) = 3$ i $E(X^2) = 13$, determineu una fita inferior per a la probabilitat $P(-2 < X < 8)$.*

Solució

Observem que

$$P(|X - E(X)| \geq 5) = P(|X - 3| \geq 5) = P(X \leq -2) + P(X \geq 8) = 1 - P(-2 < X < 8)$$

Per la desigualtat de Txebitxev,

$$P(|X - E(X)| \geq 5) \leq \frac{VAR(X)}{25} = \frac{E(X^2) - (E(X))^2}{25} = \frac{4}{25}$$

Per tant,

$$1 - P(-2 < X < 8) \leq \frac{4}{25} \Rightarrow P(-2 < X < 8) \leq \frac{21}{25}$$

Problema 3.25 *Suposem que un mesurament té una mitjana μ i una variància σ² = 25. Sigui X_n la mitjana de n mesuraments independents. Quants mesuraments hem de fer si volem que*

$$P(|X_n - \mu| < 1) \geq 0.95?$$

Solució

Expressem la probabilitat de manera que puguem utilitzar la desigualtat de Txebitxev. És a dir,

$$1 - P(|X_n - \mu| \geq 1) = P(|X_n - \mu| < 1) \geq 0.95 \Rightarrow 0.05 \geq P(|X_n - \mu| \geq 1)$$

Com que la variància de la mitjana mostral és $\frac{\sigma^2}{n}$, aplicant la desigualtat de Txebitxev i igualant les fites obtenim

$$P(|X_n - \mu| \geq 1) \geq \frac{25/n}{1^2} = 0.05 \Rightarrow n = \frac{25}{0.05} = 500$$

Problemes resolts (variables aleatòries bidimensionals)

Problema 3.26 *Considerem una variable aleatòria bidimensional amb funció de densitat conjunta:*

$$f(x,y) = \begin{cases} 2kx + 2ky, & 0 < x < 1,\ 0 < y < 1 - x \\ 0, & altrament \end{cases}$$

Es demana:

(a) Calculeu el valor de k perquè f sigui una funció de densitat.
(b) Calculeu-ne la funció de distribució conjunta.
(c) Calculeu les funcions de densitat i de distribució marginals de X i de Y.
(d) Calculeu les funcions de densitat i de distribució condicionades.
(e) Calculeu les esperances de X i de Y.
(f) Calculeu les variàncies de X i de Y.
(g) Calculeu-ne la covariància.
(h) Estudieu si les variables són independents o incorrelacionades.

(i) *Es considera el quadrat Q de vèrtexs $(0,0), (a,0), (0,a)$ i (a,a), en què $a \geq 0$. Calculeu la probabilitat $P(X \in Q)$ i determineu a, de manera que aquesta probabilitat sigui $1/2$.*

Solució

3.27
Per calcular F(x, y), és a dir, la funció de distribució en el punt (x,y), cal calcular el volum sota la superfície z = f (x, y), delimitat per la regió ombrejada (problema 3.26).

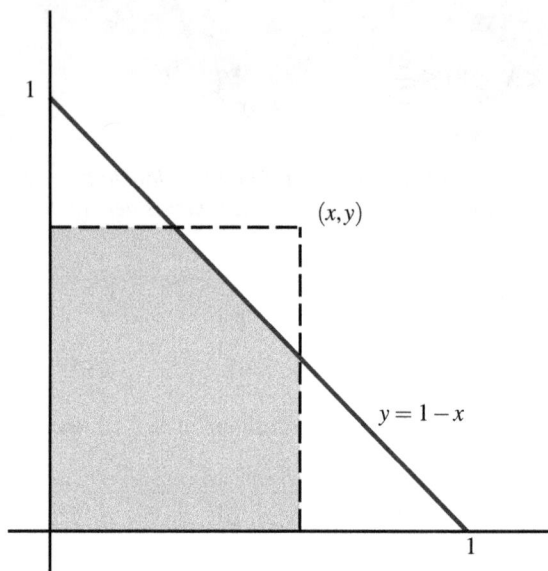

(a) Perquè sigui funció de densitat, cal que $\int_{\mathbb{R}} \int_{\mathbb{R}} f(x,y)\, dxdy = 1$. És a dir,

$$\int_{x=0}^{x=1} \int_{y=0}^{y=1-x} (2kx + 2ky)\, dydx = 1 \Leftrightarrow \int_{x=0}^{x=1} \left(2kx(1-x) + k(1-x)^2 \right)\, dx$$

$$= 1 \Leftrightarrow \tfrac{2}{3}k = 1 \Leftrightarrow k = \tfrac{3}{2}$$

(b) La funció de distribució es defineix com

$$F(x,y) = P(X \leq x, Y \leq y) = \int_{s=-\infty}^{s=x} \int_{t=-\infty}^{t=y} f(s,t)\, dtds.$$

La funció de distribució la calculem de forma diferent, en funció de les regions definides a la figura 3.28. Les diferents regions corresponen als conjunts del pla següents:

$$A = \{(x,y) \in \mathbb{R}^2 \mid x \leq 0 \text{ o bé } y \leq 0\}$$
$$B = \{(x,y) \in \mathbb{R}^2 \mid 0 < x < 1,\ 0 < y < 1-x\}$$
$$C = \{(x,y) \in \mathbb{R}^2 \mid 0 < x < 1,\ 1-x < y < 1\}$$
$$D = \{(x,y) \in \mathbb{R}^2 \mid 0 < x < 1,\ y \geq 1\}$$
$$E = \{(x,y) \in \mathbb{R}^2 \mid x \geq 1,\ 0 < y < 1\}$$
$$F = \{(x,y) \in \mathbb{R}^2 \mid x \geq 1 \text{ i } y \geq 1\}$$

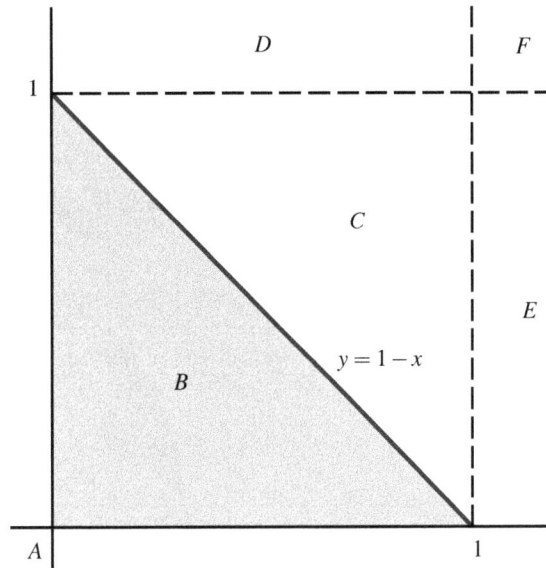

3.28
L'àrea ombrejada representa la regió sobre la qual es defineix la variable aleatòria bidimensional. Per al càlcul de la funció de distribució d'un punt genèric (x, y), necessitem dividir el pla en les diferents regions que s'hi poden observar (problema 3.26).

Si $(x,y) \in A$, aleshores $F(x,y) = 0$.

Si $(x,y) \in B$, aleshores

$$F(x,y) = \int_{s=0}^{s=x} \int_{t=0}^{t=y} f(s,t)dtds = \frac{3}{2}yx^2 + \frac{3}{2}y^2x.$$

Si $(x,y) \in C$, aleshores

$$F(x,y) = \int_{s=0}^{s=1-y} \int_{t=0}^{t=y} f(s,t)dtds + \int_{s=1-y}^{s=x} \int_{t=0}^{t=1-s} f(s,t)dtds$$

$$= -\frac{1}{2}y^3 + \frac{3}{2}y + \frac{3}{2}x - 1 - \frac{1}{2}x^3.$$

Si $(x,y) \in D$, aleshores

$$F(x,y) = \int_{s=0}^{s=x} \int_{t=0}^{t=1-s} f(s,t)dtds = \frac{3}{2}x - \frac{1}{2}x^3.$$

Si $(x,y) \in E$, aleshores

$$F(x,y) = \int_{s=0}^{s=1-y} \int_{t=0}^{t=y} f(s,t)dtds + \int_{s=1-y}^{s=1} \int_{t=0}^{t=1-s} f(s,t)dtds = \frac{3}{2}y - \frac{1}{2}y^3.$$

Aquesta integral també es pot plantejar de forma anàloga a la regió D:

$$F(x,y) = \int_{t=0}^{t=y} \int_{s=0}^{s=1-t} f(s,t)dsdt = \frac{3}{2}y - \frac{1}{2}y^3.$$

3.29
Funció de densitat
conjunta $f(x, y)$ del
problema 3.26 i càlcul de
la funció de distribució
conjunta per a diferents
regions.

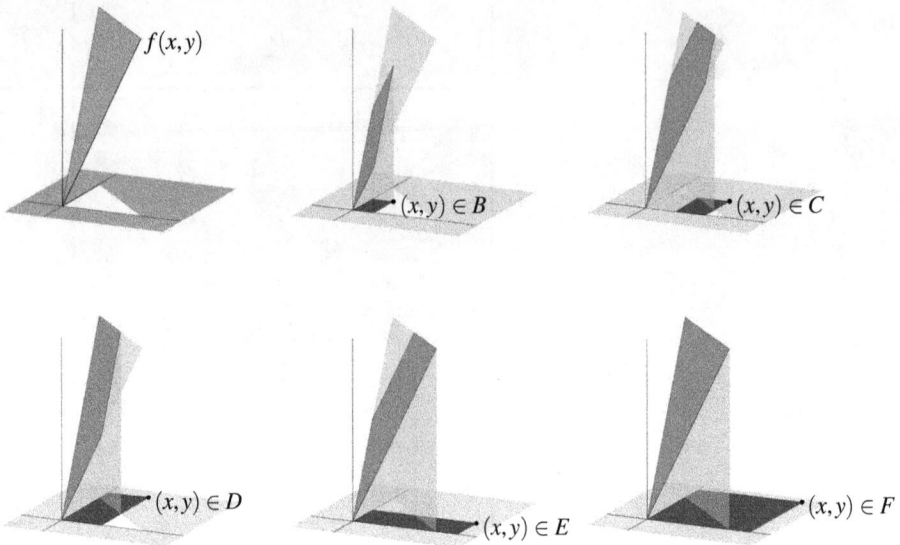

Si $(x,y) \in F$, aleshores

$$F(x,y) = \int_{s=0}^{s=1} \int_{t=0}^{t=1-s} f(s,t)\,dt\,ds = 1.$$

(c) Amb relació a la variable X, la funció de densitat marginal és

$$f_X(x) = \begin{cases} 0, & x \le 0 \\ \int_{y=0}^{y=1-x} f(x,y)\,dy = -\dfrac{3}{2}x^2 + \dfrac{3}{2}, & 0 < x < 1 \\ 0, & x \ge 1 \end{cases}$$

i la seva funció de distribució marginal,

$$F_X(x) = \begin{cases} 0, & x \le 0 \\ \int_{s=0}^{s=x} f_X(s)\,ds = -\dfrac{1}{2}x^3 + \dfrac{3}{2}x, & 0 < x < 1 \\ 1, & x \ge 1 \end{cases}$$

Amb relació a la variable Y, la funció de densitat marginal és

$$f_Y(y) = \begin{cases} 0, & y \le 0 \\ \int_{x=0}^{x=1-y} f(x,y)\,dx = -\dfrac{3}{2}y^2 + \dfrac{3}{2}, & 0 < y < 1 \\ 0, & y \ge 1 \end{cases}$$

i la seva funció de distribució marginal,

$$F_Y(y) = \begin{cases} 0, & y \le 0 \\ \displaystyle\int_{t=0}^{t=y} f_Y(t)df = -\frac{1}{2}y^3 + \frac{3}{2}y, & 0 < y < 1 \\ 1, & y \ge 1 \end{cases}$$

(d) La funció de densitat condicionada $f_{X|Y=y}(x)$ es defineix com

$$f_{X|Y=y}(x) = \frac{f(x,y)}{f_Y(y)} = \frac{3x+3y}{-\frac{3}{2}y^2 + \frac{3}{2}} = \frac{6(x+y)}{-3y^2+3}, \quad 0 < y < 1, \, 0 < x < 1-y$$

i la funció de densitat condicionada $f_{Y|X=x}(y)$, com

$$f_{Y|X=x}(y) = \frac{f(x,y)}{f_X(x)} = \frac{3x+3y}{-\frac{3}{2}x^2 + \frac{3}{2}} = \frac{6(x+y)}{-3x^2+3}, \quad 0 < x < 1, \, 0 < y < 1-x$$

Les corresponents funcions de distribució condicionades són

$$F_{X|Y=y}(x) = \begin{cases} 0, & 0 < y < 1, \, x < 0 \\ \displaystyle\int_{s=0}^{s=x} f_{X|Y=y}(s)ds = -\frac{x(x+2y)}{y^2-1}, & 0 < y < 1, \, 0 < x < 1-y \\ 1, & 0 < y < 1, \, x \ge 1-y \end{cases}$$

$$F_{Y|X=x}(y) = \begin{cases} 0, & 0 < x < 1, \, y < 0 \\ \displaystyle\int_{t=0}^{t=y} f_{Y|X=x}(t)dt = -\frac{y(y+2x)}{x^2-1}, & 0 < x < 1, \, 0 < y < 1-x \\ 1, & 0 < x < 1, \, y \ge 1-y \end{cases}$$

(e) $E(X) = \displaystyle\int_{x=0}^{x=1} x f_X(x)dx = \frac{3}{8}$

$E(Y) = \displaystyle\int_{y=0}^{y=1} y f_Y(y)dy = \frac{3}{8}$

(f) Per tal de calcular les variàncies de les variables X i Y, hi apliquem el resultat de Steiner:

$$VAR(X) = E(X^2) - [E(X)]^2.$$

Així doncs, primerament calculem $E(X^2)$ i $E(Y^2)$:

$$E(X^2) = \int_{x=0}^{x=1} x^2 f_X(x)dx = \frac{1}{5} \qquad E(Y^2) = \int_{y=0}^{y=1} y^2 f_Y(y)dy = \frac{1}{5}$$

Per tant,

$$VAR(X) = E(X^2) - [E(X)]^2 = \frac{1}{5} - \left(\frac{3}{8}\right)^2 = \frac{19}{320} \approx 0.059375$$

$$VAR(Y) = E(Y^2) - [E(Y)]^2 = \frac{1}{5} - \left(\frac{3}{8}\right)^2 = \frac{19}{320} \approx 0.059375$$

(g) $Cov(X,Y) = \displaystyle\int_{x=0}^{x=1} \int_{y=0}^{y=1-x} (x - E(X))(y - E(Y)) f(x,y)\, dy\, dx = -\frac{13}{320} \approx -0.040625$

(h) Com que $Cov(X,Y) \neq 0$, les variables aleatòries X i Y no són ni independents ni incorrelacionades.

(i) La probabilitat $P(X \in Q)$ és equivalent al càlcul de $F(a,a)$. Aleshores, en funció del valor de a, tenim que

- Si $0 < a < \dfrac{1}{2}$ (regió B), aleshores $P(X \in Q) = F(a,a) = 3a^3$.

- Si $\dfrac{1}{2} < a < 1$ (regió C, aleshores $P(X \in Q) = F(a,a) = -a^3 + 3a - 1$.

- Si $a \geq 1$ (regió F, aleshores $P(X \in Q) = F(a,a) = 1$.

Si som a la regió B, per buscar el valor de a de manera que $P(X \in Q) = \frac{1}{2}$, resolem l'equació

$3a^3 = \dfrac{1}{2}$, que no té cap solució en el rang $\left(0, \dfrac{1}{2}\right)$.

3.30
Busquem el valor del paràmetre a que fa que $F(a, a)$ sigui ½ (problema 3.26(i)).

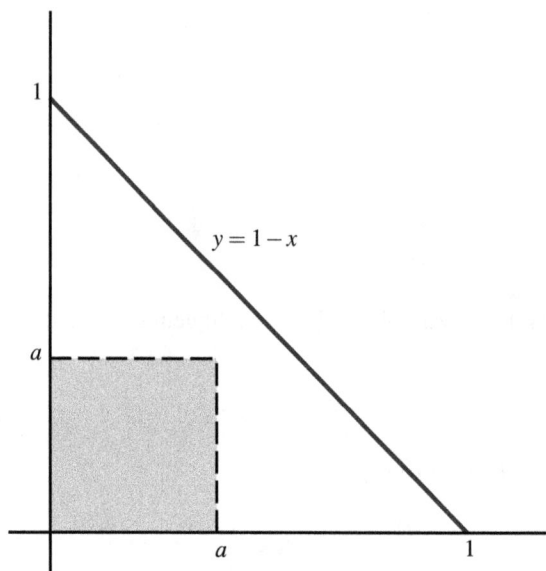

Si som a la regió C, l'equació que hem de resoldre és

$$-a^3 + 3a - 1 = \frac{1}{2},$$

que té com a solució plausible $a = 0.55787$.

Problema 3.27 *Donada la variable aleatòria bidimensional contínua (X,Y) amb funció de densitat conjunta*

$$f(x) = \begin{cases} k(2x + 3y^2), & 0 < x < 1,\ 0 < y < 1 \\ 0, & altrament \end{cases}$$

Calculeu:

(a) *La constant k.*

(b) *Les funcions de distribució conjunta, marginals i condicionades.*

(c) $P(X \leq 0.1; Y \leq 0.2)$.

(d) *El valor de a tal que $P(0.6 < X \leq a) = 0.1$.*

(e) $P(X \leq 0.4 | Y = 0.6)$

Solució

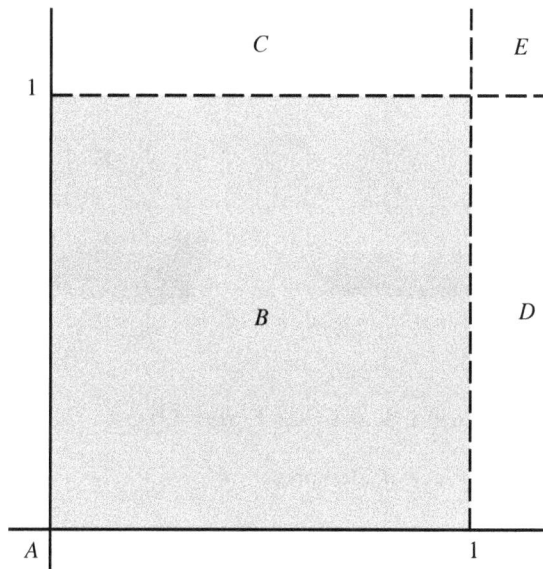

3.31
L'àrea ombrejada representa la regió sobre la qual es defineix la variable aleatòria bidimensional. Per al càlcul de la funció de distribució d'un punt genèric (x, y), necessitem dividir el pla en les diferents regions que s'hi poden observar (problema 3.27).

(a) La constant k la trobem imposant que f sigui funció de densitat:

$$\int_0^1 \int_0^1 k(2x + 3y^2)\,dxdy = 2k = 1 \Leftrightarrow k = \frac{1}{2}.$$

(b) La funció de distribució la calculem de forma diferent, en funció de les regions definides a la figura 3.31. Les diferents regions corresponen als conjunts del pla següents:

$$A = \{(x,y) \in \mathbb{R}^2 \mid x \leq 0 \text{ o bé } y \leq 0\}$$

$$B = \{(x,y) \in \mathbb{R}^2 \mid 0 < x < 1,\ 0 < y < 1\}$$

$$C = \{(x,y) \in \mathbb{R}^2 \mid 0 < x < 1,\ y \geq 1\}$$

$$D = \{(x,y) \in \mathbb{R}^2 \mid x \geq 1,\ 0 < y < 1\}$$

$$E = \{(x,y) \in \mathbb{R}^2 \mid x \geq 1,\ y \geq 1\}$$

3.32
Funció de densitat conjunta $f(x, y)$ del problema 3.27, càlcul de la funció de distribució conjunta per a diferents regions i funció de distribució conjunta $F(x, y)$.

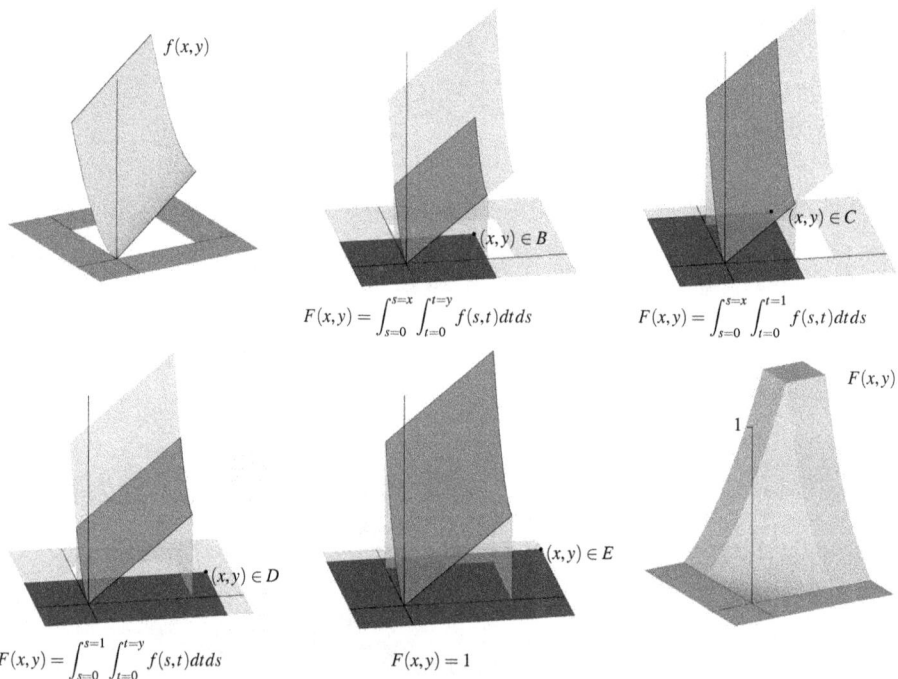

$$F(x,y) = \int_{s=0}^{s=x} \int_{t=0}^{t=y} f(s,t)\,dt\,ds$$

$$F(x,y) = \int_{s=0}^{s=x} \int_{t=0}^{t=1} f(s,t)\,dt\,ds$$

$$F(x,y) = \int_{s=0}^{s=1} \int_{t=0}^{t=y} f(s,t)\,dt\,ds$$

$$F(x,y) = 1$$

Si $(x,y) \in A$, aleshores $F(x,y) = 0$.

Si $(x,y) \in B$, aleshores

$$F(x,y) = \int_{s=0}^{s=x} \int_{t=0}^{t=y} f(s,t)\,dt\,ds = \frac{1}{2}y^3 x + \frac{1}{2}yx^2.$$

Si $(x,y) \in C$, aleshores

$$F(x,y) = \int_{s=0}^{s=x} \int_{t=0}^{t=1} f(s,t)\,dt\,ds = \frac{1}{2}x + \frac{1}{2}x^2.$$

Si $(x,y) \in D$, aleshores

$$F(x,y) = \int_{s=0}^{s=1} \int_{t=0}^{t=y} f(s,t)dtds = \frac{1}{2}y^3 + \frac{1}{2}y.$$

Si $(x,y) \in E$, aleshores

$$F(x,y) = \int_{s=0}^{s=1} \int_{t=0}^{t=1} f(s,t)dtds = 1.$$

Per al càlcul de les funcions de distribució marginals, calculem primer les funcions de densitat marginals:

$$f_X(x) = \begin{cases} 0, & x \leq 0 \\ \int_{y=0}^{y=1} f(x,y)dy = \frac{1}{2} + x, & 0 < x < 1 \\ 0, & x \geq 1 \end{cases}$$

$$f_Y(y) = \begin{cases} 0, & y \leq 0 \\ \int_{x=0}^{x=1} f(x,y)dy = \frac{1}{2} + \frac{3}{2}y^2, & 0 < y < 1 \\ 0, & y \geq 1 \end{cases}$$

Aleshores,

$$F_X(x) = \begin{cases} 0, & x \leq 0 \\ \int_{s=0}^{s=x} f_X(s)ds = \frac{1}{2}x + \frac{1}{2}x^2, & 0 < x < 1 \\ 1, & x \geq 1 \end{cases}$$

$$F_Y(y) = \begin{cases} 0, & y \leq 0 \\ \int_{t=0}^{t=y} f_Y(t)dt = \frac{1}{2}y^3 + \frac{1}{2}y, & 0 < y < 1 \\ 1, & y \geq 1 \end{cases}$$

La funció de densitat condicionada $f_{X|Y=y}(x)$ es defineix com

$$f_{X|Y=y}(x) = \frac{f(x,y)}{f_Y(y)} = \frac{x + \frac{3}{2}y^2}{\frac{1}{2} + \frac{3}{2}y^2} = \frac{2x + 3y^2}{1 + 3y^2}, \quad 0 < x < 1,\ 0 < y < 1$$

i la funció de densitat condicionada $f_{Y|X=x}(y)$, com

$$f_{Y|X=x}(y) = \frac{f(x,y)}{f_X(x)} = \frac{x + \frac{3}{2}y^2}{\frac{1}{2} + x} = \frac{2x + 3y^2}{1 + 2x}, \quad 0 < x < 1,\ 0 < y < 1$$

Les corresponents funcions de distribució condicionades són

$$F_{X|Y=y}(x) = \begin{cases} 0, & 0 < y < 1,\, x < 0 \\ \displaystyle\int_{s=0}^{s=x} f_{X|Y=y}(s)ds = \frac{x(x+3y^2)}{1+3y^2}, & 0 < y < 1,\, 0 < x < 1 \\ 1, & 0 < y < 1,\, x \geq 1 \end{cases}$$

$$F_{Y|X=x}(y) = \begin{cases} 0, & 0 < x < 1,\, y < 0 \\ \displaystyle\int_{t=0}^{t=y} f_{Y|X=x}(t)dt = \frac{y(y^2+2x)}{1+2x}, & 0 < x < 1,\, 0 < y < 1 \\ 1, & 0 < x < 1,\, y \geq 1 \end{cases}$$

(c) Atès que el punt $(0.1, 0.2) \in B$, aleshores

$$P(X \leq 0.1; Y \leq 0.2) = F(0.1, 0.2) = \frac{1}{2}y^3x + \frac{1}{2}yx^2 \Big|_{x=0.1,\, y=0.2} = \frac{7}{5000} = 0.0014.$$

(d) Sabem que $P(0.6 < X \leq a) = F_X(a) - F_X(0.6)$. Aleshores,

$$F_X(a) - F_X(0.6) = \left(\frac{1}{2}a + \frac{1}{2}a^2\right) - \left(\frac{1}{2}\cdot 0.6 + \frac{1}{2}\cdot 0.6^2\right) = \frac{1}{2}a + \frac{1}{2}a^2 - 0.48 = 0.1 \Rightarrow$$
$$a = -\frac{1}{2} \pm \frac{1}{10}\sqrt{141}$$

Si ens quedem amb la solució positiva, tenim que

$$a = -\frac{1}{2} + \frac{1}{10}\sqrt{141} \approx 0.68740.$$

(e) $P(X \leq 0.4 | Y = 0.6) = F_{X|Y=0.6}(0.4) = \dfrac{x(x+3y^2)}{1+3y^2}\Big|_{x=0.4,\, y=0.6} = \dfrac{37}{130} \approx 0.28462.$

Problema 3.28 *Es consideren dues variables aleatòries X i Y, amb funció de probabilitat i de densitat, respectivament,*

$$P(X=k) = \begin{cases} \binom{n}{k}p^k(1-p)^{n-k}, & k = 0,1,2,\ldots,n \\ 0, & \text{altrament} \end{cases}$$

$$f_Y(x) = \begin{cases} \lambda e^{-\lambda x}, & x \geq 0 \\ 0, & \text{altrament} \end{cases}$$

Es demana:

(a) *Comproveu que tant P com f defineixen una probabilitat.*
(b) *Calculeu-ne les esperances i les variàncies.*
(c) *Calculeu els mínims valors de a i b tals que $P(X \geq a) \geq 1/2$ i $P(Y \geq b) \geq 1/2$.*

Solució

(a) D'una banda, per les propietats del binomi de Newton,

$$\sum_{k=0}^{n} \binom{n}{k} p^k (1-p)^{n-k} = (p+1-p)^n = 1.$$

D'altra banda, $\int_0^\infty \lambda e^{-\lambda x} = 1$.

(b) Pel problema 3.15, $E(X) = np$ i $VAR(X) = np(1-p)$.

(c) Per trobar el que es demana, cal calcular-ne les medianes. Per a la binomial, es considera que, com que per a n grans $\mathscr{B}(n,p) \approx N(np, np(1-p))$ (vegeu el capítol següent per a més detalls), aleshores $a = \lfloor np \rfloor$. Per a la variable Y,

$$\int_0^{M_e} \lambda e^{-\lambda x} = \left[-e^{-\lambda x} \right]_0^{M_e} = 0.5 \Leftrightarrow M_e = \frac{\ln(2)}{\lambda}.$$

En conclusió, $b = \dfrac{\ln(2)}{\lambda}$.

Problema 3.29 *Siguin X i Y dues variables aleatòries, on $Y = aX + b$ i a i b són constants. Vegeu que el coeficient de correlació és $\rho_{XY} = sgn(a)$, on $sgn(a)$ és el signe de a.*

Solució

$$\rho_{XY} = \frac{Cov(X,Y)}{\sqrt{VAR(X)VAR(Y)}} = \frac{Cov(X, aX+b)}{\sqrt{VAR(X)VAR(aX+b)}}$$

$$= \frac{aCov(X,X)}{\sqrt{a^2 VAR(X)VAR(X)}} = \frac{aVAR(X)}{|a|VAR(X)} = sgn(a)$$

Problema 3.30 *La producció d'una fàbrica es pot destinar a dos mercats. Els marges bruts de guany vénen donats per les variables X_1 i X_2, on sabem que $VAR(X_1) = 32.56$ i $VAR(X_2) = 21.97$ i que $\rho_{X_1 X_2} = -4.31$. Considerem, com a funció de risc de guany, la funció*

$$R = VAR(\alpha X_1 + (1-\alpha)X_2)$$

on α indica la partició de vendes. Calculeu el valor de α que minimitza el risc.

Solució

En primer lloc, desenvolupem l'expressió de la funció de risc de guany:

$$R = VAR(\alpha X_1 + (1-\alpha)X_2) = VAR(\alpha X_1) + VAR((1-\alpha)X_2) + 2Cov(\alpha X_1, (1-\alpha)X_2)$$

$$= \alpha^2 VAR(X_1) + (1-\alpha)^2 VAR(X_2) + 2\alpha(1-\alpha)Cov(X_1, X_2)$$

3.33
Funció de densitat de la
variable aleatòria contínua
del problema 3.30
i el seu mínim α_{min}

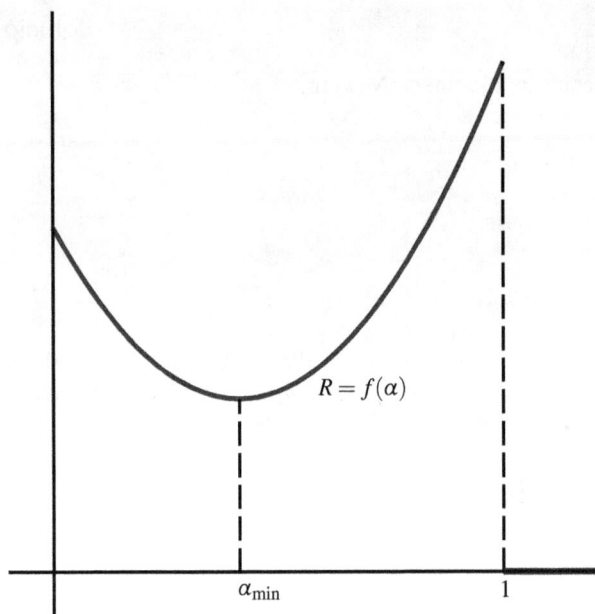

Per a minimitzar el risc, s'imposa la condició de mínim:

$$\frac{dR}{d\alpha} = \frac{d}{d\alpha}\left(\alpha^2 VAR(X_1) + (1-\alpha)^2 VAR(X_2) + 2\alpha(1-\alpha)Cov(X_1,X_2)\right) = 0$$

Operant, obtenim

$$\frac{dR}{d\alpha} = 2\alpha VAR(X_1) - 2(1-\alpha)VAR(X_2) + 2(1-2\alpha)Cov(X_1,X_2) = 0 \Leftrightarrow \alpha \approx 0.416152$$

Problema 3.31 *Escollim un nombre X a l'atzar a l'interval $[0,1]$. Fixat X, triem un nombre Y a l'interval $[X,1]$. Determineu:*

(a) La llei conjunta (X,Y) i la llei de Y.
(b) El valor mitjà de XY.

Solució

(a) Com que els punts els escollim a l'atzar, X segueix una distribució uniforme en $[0,1]$ i, un cop fixat X, Y –condicionada a aquesta X– també segueix una distribució uniforme en $[X,1]$. És a dir,

$$f_X(x) = \begin{cases} 1, & 0 < x < 1 \text{ ;} \\ 0, & \text{altrament} \end{cases}$$

$$f_{Y|X=x}(y) = \begin{cases} \frac{1}{1-x}, & x < y < 1 \\ 0, & \text{altrament} \end{cases}$$

La llei conjunta (X,Y) es calcula per mitjà de la condicionada:

$$f_{(X,Y)}(x,y) = f_{Y|X=x}(y)f_X(x) = \frac{1}{1-x}, \quad 0 < x < y < 1$$

Finalment,
$$f_Y(y) = \int_{x=0}^{x=y} f_{(X,Y)}(x,y)\,dx = \int_{x=0}^{x=y} \frac{1}{1-x}\,dx$$
$$= -\ln(1-y) + \ln(1) = -\ln(1-y), \quad y \in (0,1).$$

(b) $E(XY) = \int_{x=0}^{x=1} \int_{y=x}^{y=1} xy f_{(X,Y)}(x,y)\,dydx = \int_{x=0}^{x=1} \int_{y=x}^{y=1} xy\frac{1}{1-x}\,dxdy = \frac{5}{12}.$

Problema 3.32 *Siguin $X = \sum_{k=1}^{n} kZ_k$ i $Y = \sum_{k=1}^{n} Z_k$ dues variables aleatòries, on Z_k són variables aleatòries independents de mitjana μ i de variància σ^2.*

(a) Calculeu $E(X)$ i $VAR(X)$.

(b) Calculeu la covariància i la correlació entre X i Y.

Solució

(a) $\quad E(X) = E\left(\sum_{k=1}^{n} kZ_k\right) = \sum_{k=1}^{n} E(kZ_k) = \sum_{k=1}^{n} kE(Z_k) = \sum_{k=1}^{n} k\mu = \mu\frac{n(n+1)}{2}$

$VAR(X) = VAR\left(\sum_{k=1}^{n} kZ_k\right) = \sum_{k=1}^{n} VAR(kZ_k) = \sum_{k=1}^{n} k^2 VAR(Z_k) = \sum_{k=1}^{n} k^2\sigma^2$

$= \sigma^2 \frac{n(n+1)(2n+1)}{6}$

(b) $Cov(X,Y) = Cov\left(\sum_{k=1}^{n} kZ_k, \sum_{k=1}^{n} Z_k\right) = \sum_{k=1}^{n} Cov(kZ_k, Z_k) = \sum_{k=1}^{n} kVAR(Z_k) = \sigma^2 \frac{n(n+1)}{2}$

$\rho_{XY} = \dfrac{\sigma^2 \dfrac{n(n+1)}{2}}{\sqrt{VAR(X)VAR(Y)}} = \dfrac{\sigma^2 \dfrac{n(n+1)}{2}}{\sqrt{n\sigma^2}\sqrt{\sigma^2 \sum_{k=1}^{n} k^2}} = \dfrac{\sqrt{6}}{2}\dfrac{n+1}{\sqrt{(n+1)(2n+1)}}$

Problema 3.33 *Si la variable X segueix una llei normal amb una mitjana 0 i una variància σ^2 (podeu trobar la funció de densitat al capítol següent), doneu la densitat i la distribució de $Y = |X|$.*

Solució

Si $y < 0$, $F_y(y) = 0$. Per $y \geq 0$, tenim que $P(Y \leq y) = P(|X| \leq y) = P(-y \leq X \leq y) = F_X(y) - F_X(-y)$.

Finalment, la densitat

$$f_Y(y) = f_X(y) + f_X(-y) = \frac{2}{\sqrt{2\pi\sigma^2}} e^{\frac{-y^2}{2\sigma^2}}$$

Problema 3.34 *Siguin X_1 i X_2 variables aleatòries independents que segueixen la mateixa llei:*

$$f_{X_i}(x) = \begin{cases} 1 & 0 < x < 1 \\ 0 & altrament \end{cases}$$

Trobeu la llei de la variable $Z = X + Y$.

Solució

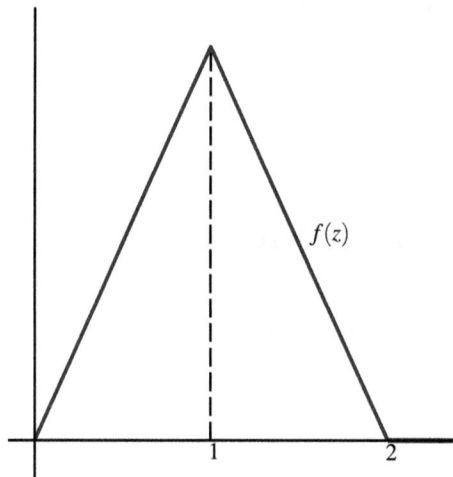

3.34
Funció de densitat de la
variable $Z = X + Y$ del
problema 3.34.
Observeu que, en ser la
gràfica de la funció
simètrica respecte del
valor 1, aquest valor és
alhora l'esperança i la
mediana.

Per trobar la llei de Z, en determinem primer la distribució. És clar que

$F_Z(z) = 0$ si $z < 0$ i $F_Z(z) = 1$, si $z > 1$.

Com que són independents, la seva densitat conjunta és

$f_{(X,Y)}(x,y) = 1, \quad x \in (0,1), \quad y \in (0,1)$.

Per a $z \in (0,1)$,

$$F_Z(z) = P(X+Y \leq z) = \int_{x+y \leq z} 1 \, dxdy = \frac{z^2}{2}$$

Per a $z \in (1,2)$,

$$F_Z(z) = P(X+Y \leq z) = \int_{x+y \leq z} f_{(X,Y)} \, dxdy = 1 - \frac{(2-z)^2}{2}.$$

Finalment,

$$f_Z(z) = \begin{cases} z, & 0 \le z \le 1 \\ 2 - z, & 1 < z \le 2 \\ 0, & \text{altrament} \end{cases}$$

Models probabilístics en l'enginyeria

"La vie n'est bonne qu'à deux choses:
découvrir les mathématiques et enseigner les mathématiques."

Siméon-Denis Poisson, 1781-1840.

L'objectiu d'aquest capítol és determinar distribucions que puguin servir de model a diferents fenòmens aleatoris. Moltes variables aleatòries associades a experiments estadístics tenen propietats similars i es poden descriure essencialment amb la mateixa distribució de probabilitat. Això ens porta a l'elaboració d'una sèrie de distribucions tipus.

4.1. Models de distribucions discretes

Distribució uniforme discreta

Si una variable aleatòria X pren n valors $x_1, \ldots, x_n$ amb la mateixa probabilitat, diem que segueix una *distribució uniforme discreta* de paràmetre n, on $n = 1, 2, \ldots$. Per exemple, a l'experiment aleatori de tirar un dau perfecte de sis cares, se segueix una distribució uniforme discreta de paràmetre $n = 6$.

La funció de probabilitat d'una variable uniforme discreta és

$$f_X(x_i) = P(X = x_i) = \frac{1}{n}, \quad i = 1, \ldots, n$$

i les seves característiques principals són

$$E(X) = \frac{1}{n} \sum_{i=1}^{n} x_i,$$

$$VAR(X) = \frac{1}{n} \sum_{i=1}^{n} x_i^2 - \left(\frac{1}{n} \sum_{i=1}^{n} x_i \right)^2.$$

Observació 4.1 *Un cas particular es produeix quan $x_1 = 1, x_2 = 2, \ldots, x_n = n$. Aleshores, la funció de probabilitat es pot escriure de la manera següent:*

$$P(X = k) = \frac{1}{n}, \quad k = 1, \ldots, n.$$

Les seves característiques principals són

$$E(X) = \sum_{i=1}^{n} \frac{i}{n} = \frac{1}{n} \sum_{i=1}^{n} i = \frac{1}{n} \frac{n(n+1)}{2} = \frac{n+1}{2},$$

$$VAR(X) = \frac{1}{n} \sum_{i=1}^{n} i^2 - \left(\frac{1}{n} \sum_{i=1}^{n} i \right)^2 = \frac{1}{n} \frac{n(n+1)(2n+1)}{6} - \left(\frac{n+1}{2} \right)^2 = \frac{n^2 - 1}{12}$$

Distribució de Bernoulli

Considerem un experiment aleatori qualsevol i a cada realització de la prova estudiem si es compleix un esdeveniment A o no. Per exemple, en tirar un dau, considerem l'esdeveniment A="treure un 6". Suposem també que l'experiment aleatori consistent a observar si es compleix A es pot repetir de manera que el resultat en una prova sigui *independent* del que s'hagi l'obtingut en proves precedents. A més, suposem que coneixem la probabilitat p que té l'esdeveniment A de complir-se i sabem que aquesta es manté constant en les realitzacions successives. Un experiment aleatori d'aquest tipus s'anomena *experiment de Bernoulli*.

La variable aleatòria X, que compta el nombre d'èxits a fer l'experiment una vegada, es diu que segueix una *distribució de Bernoulli* de paràmetre p, on p és la probabilitat d'èxit ($0 \leq p \leq 1$) i $q = 1 - p$ és la probabilitat de fracàs. Ho escriurem de la manera següent $X \hookrightarrow b(p)$.

La seva funció de probabilitat s'expressa

$$f_X(k) = P(X = k) = p^k \cdot (1 - p)^{1-k}, \quad k = 0, 1.$$

Les seves característiques són

$$E(X) = p,$$

$$VAR(X) = pq.$$

Distribució binomial

Es realitzen n experiments independents de Bernoulli (usualment, n repeticions independents del mateix experiment), on la probabilitat d'èxit és sempre p. Es diu aleshores que s'han realitzat n *tirades* de Bernoulli de paràmetre p. La variable X, nombre d'èxits obtinguts en les n tirades, segueix una *distribució binomial* de paràmetres n i p. Es denota per $X \hookrightarrow \mathscr{B}(n,p)$.

La seva funció de probabilitat es pot expressar de la manera següent:

$$f_X(k) = P(X = k) = \binom{n}{k} p^k (1 - p)^{n-k}, \quad k = 0, 1, \ldots, n.$$

Les seves característiques són

$$E(X) = np,$$

$$VAR(X) = npq.$$

La demostració d'aquestes propietats la podeu trobar al problema 3.15.

Observació 4.2 *Una variable binomial, $\mathscr{B}(n,p)$, es pot obtenir sumant n variables de Bernoulli de paràmetre p i independents, que representarien el resultat de cada tirada.*

Observació 4.3 *La distribució binomial és* reproductiva, *és a dir, donades $X_1,\ldots,X_m$, m variables binomials independents amb el mateix paràmetre p, $X_j \hookrightarrow \mathscr{B}(n_j,p)$, la variable $X = X_1 + \cdots + X_m$ és també binomial. Més concretament:*

$$X \hookrightarrow \mathscr{B}(n_1 + \cdots + n_m, p).$$

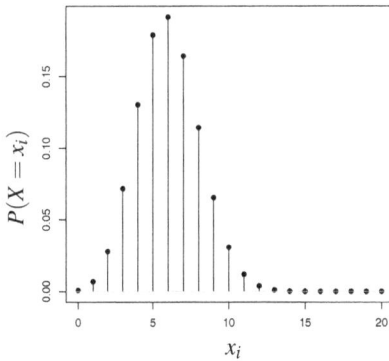

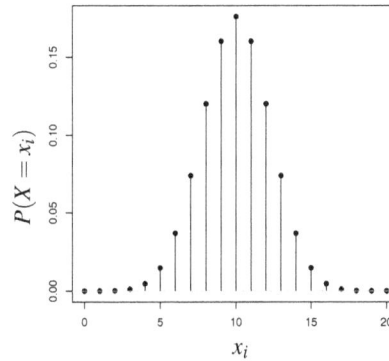

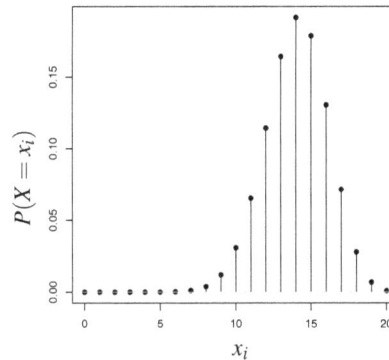

4.1
Funció de probabilitat d'una distribució binomial de paràmetres $n = 20$ i $p = 0.3$ (a dalt a l'esquerra), $p = 0.5$ (a dalt a la dreta) i $p = 0.7$ (a baix).

Distribució de Poisson

Considerem un experiment, que consisteix a observar l'aparició d'un esdeveniment puntual, A, en un interval continu de temps o d'espai.

Per exemple, comptar el nombre de vehicles que passen per un lloc determinat durant un interval de temps, anotar el nombre de plantes d'una espècie determinada que hi ha en un metre quadrat de bosc, etc. Aquest tipus d'experiment s'anomena *experiment de Poisson*.

Característiques d'un experiment de Poisson

Les característiques generals d'un experiment de Poisson són:

- Els successos s'esdevenen aleatòriament i de manera independent en un interval continu d'espai o de temps.
- La probabilitat que dos esdeveniments ocorrin simultàniament pot considerar-se negligible o nul·la.
- Es produeix un comportament uniforme en el sentit que, a llarg termini, el nombre mitjà de vegades λ que s'esdevé el succés A és constant per unitat d'observació.

Considerem la variable aleatòria X, que compta el nombre d'observacions de l'esdeveniment A que s'ha fet en realitzar un experiment de Poisson.

La funció de probabilitat associada a aquesta variable aleatòria X, que depèn només de la seva mitjana λ, rep el nom de *distribució de Poisson* de paràmetre λ i se simbolitza amb $X \hookrightarrow \mathscr{P}(\lambda)$.

La seva funció de probabilitat és

$$f_X(k) = P(X = k) = e^{-\lambda} \cdot \frac{\lambda^k}{k!}, \quad k = 0, 1 \ldots$$

Les seves característiques són

$$E(X) = \lambda,$$

$$VAR(X) = \lambda.$$

Demostració

$$E(X) = \sum_{k=0}^{\infty} e^{-\lambda} \cdot k \cdot \frac{\lambda^k}{k!} = e^{-\lambda} \sum_{k=1}^{\infty} e^{-\lambda} \cdot \lambda \cdot \frac{\lambda^{k-1}}{(k-1)!} = e^{-\lambda} \lambda \sum_{k=0}^{\infty} \frac{\lambda^k}{(k)!} = \lambda$$

Per a la variància, observem que

$$E(X^2) = \sum_{k=0}^{\infty} e^{-\lambda} \cdot k^2 \cdot \frac{\lambda^k}{k!} =$$

$$= \sum_{k=0}^{\infty} e^{-\lambda} \cdot k(k-1) \cdot \frac{\lambda^k}{k!} + \sum_{k=0}^{\infty} e^{-\lambda} \cdot k \cdot \frac{\lambda^k}{k!} = e^{-\lambda} \sum_{k=0}^{\infty} \lambda^2 \frac{\lambda^{k-2}}{(k-2)!} + \lambda = \lambda^2 + \lambda$$

d'on, per tant, $VAR(X) = E(X^2) - (E(X))^2 = \lambda^2 + \lambda - \lambda^2 = \lambda$. ■

Proposició 4.3 *La distribució binomial $\mathscr{B}(n,p)$, quan $n \to \infty$ i $p \to 0$, tendeix a la distribució de Poisson:*

$$\lim_{n \to \infty} \mathscr{B}(n,p) = \mathscr{P}(\lambda),$$

on suposem que el producte np es manté constant i igual a λ.

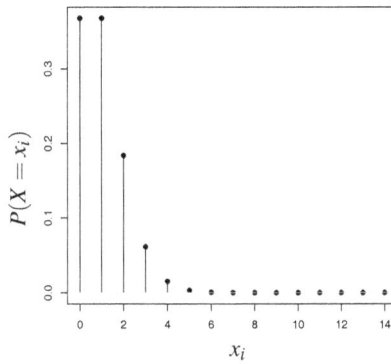

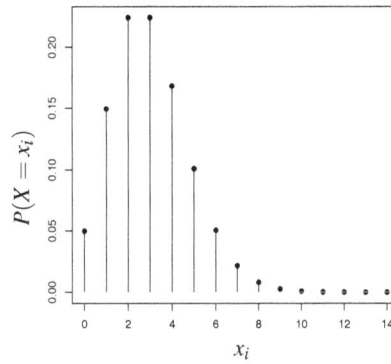

4.2
Funció de probabilitat
d'una distribució de
Poisson de paràmetres
$\lambda = 1$ (a dalt a l'esquerra),
$\lambda = 3$ (a dalt a la dreta) i
$\lambda = 5$ (a baix).

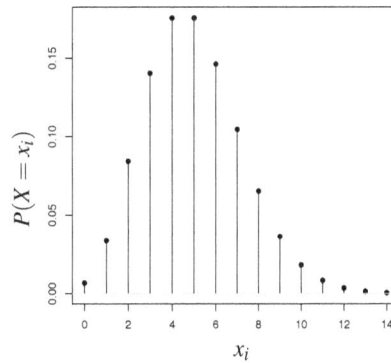

Demostració. Sigui $X \hookrightarrow \mathscr{B}(n,p)$. La seva funció de probabilitat és

$$f_X(k) = \binom{n}{k} p^k (1-p)^{n-k}$$

Aleshores, prenent el límit simultani de $p \to 0$ i $n \to \infty$, de manera que $np = \lambda$ constant, tenim que

$$\lim_{n \to \infty, p \to 0} \mathscr{B}(n,p) = \lim_{n \to \infty, p \to 0} \binom{n}{k} p^k (1-p)^{n-k} =$$

$$= \lim_{n \to \infty, p \to 0} \frac{n \cdot (n-1) \cdots (n-k+1)!}{k!} p^k (1-p)^n (1-p)^{-k}$$

Observem que

$$\lim_{n \to \infty, p \to 0} (1-p)^n = e^{\lim_{n \to \infty, p \to 0} [n((1-p)-1)]} = e^{\lim_{n \to \infty, p \to \infty} -\lambda} = e^{-\lambda}$$

De la mateixa manera,

$$\lim_{n \to \infty, p \to 0} \frac{n \cdot (n-1) \cdots (n-k+1)!}{k!} p^x = \lim_{n \to \infty, p \to 0} \frac{np \cdot (np - p) \cdots (np - p(k-1))!}{k!}$$

$$= \lim_{p \to 0} \frac{\lambda \cdot (\lambda - p) \cdots (\lambda - p(k-1))!}{k!} = \lim_{p \to 0} \frac{\lambda^k + \mathcal{O}(p)}{k!} = \frac{\lambda^k}{k!}$$

Finalment,

$$\lim_{p \to 0} (1-p)^{-k} = 1$$

I, com que el límit que volíem calcular és el producte d'aquests tres límits,

$$\lim_{n \to \infty, p \to 0} \mathscr{B}(n,p) = e^{-\lambda} \cdot \frac{\lambda^k}{k!},$$

demostrem el que volíem veure. ∎

Observació 4.4 *En la distribució binomial, si n és gran i la probabilitat p que té l'esdeveniment d'ocórrer és petita, de manera que $q = 1 - p$ és pròxim a 1, es diu que l'esdeveniment és* estrany o rar.

A la pràctica, un esdeveniment es pot considerar estrany si el nombre de repeticions és $n \geq 50$, i el producte np és inferior a 5.

En aquests casos, la distribució binomial s'aproxima per la distribució de Poisson amb $\lambda = np$, encara que, depenent de la tolerància que ens permetin, es poden obtenir bones aproximacions a partir de $n \geq 30$ i $p \approx 0,1$.

Distribució geomètrica

Es realitzen successius experiments independents de Bernoulli amb la mateixa probabilitat d'èxit p.

La variable X, que compta el nombre de fracassos abans del primer èxit, segueix una *distribució geomètrica* de paràmetre p ($0 < p \leq 1$), amb funció de probabilitat

$$f_X(k) = P(X = k) = (1-p)^k \cdot p, \quad k = 0, 1, \dots$$

Denotem aquesta distribució per $X \hookrightarrow \mathscr{G}(p)$.

Les seves característiques són

$$E(X) = \frac{1-p}{p},$$

$$VAR(X) = \frac{1-p}{p^2}.$$

Si considerem la variable Y, que compta el nombre de repeticions de l'experiment fins al primer èxit, diem que segueix una *distribució geomètrica modificada* de paràmetre p ($0 < p \leq 1$), amb funció de probabilitat

$$f_Y(k) = P(Y = k) = (1-p)^k - 1 \cdot p, \quad k = 1, 2, \dots$$

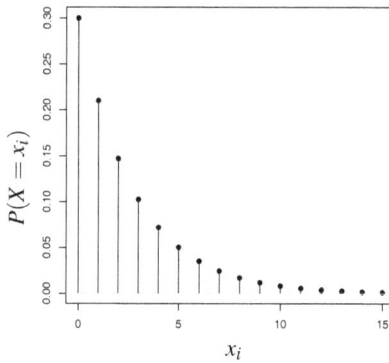

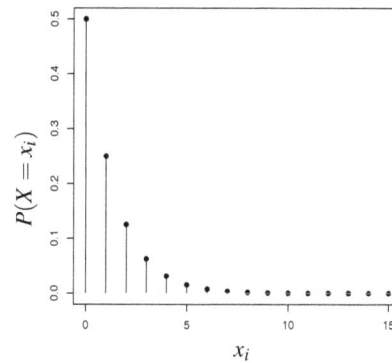

4.3
Funció de probabilitat
d'una distribució
geomètrica de
paràmetres $p = 0.3$
(a dalt a l'esquerra),
$p = 0.5$ (a dalt a la dreta) i
$p = 0.7$ (a baix).

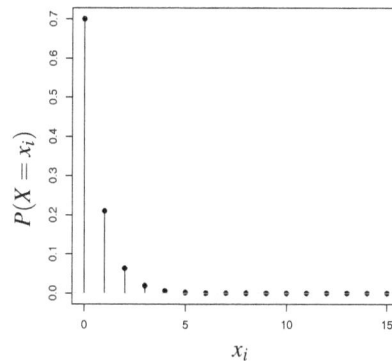

Denotem aquesta distribució per $Y \hookrightarrow \mathscr{G}^\star(p)$.

Les seves característiques són

$$E(Y) = \frac{1}{p},$$

$$VAR(Y) = \frac{1-p}{p^2}.$$

Observació 4.5 *Noteu que, si $X \hookrightarrow \mathscr{G}(p)$ i $Y \hookrightarrow \mathscr{G}^\star(p)$, aleshores*

$$Y = X + 1.$$

La demostració d'aquestes propietats la podeu trobar al problema 3.14.

Observació 4.6 *La distribució geomètrica satisfà una propietat important, anomenada* falta de memòria *o* oblit*: si X és una variable aleatòria amb distribució geomètrica, aleshores*

$$P(X \geq m + n \mid X \geq m) = P(X \geq n), \quad n, m = 0, 1, \dots$$

Aquesta propietat caracteritza la distribució geomètrica entre les distribucions discretes que prenen valors enters no negatius.

Distribució binomial negativa

Es realitzen successius experiments independents de Bernoulli amb la mateixa probabilitat d'èxit p.

La variable X, que compta el nombre de fracassos abans del r-èsim èxit, segueix una *distribució binomial negativa* de paràmetres r i p ($r = 1, 2, \ldots,$ i $0 < p \le 1$), amb funció de probabilitat

$$f_X(k) = P(X = k) = \binom{k+r-1}{k}(1-p)^k p^r, \quad k = 0, 1 \ldots$$

La forma abreujada d'aquesta distribució és $X \hookrightarrow \mathscr{BN}(r,p)$.

Les seves característiques són

$$E(X) = \frac{r(1-p)}{p},$$

$$VAR(X) = \frac{r(1-p)}{p^2}.$$

Si considerem ara la variable Y, que compta el nombre de repeticions fins a aconseguir el r-èsim èxit, aquesta variable segueix una *distribució binomial negativa modificada* de paràmetres r i p ($r = 1, 2, \ldots,$ i $0 < p \le 1$), amb funció de probabilitat

$$f_Y(k) = P(Y = k) = \binom{k-1}{r-1}(1-p)^{k-r} p^r, \quad k = r, r+1, \ldots$$

La forma abreujada d'aquesta distribució és $Y \hookrightarrow \mathscr{BN}^*(r,p)$.

Les seves característiques són

$$E(X) = \frac{r}{p},$$

$$VAR(Y) = \frac{r(1-p)}{p^2}.$$

Observació 4.7 *La distribució binomial negativa deu el nom al fet que la seva funció de probabilitat és equivalent a la d'una binomial, però prenent el nombre combinatori en negatiu:*

$$f_X(k) = P(X = k) = \binom{-r}{k}(1-p)^k p^r, \quad k = 0, 1 \ldots$$

on

$$\binom{-r}{k} = \frac{(-r) \cdot (-r-1) \cdots (-r-(k-1))}{k!}$$

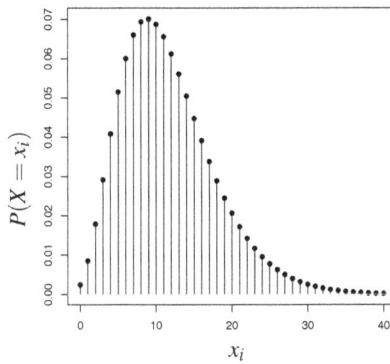

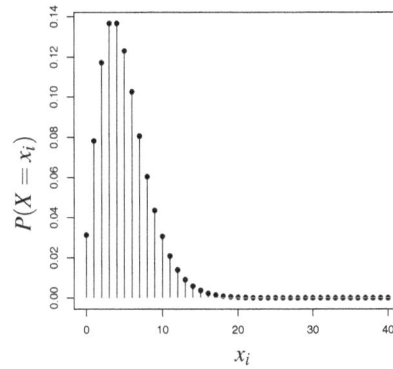

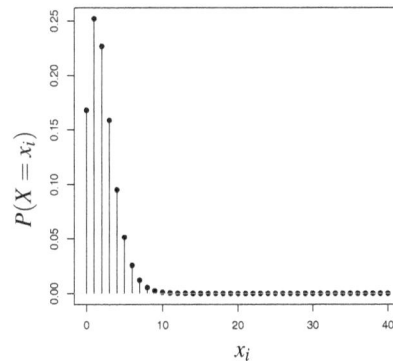

4.4
Funció de probabilitat
d'una distribució binomial
negativa
de paràmetres $r = 5$ i
$p = 0.3$ (a dalt a
l'esquerra), $p = 0.5$ (a
dalt a la dreta) i $p = 0.7$
(a baix).

Distribució hipergeomètrica

Considerem l'exemple següent:

Exemple 4.1 *Tenim una baralla de cartes ($N = 48$), de les quals només ens interessa el pal de copes ($D = 12$ cartes del mateix tipus). Suposem que, d'aquesta baralla, en traiem $n = 8$ cartes, sense reemplaçament, i ens preguntem quina és la probabilitat que hi hagi $k = 2$ copes (exactament) en aquesta extracció.*

La resposta a aquest problema és

$$P(X = k) = P(X = 2) = \frac{\binom{D}{k} \cdot \binom{N-D}{n-k}}{\binom{N}{n}} = \frac{\binom{12}{2} \cdot \binom{36}{6}}{\binom{48}{8}},$$

on hem aplicat la regla de Laplace per al càlcul de la probabilitat: "casos favorables entre casos possibles".

Si, enlloc de fer servir com a dada D, ens indiquen la proporció existent, p, entre el nombre total de copes i el nombre de cartes de la baralla,

$$p = \frac{D}{N} = \frac{12}{48} = \frac{1}{4} \Rightarrow D = N \cdot p, \quad N - D = N \cdot \underbrace{(1 - p)}_{q}$$

Aleshores, la fórmula queda

$$P(X = k) = \frac{\binom{N \cdot p}{k} \cdot \binom{N \cdot q}{n-k}}{\binom{N}{n}}.$$

Diem, en general, que una variable aleatòria X segueix una distribució hipergeomètrica de paràmetres N (grandària total), n (grandària de la mostra) i p (proporció d'èxits), cosa que es representa com a $X \hookrightarrow \mathcal{HG}(N, n, p)$, si la seva funció de probabilitat és

$$f_X(k) = P(X = k) = \frac{\binom{N \cdot p}{k} \cdot \binom{N \cdot q}{n-k}}{\binom{N}{n}},$$

on $\max\{0, n - Nq\} \leq k \leq \min\{n, Np\}$.

Les seves característiques són

$$E(X) = np,$$

$$VAR(X) = npq\frac{N-n}{N-1}.$$

Observació 4.8 *Quan la grandària de la població N és molt gran, la llei hipergeomètrica tendeix a la binomial, és a dir,*

$$\lim_{N \to \infty} \mathcal{HG}(N, n, p) = \mathcal{B}(n, p)$$

4.5
Funció de probabilitat d'una distribució hipergeomètrica de paràmetres $N = 48$, $n = 8$ i $p = 1/3$ (a dalt a l'esquerra), $p = 1/4$ (a dalt a la dreta) i $p = 1/6$ (a baix).

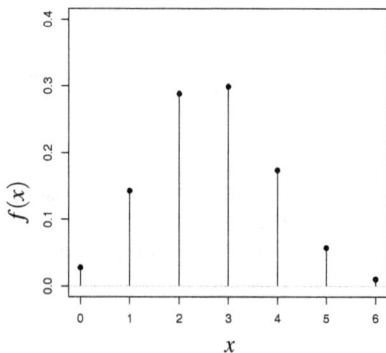

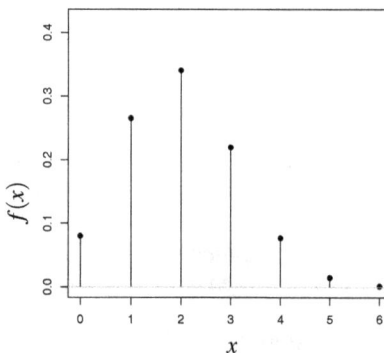

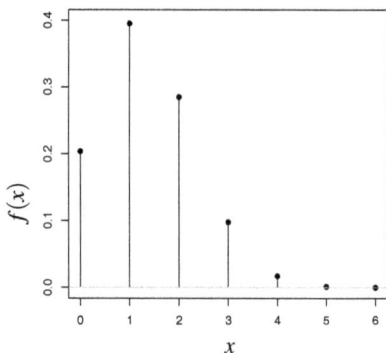

4.2. Models de distribucions contínues

Distribució uniforme contínua

Una variable aleatòria X segueix una *distribució uniforme contínua* de paràmetres a i b ($a, b \in \mathbb{R}$, $a < b$) si la seva funció de densitat és

$$f_X(x) = \begin{cases} \dfrac{1}{b-a}, & a < x < b \\[2ex] 0, & \text{altrament} \end{cases}$$

Ho expressarem abreujadament de la manera següent: $X \hookrightarrow \mathcal{U}(a,b)$.

Les seves característiques principals són

$$E(X) = \frac{b+a}{2},$$

$$VAR(X) = \frac{(b-a)^2}{12}.$$

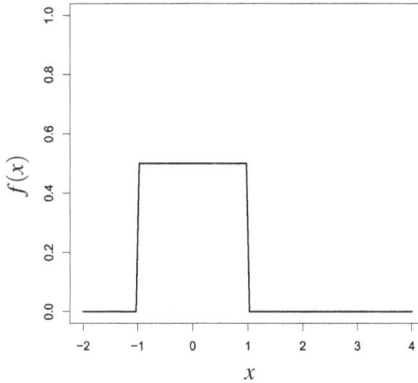

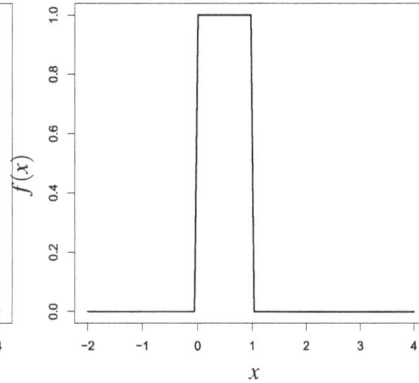

4.6
Funció de densitat d'una distribució uniforme contínua de paràmetres $a = -1$ i $b = 1$ (a dalt a l'esquerra), $a = 0$ i $b = 1$ (a dalt a la dreta) i $a = 0$ i $b = 3$ (a baix).

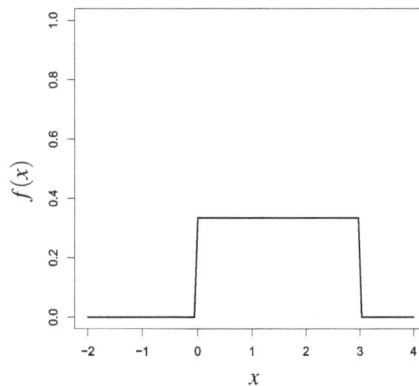

En efecte,

$$E(X) = \int_a^b x \frac{1}{b-a} dx = \frac{b+a}{2}$$

$$E(X^2) = \int_a^b x^2 \frac{1}{b-a} dx = \frac{b^3-a^3}{3(b-a)}$$

$$VAR(X) = E(X^2) - [E(X)]^2 = \frac{b^3-a^3}{3(b-a)} - \left(\frac{b+a}{2}\right) = \frac{(b-a)^2}{12}.$$

Propietats

(i) Si X segueix una distribució $\mathcal{U}(a,b)$, la variable $Y = cX + d$, amb $c \neq 0$, segueix també una distribució uniforme a l'interval $(ca+d, cb+d)$ si $c > 0$, o a l'interval $(cb+d, ca+d)$ si $c < 0$.

(ii) Si X és una variable aleatòria contínua, amb F_X estrictament creixent en el camp de variació de X, aleshores $Y = F_X(X)$ té una distribució $\mathcal{U}(0,1)$.

Demostració. Demostrarem la segona propietat. La primera es deixa com a exercici per al lector.

És clar que el recorregut de Y és $[0,1]$. Per tant, $F_Y(y) = 0$ per $y < 0$ i $F_Y(y) = 1$ per $y \geq 1$. Per a $0 < y < 1$, tenim

$$F_Y(y) = P[Y \leq y] = P[F_X(X) \leq y] = P[X \leq F_X^{-1}(y)] = F_X(F_X^{-1}(y)) = y$$

on a la segona igualtat hem utilitzat la bijectivitat i el manteniment de la desigualtat que es deriven del fet que F_X sigui estrictament creixent.

Com que $f = \frac{d}{dy} F_Y$, obtenim

$$f(y) = \begin{cases} 1, & 0 < y < 1 \\ 0, & \text{altrament} \end{cases}$$ ∎

Distribució normal

És l'exemple més important de distribució de probabilitat associada a una variable aleatòria contínua. La seva importància és que molts fenòmens segueixen aquesta distribució.

Es diu que una variable aleatòria té una distribució normal si la seva funció de densitat és

$$f(x) = \frac{1}{\sigma\sqrt{2\pi}} e^{-\frac{(x-\mu)^2}{2\sigma^2}}, \quad -\infty < x < \infty.$$

La funció depèn de dos paràmetres μ i σ, i s'expressa com $X \hookrightarrow N(\mu, \sigma)$.

Propietats de la distribució normal

(i) $f_X(x)$ és simètrica respecte de la recta $x = \mu$.

(ii) L'eix x és una asímptota a la corba.

(iii) $f_X(x)$ té un màxim de valor $\frac{1}{\sigma\sqrt{2\pi}}$ per a $x = \mu$.

(iv) Té dos punts d'inflexió, a $x = \mu - \sigma$ i a $x = \mu + \sigma$.

(v) La moda i la mediana valen μ.

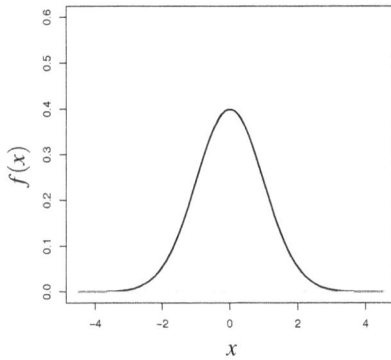
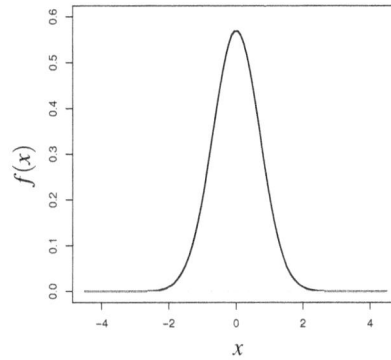

4.7
Funció de densitat d'una distribució normal de paràmetres $\mu = 0$ i $\sigma = 1$ (a dalt a l'esquerra), $\sigma = 0.7$ (a dalt a la dreta) i $\sigma = 1.3$ (a baix).

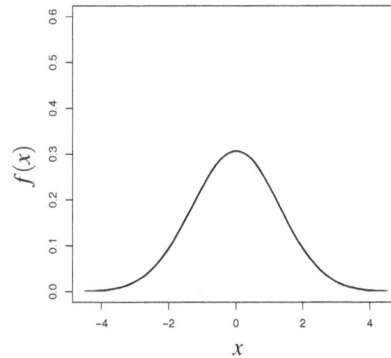

Demostració

(i) Cal veure que $f(\mu + x) = f(\mu - x)$.

$$f(\mu + x) = \frac{1}{\sigma \sqrt{2\pi}} e^{-\frac{(x)^2}{2\sigma^2}} = \frac{1}{\sigma \sqrt{2\pi}} e^{-\frac{(-x)^2}{2\sigma^2}} = f(\mu - x)$$

(ii) $\lim\limits_{x \to \pm\infty} f(x) = \lim\limits_{x \to \pm\infty} \frac{1}{\sigma \sqrt{2\pi}} e^{-\frac{(x-\mu)^2}{2\sigma^2}} = 0$ ja que, donada $k > 0$, $\lim\limits_{x \to \infty} e^{-kx} = 0$

(iii) Imposem la condició necessària d'extrem, és a dir, que la derivada s'anul·li:

$$\frac{d}{dx} f(x) = \frac{d}{dx} \frac{1}{\sigma \sqrt{2\pi}} e^{-\frac{(x-\mu)^2}{2\sigma^2}} = \frac{1}{\sigma \sqrt{2\pi}} e^{-\frac{(x-\mu)^2}{2\sigma^2}} \left(-\frac{2(x-\mu)}{2\sigma^2} \right)$$

$$= 0 \Leftrightarrow 2(x - \mu) = 0 \Leftrightarrow x = \mu$$

Per veure que és màxim, basta comprovar que la segona derivada en $x = \mu$ és negativa:

$$\frac{d^2}{dx^2} f(x) = \frac{1}{\sigma \sqrt{2\pi}} e^{-\frac{(x-\mu)^2}{2\sigma^2}} \left(\frac{4(x-\mu)^2}{4\sigma^4} - \frac{2}{2\sigma^2} \right) \Rightarrow \frac{d^2}{dx^2} f(\mu) = \frac{-1}{\sigma^3 \sqrt{2\pi}} < 0$$

Finalment, el seu valor és

$$f(\mu) = \frac{1}{\sigma\sqrt{2\pi}}.$$

(iv) En efecte, els punts en què s'anul·la la segona derivada són les arrels de

$$\frac{(x-\mu)^2}{\sigma^4} - \frac{1}{\sigma^2}.$$

Aquestes són $x = \mu - \sigma$ i $x = \mu + \sigma$.

(v) Per la propietat (iii), la moda és μ, i per la propietat (i), també és la mediana. ∎

Característiques de la distribució normal

Proposició 4.4 *Si una variable aleatòria X és $N(\mu,\sigma)$, aleshores la seva esperança matemàtica és*

$$E(X) = \mu$$

i la seva variància és

$$VAR(X) = \sigma^2.$$

Demostració. Per a la demostració d'aquestes dues característiques, cal tenir presents els resultats següents:

- $\displaystyle\int_{-\infty}^{\infty} e^{-\frac{1}{2}x^2} dx = \sqrt{2\pi}.$

- $\displaystyle\int_{-\infty}^{\infty} x e^{-\frac{1}{2}x^2} dx = 0.$

- $\displaystyle\int_{-\infty}^{\infty} x^2 e^{-\frac{1}{2}x^2} dx = \sqrt{2\pi}.$

El segon és una integral directa i el tercer, una integral per parts, que es resol fàcilment. El primer comporta, però, una certa dificultat tècnica. Per a provar-lo, observem que, denotant per $A = \int_{-\infty}^{\infty} e^{-\frac{1}{2}x^2}\, dx$, tenim

$$A^2 = \left(\int_{-\infty}^{\infty} e^{-\frac{1}{2}x^2}\, dx\right)\left(\int_{-\infty}^{\infty} e^{-\frac{1}{2}y^2}\, dy\right) = \int_{-\infty}^{\infty}\int_{-\infty}^{\infty} e^{-\frac{1}{2}(x^2+y^2)}\, dx\, dy$$

Canviant a coordenades polars, la integral resulta

$$A^2 = \int_0^{\infty}\int_0^{2\pi} e^{-\frac{1}{2}r^2} r\, dr\, d\theta = 2\pi \cdot \left[e^{-\frac{1}{2}r^2}\right]_0^{\infty} = 2\pi \Rightarrow A = \sqrt{2\pi}$$

Podem calcular ara l'esperança i la variància de la distribució $X = N(\mu,\sigma)$. En tots dos casos, considerem el canvi de variable $x = y\sigma + \mu$:

$$E(X) = \int_{-\infty}^{\infty} \frac{x}{\sigma\sqrt{2\pi}} e^{-\frac{(x-\mu)^2}{2\sigma^2}} \, dx = \int_{-\infty}^{\infty} \frac{y\sigma+\mu}{\sqrt{2\pi}} e^{-\frac{y^2}{2}} \, dy$$

$$= \frac{\mu}{\sqrt{2\pi}} \int_{-\infty}^{\infty} e^{-\frac{y^2}{2}} \, dy + \frac{\sigma}{\sqrt{2\pi}} \int_{-\infty}^{\infty} y e^{-\frac{y^2}{2}} \, dy = \mu + 0 = \mu$$

Per a la variància, calculem primer $E(X^2)$:

$$E(X^2) = \int_{-\infty}^{\infty} \frac{x^2}{\sigma\sqrt{2\pi}} e^{-\frac{(x-\mu)^2}{2\sigma^2}} \, dx = \int_{-\infty}^{\infty} \frac{y^2\sigma^2+2y\sigma\mu+\mu^2}{\sqrt{2\pi}} e^{-\frac{y^2}{2}} \, dy$$

$$= \frac{\sigma^2}{\sqrt{2\pi}} \int_{-\infty}^{\infty} y^2 e^{-\frac{y^2}{2}} \, dy + \frac{2\sigma\mu}{\sqrt{2\pi}} \int_{-\infty}^{\infty} y e^{-\frac{y^2}{2}} \, dy + \frac{\mu^2}{\sqrt{2\pi}} \int_{-\infty}^{\infty} e^{-\frac{y^2}{2}} \, dy = \sigma^2 + \mu^2$$

Finalment, $VAR(X) = E(X^2) - (E(X))^2 = \sigma^2 + \mu^2 - \mu^2 = \sigma^2$ ∎

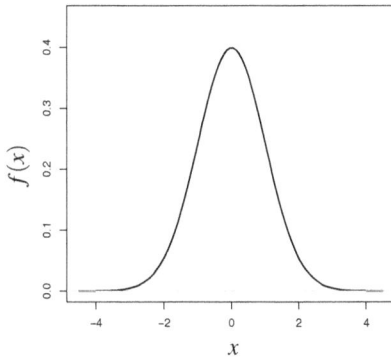

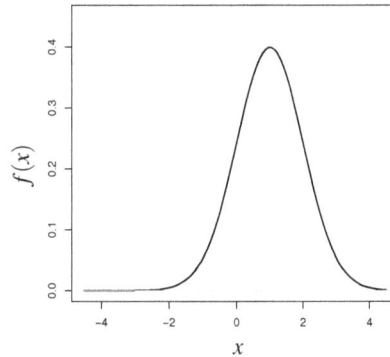

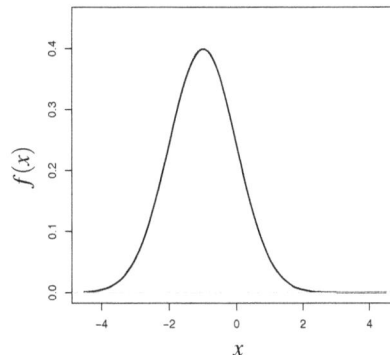

4.8
Funció de densitat d'una distribució normal de paràmetres $\sigma = 1$ i $\mu = 0$ (a dalt a l'esquerra), $\mu = 1$ (a dalt a la dreta) i $\mu = -1$ (a baix).

Funció de distribució de la llei normal

La funció de distribució de la llei normal és

$$F_X(x) = P(X \le x) = \frac{1}{\sigma\sqrt{2\pi}} \int_{-\infty}^{x} e^{-\frac{(t-\mu)^2}{2\sigma^2}} \, dt,$$

que no té una expressió explícita.

Llei normal tipificada

Si la mitjana μ val 0 i σ val 1, la llei normal corresponent es denomina *llei normal tipificada*.

La seva funció de densitat és

$$f_X(x) = \frac{1}{\sqrt{2\pi}} e^{-\frac{x^2}{2}}, \quad x \in \mathbb{R}.$$

Els valors de l'àrea sota la corba normal tipificada, és a dir, els valors de

$$\int_{-\infty}^{x} f(t)dt, \qquad \int_{0}^{x} f(t)dt$$

estan tabulats per als diferents valors de x.

Si hem de calcular la llei normal per a un valor μ diferent de 0, i σ diferent de 1, fent el canvi de variable

$$Z = \frac{X - \mu_X}{\sigma_X}$$

s'obté la llei normal tipificada.

Per tant, per fer els càlculs utilitzant les taules, passarem a la llei normal tipificada i després tornarem a la llei d'origen.

És a dir,

$$P(x_1 \leq X \leq x_2) = P(z_1 \leq Z \leq z_2),$$

on $z_i = \dfrac{x_i - \mu_X}{\sigma_X}$.

Més propietats de la distribució normal

Es pot comprovar que, en tota distribució normal, a l'interval:

- $[\mu - \sigma, \mu + \sigma]$ es troba el 68.27% de la distribució.
- $[\mu - 2\sigma, \mu + 2\sigma]$ es troba el 95.45% de la distribució.
- $[\mu - 3\sigma, \mu + 3\sigma]$ es troba el 99.73% de la distribució.

Per tant, el fet de saber que les dades segueixen una distribució normal ens permet donar uns intervals més precisos que els que dóna la desigualtat de Txebitxev.

- Quan $k = 1$, el 0.00%, davant del 68.27%.
- Quan $k = 2$, el 75.00%, davant del 95.45%.
- Quan $k = 3$, el 88.89%, davant del 99.73%.

Exemple 4.2 (Resistència del formigó i llei normal) *Una planta de fabricació de formigó té una producció que segueix una llei normal de mitjana* $187\frac{kg}{cm^2}$ *i desviació tipus* $9\frac{kg}{cm^2}$.

(a) *Calculeu la probabilitat que la resistència del formigó estigui compresa entre 178 i* $190\frac{kg}{cm^2}$.

(b) *Calculeu la resistència mínima del formigó que es pot garantir amb un risc d'error del 5% (resistència característica). [Les normes actuals del formigó defineixen la resistència característica d'aquest material com el valor per al qual valors més baixos de resistència tenen freqüències d'aparició inferiors al 5%, és a dir, el valor que representa un grau de confiança del 95%.]*

(c) *Calculeu entre quins valors simètrics respecte a la mitjana estarà compresa la resistència del formigó en el 80% dels casos.*

Per resoldre l'apartat (a)*, cal tipificar la variable X que determina la resistència del formigó i consultar les taules de probabilitat de la* $N(0,1)$,

$$Z = \frac{X-187}{9} \hookrightarrow N(0,1)$$

Aleshores,

$$P(178 < X < 190) = P\left(\frac{178-187}{9} < Z < \frac{190-187}{9}\right) \equiv P\left(-1 < Z < \frac{1}{3}\right) \approx 0.4719$$

La qüestió (b) *demana trobar el valor z de la variable tipificada tal que* $P(Z < z) = 0.05$. *Bo i consultant les taules de la* $N(0,1)$*, es troba que aquest valor és* $z = -1.65$. *Tornant a la variable inicial, obtenim que la resistència característica és 172.15.*

L'apartat (c) *es resol també a partir de la variable tipificada Z. Cal buscar el valor z tal que* $P(-z < Z < z) = 0.8$. *Aquest valor és* $z = 1.285$. *Per tant, la resistència del formigó estarà compresa, en un 80% dels casos, entre 175.435 i 198.565.*

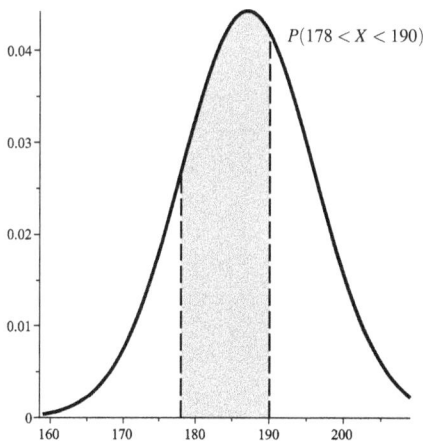

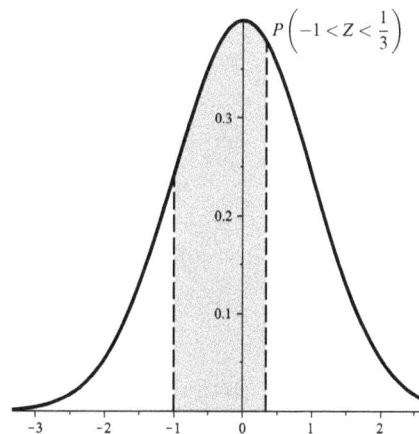

4.9
El càlcul de la probabilitat $P(178 < X < 190)$ és equivalent al càlcul de la probabilitat $P(-1 < Z < 1/3)$, on ara Z és una variable aleatòria que segueix una distribució normal tipificada (exemple 4.2).

4.10
Equivalència per al càlcul de $P(-1 < Z < 1/3)$ en termes de la funció de distribució (exemple 4.2).

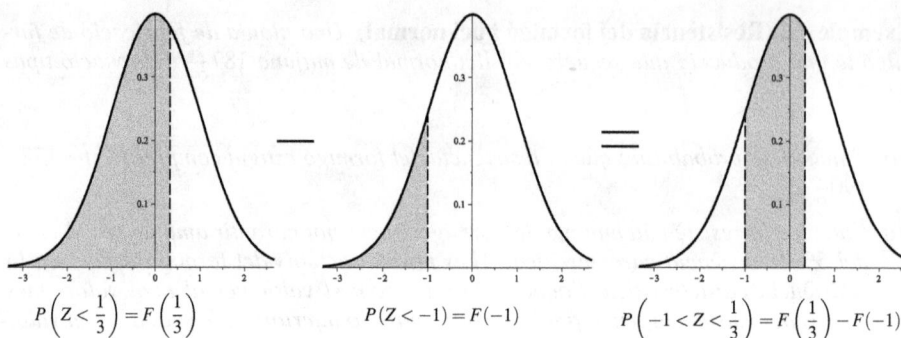

$$P\left(Z < \frac{1}{3}\right) = F\left(\frac{1}{3}\right)$$

$$P(Z < -1) = F(-1)$$

$$P\left(-1 < Z < \frac{1}{3}\right) = F\left(\frac{1}{3}\right) - F(-1)$$

Ús de la taula de la llei normal tipificada i interpolació lineal

La taula que hi ha al final del llibre dóna els valors de la funció de distribució de la llei normal tipificada, per a valors positius i amb una resolució de dos decimals. Per exemple, consultant la taula, podeu calcular directament el valor $F_Z(1.23) = 0.8907$. Anomenem $\Phi(z)$ el valor donat per la taula de la funció de distribució en el punt z.

Per a d'altres situacions, utilitzeu les equivalències següents:

- Si $z > 0$, aleshores $P(Z \geq z) = 1 - P(Z \leq z) = 1 - \Phi(z)$.
- Si $z < 0$, aleshores $P(Z \leq z) = 1 - P(Z \leq -z) = 1 - \Phi(-z)$.
- Si $z < 0$, aleshores $P(Z \geq z) = P(Z \leq -z) = \Phi(-z)$.

4.11
Càlcul de $P(Z \geq z)$ per a $z > 0$.

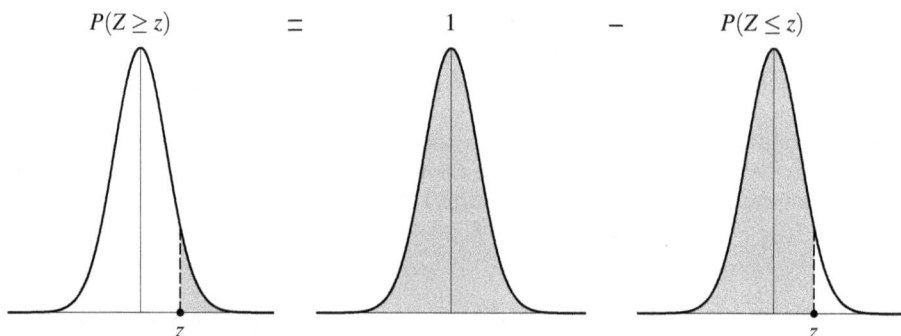

4.12
Càlcul de $P(Z \leq z)$ per a $z < 0$.

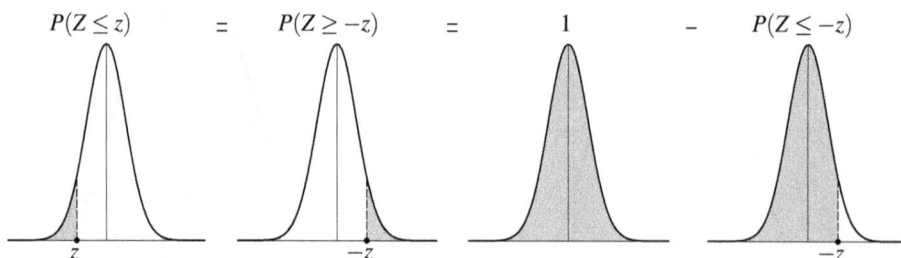

Si el valor z del qual volem calcular $\Phi(z)$ conté més de dues xifres decimals, hem d'interpolar linealment. Considereu l'exemple següent:

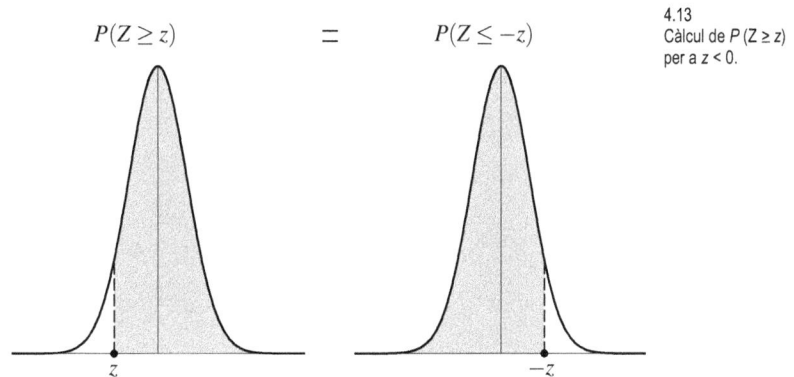

$$P(Z \geq z) \qquad = \qquad P(Z \leq -z)$$

4.13
Càlcul de $P(Z \geq z)$
per a $z < 0$.

Exemple 4.3 *Si volem calcular $F_Z(1.332)$ per a $z = 1.332$, considerem $a = 1.33$ i $b = 1.34$. Aleshores, tenim que*

$$F_Z(z) = \Phi(a) + \frac{\Phi(b) - \Phi(a)}{b-a} \cdot (z-a),$$

que dóna com a resultat $F_Z(z) = 0.90854$.

També ens pot passar que busquem el valor de z tal que $F_Z(z)$ tingui un valor que no surti explícitament a la taula. En aquest cas, també, hem d'aplicar interpolació lineal. Considereu l'exemple següent:

Exemple 4.4 *Si volem calcular el valor de z tal que $F_Z(z) = 0.8877$, busquem els valors a i b tals que*

$$\Phi(a) < 0.8877 < \Phi(b).$$

En aquest cas,

$$a = 1.21$$
$$b = 1.22$$

Aleshores,

$$z = a + \frac{b-a}{\Phi(b) - \Phi(a)} \cdot (F_Z(z) - \Phi(a)),$$

que dóna com a resultat

$$z = 1.214210526.$$

Aproximació de la llei binomial per la llei normal

Les probabilitats dels esdeveniments que segueixen una llei binomial $\mathscr{B}(n,p)$ quan n és gran es fan molt difícils de calcular, si no es disposa d'un ordinador.

Vegem una manera de calcular aproximadament aquesta probabilitat diferent de l'aproximació per la llei de Poisson, que requeria p petita, a més de n gran. Com sabem, l'esperança matemàtica i la variància de la llei binomial són

$$E(X) = np,$$
$$VAR(X) = np(1-p).$$

4.14
Anomenem $\Phi(z)$ el valor donat per la taula de la funció de distribució en el punt z.

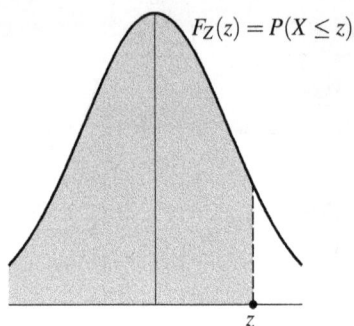

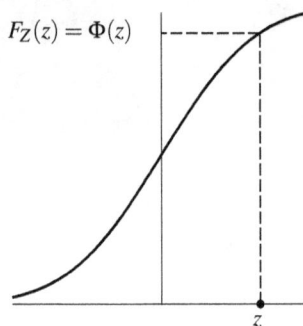

$F_Z(z) = P(X \le z)$

$F_Z(z) = \Phi(z)$

$=$

4.15
Si el valor z del qual volem calcular $\Phi(z)$ conté més de dues xifres decimals, hem d'interpolar linealment.

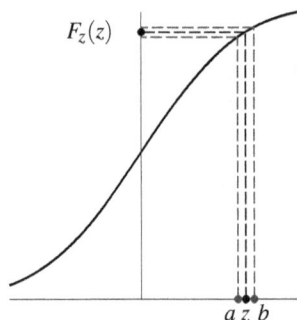

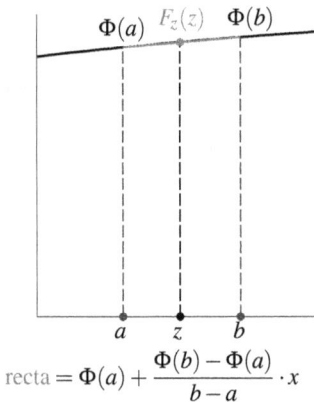

$F_z(z)$

$\Phi(a)$ $\quad F_z(z) \quad$ $\Phi(b)$

$a\ z\ b$

$a \quad z \quad b$

$$\text{recta} = \Phi(a) + \frac{\Phi(b) - \Phi(a)}{b-a} \cdot x$$

Proposició 4.5 *Si X és una variable aleatòria binomial de mitjana $\mu = np$ i variància $\sigma^2 = np(1-p)$, la variable*

$$Z = \frac{X - np}{\sqrt{np(1-p)}}$$

segueix una llei normal tipificada $N(0,1)$ quan $n \to \infty$.

La demostració d'aquest resultat es deixa per a més endavant, quan es desenvoluparà un teorema més general: el teorema central del límit.

Observació 4.9 *A la pràctica, l'aproximació és bona quan $n > 30$. Com més gran sigui n i més pròxim sigui p a 0.5 (més simètrica és la binomial), millor és l'aproximació. Però, fins i tot per a valors de p pròxims a 0.5 i valors de n petits, la llei normal també ens ofereix una bona aproximació gràcies a la simetria de la distribució de la llei binomial per a $p = 0.5$.*

Càlcul efectiu

Per calcular una probabilitat $P(a \leq X \leq b)$ d'una llei binomial mitjançant una llei normal, es fa una correcció per passar dels valors discrets que pren la binomial als valors continus que pren la normal, i se substitueixen els valors a i b per

$a \rightarrow a - 0.5$

$b \rightarrow b + 0.5$

(correcció de mig punt). És a dir,

$$P(a \leq X \leq b) = \sum_{k=a}^{b} \binom{n}{k} p^k (1-p)^{n-k}$$

$$= \int_{a-0.5}^{b+0.5} \frac{1}{\sqrt{2\pi np(1-p)}} e^{-\frac{(x-np)^2}{2np(1-p)}} dx$$

$$= \int_{\tilde{a}}^{\tilde{b}} \frac{1}{\sqrt{2\pi}} e^{-\frac{z^2}{2}} dz$$

$$= F_Z(\tilde{a}) - F_Z(\tilde{b}),$$

on F_Z és la funció de distribució de la normal tipificada, i $\tilde{a}$ i $\tilde{b}$ són els valors tipificats de $a - 0.5$ i $b + 0.5$, respectivament.

Observació 4.10 *Si es disposa d'una eina de càlcul simbòlic, com ara Maple, aquesta probabilitat es pot calcular* exactament *fent:*

```
> sum(binomial(n,k)*p^k*(1-p)^(n-k),k=ceil(a)..floor(b));
```

Distribució logarítmiconormal

Una variable aleatòria X té una distribució *logaritmiconormal* de paràmetres μ i σ ($\mu, \sigma \in \mathbb{R}$, $-\infty < \mu < \infty$, $\sigma > 0$) si la variable $Y = \ln X$ segueix una distribució $N(\mu, \sigma)$.

Ho denotem amb la notació abreujada $X \hookrightarrow \log N(\mu, \sigma)$.

La funció de densitat d'una distribució logaritmiconormal és

$$f_X(x) = \begin{cases} \dfrac{1}{x\sqrt{2\pi}\sigma} \cdot e^{-\frac{(\ln x - \mu)^2}{2\sigma^2}} & x > 0 \\ 0, & \text{altrament.} \end{cases}$$

Les seves característiques principals són

$$E(X) = e^{\mu + \frac{\sigma^2}{2}},$$

$$VAR(X) = e^{2\mu} \cdot \left(e^{2\sigma^2} - e^{\sigma^2} \right).$$

4.16
Funció de densitat d'una distribució logarítmiconormal de paràmetres $\mu = 5$ i $\sigma = 1$ (a dalt a l'esquerra), $\sigma = 0.5$ (a dalt a la dreta) i $\sigma = 1.5$ (a baix).

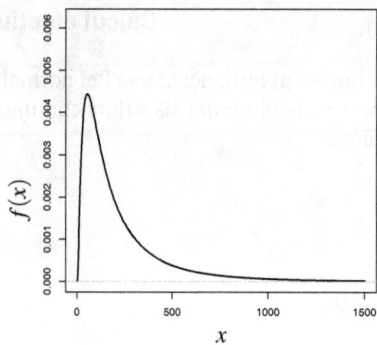

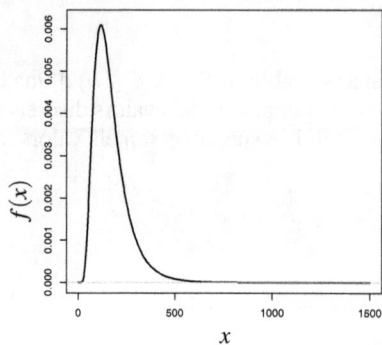

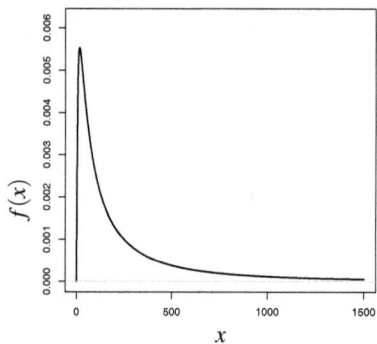

4.17
Funció de densitat d'una distribució logarítmiconormal de paràmetres $\sigma = 1$ i $\mu = 5$ (a dalt a l'esquerra), $\mu = 4$ (a dalt a la dreta) i $\mu = 6$ (a baix).

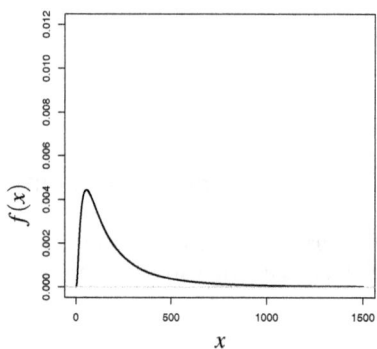

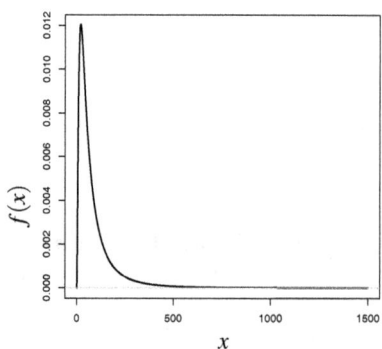

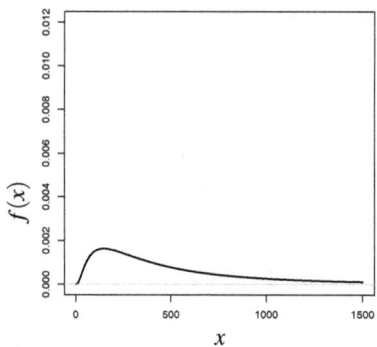

Observació 4.11 *La funció de densitat d'una distribució* $\log N(\mu, \sigma)$ *es dedueix a partir de la funció de densitat de la* $N(\mu, \sigma)$. *Prenent* $y > 0$, *tenim*

$$F_Y(y) = P(Y \leq y) = P(e^X \leq y) = P(X \leq \ln y) = F_X(\ln y)$$

Per tant, $f_Y(y) = f_X(\ln y) \cdot \dfrac{1}{y} = \dfrac{1}{y\sqrt{2\pi}\sigma} \cdot e^{-\frac{(\ln y - \mu)^2}{2\sigma^2}}$.

Distribució exponencial negativa

Una variable aleatòria X segueix una distribució *exponencial negativa* de paràmetre a ($a \in \mathbb{R}$, $a > 0$) si la seva funció de densitat és

$$f_X(x) = \begin{cases} a \cdot e^{-ax}, & x > 0 \\ 0, & x \leq 0. \end{cases}$$

Ho representem amb la notació abreujada $X \hookrightarrow \mathscr{E}(a)$.

Les seves característiques principals són

$$E(X) = \frac{1}{a}, \qquad VAR(X) = \frac{1}{a^2}.$$

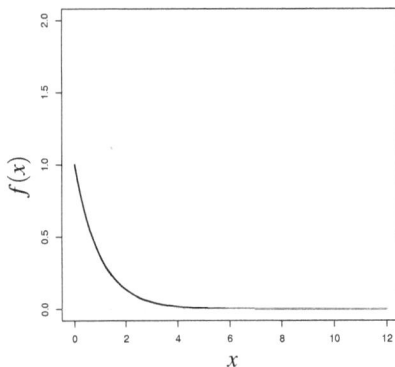

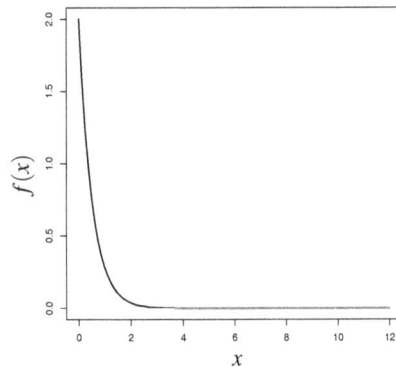

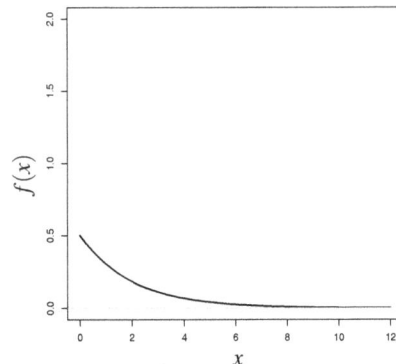

4.18
Funció de densitat d'una distribució exponencial de paràmetres $a = 1$ (a dalt a l'esquerra), $a = 0.5$ (a baix) i $a = 2$ (a dalt a la dreta).

Observació 4.12 *La distribució exponencial satisfà la propietat de l'oblit o de la* falta *de memòria; és a dir, si X és una variable aleatòria amb distribució $\mathscr{E}(a)$,*

$$P(X > s+t \mid X > s) = P(X > t), \quad s,t \in \mathbb{R},\ s,t > 0.$$

Aquesta propietat caracteritza les variables exponencials entre les contínues positives.

Distribució khi quadrat (χ^2)

Introducció

Sigui X una variable aleatòria $N(\mu, \sigma)$ associada a un experiment i siguin, a més,

$x_1, \ldots, x_n,$

n observacions independents resultants d'aquest experiment.

Podem considerar les x_i com a observacions de n variables aleatòries independents, que denotarem per X_i, totes $N(\mu, \sigma)$.

En estadística, moltes vegades es planteja un tipus de problema, que es pot descriure interpretant aquestes observacions com un punt en l'espai n-dimensional $\mathbb{R}^n$, $(x_1, \ldots, x_n) \in \mathbb{R}^n$ i considerant la constant μ com el punt $\mu = (\mu, \ldots, \mu) \in \mathbb{R}^n$.

La distància entre aquests punts es pot avaluar mitjançant la funció

$$d = \sqrt{(x_1 - \mu)^2 + \cdots + (x_n - \mu)^2}.$$

Com que el punt $(x_1, \ldots, x_n)$ està triat a l'atzar, d és una variable aleatòria i ens podem plantejar la qüestió següent en termes probabilístics:

Si $t_0 \in \mathbb{R}^+$, quina és la probabilitat que el punt $(x_1, \ldots, x_n)$ disti del punt $\mu = (\mu, \ldots, \mu)$ menys de t_0?

És a dir, ens interessa mesurar probabilitats com ara $P(d < t_0)$ o $P(d \geq t_0)$, i altres de similars.

Com que, a l'efecte de tenir una mesura de les probabilitats anteriors, és equivalent utilitzar

$$d = \sqrt{(x_1 - \mu)^2 + \cdots + (x_n - \mu)^2}$$

o

$$d^2 = (x_1 - \mu)^2 + \cdots + (x_n - \mu)^2$$

o

$$kd^2 = k[(x_1 - \mu)^2 + \cdots + (x_n - \mu)^2],\ k > 0,$$

podem prendre $k = \frac{1}{\sigma^2}$ i considerar la variable aleatòria

$$\frac{d^2}{\sigma^2} = \left(\frac{x_1 - \mu}{\sigma}\right)^2 + \cdots + \left(\frac{x_n - \mu}{\sigma}\right)^2,$$

que és una suma de quadrats de variables aleatòries independents idènticament distribuïdes d'acord amb una $N(\mu, \sigma)$.

Aquesta última expressió té l'avantatge d'utilitzar un tipus de variable de distribució coneguda i estudiada, la distribució normal, i justifica la definició següent.

Variable aleatòria khi quadrat (χ^2)

Donades $X_1, \ldots, X_n$ variables aleatòries independents i totes seguint una llei $N(0,1)$, anomenem *variable aleatòria khi quadrat*, i la representem per χ_n^2, la variable aleatòria

$$\chi_n^2 = X_1^2 + \cdots + X_n^2.$$

Les n variables aleatòries que hi intervenen, les anomenem *graus de llibertat*.

Tant la funció de distribució $K_n(x)$ com la funció de densitat $k_n(x)$ han de ser 0 per a valors negatius de x, $x < 0$, ja que $\chi_n^2 \geq 0$.

En el cas que $x \geq 0$, utilitzant la funció de densitat conjunta, que, pel fet de ser les variables X_i independents, és el producte de les funcions de densitat respectives, obtenim la igualtat

$$K_n(x) = P(\chi_n^2 \leq x)$$
$$= \frac{1}{\sqrt{(2\pi)^n}} \int \cdots \int_{x_1^2 + \cdots + x_n^2 \leq x} e^{-\frac{1}{2}(x_1^2 + \cdots + x_n^2)} dx_1 \cdots dx_n.$$

Funció de densitat de la distribució χ_n^2

La *funció de densitat* de χ_n^2, $k_n(x)$, és

$$k_n(x) = \frac{1}{2^{\frac{n}{2}} \Gamma\left(\frac{n}{2}\right)} x^{\frac{n}{2} - 1} e^{-\frac{x}{2}},$$

on Γ és la funció gamma d'Euler, definida com a

$$\Gamma(p) = \int_0^\infty x^{p-1} e^{-x} dx.$$

Les característiques de la distribució χ_n^2 són

$$E(\chi_n^2) = n,$$
$$VAR(\chi_n^2) = \sqrt{2n}.$$

4.19
Funció de densitat d'una
distribució χ^2 de $n = 2$
graus de llibertat (a dalt a
l'esquerra), $n = 6$ graus
de llibertat (a dalt a la
dreta) i $n = 10$ graus de
llibertat (a baix).

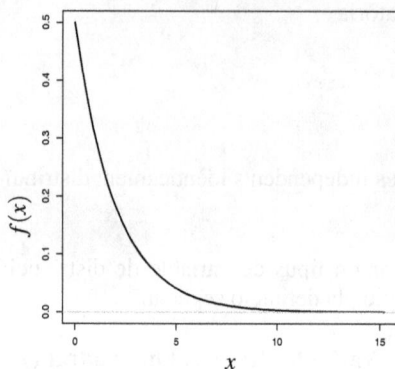

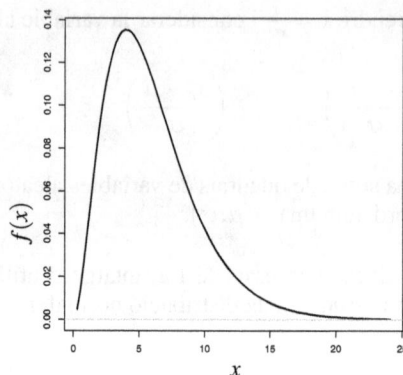

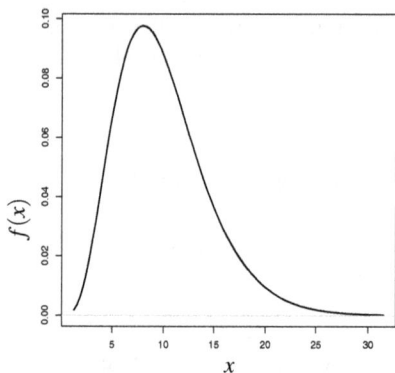

Distribució t de Student

Introducció

Si X és una variable aleatòria $N(\mu, \sigma)$ i considerem n observacions independents

$$x_1, \ldots, x_n,$$

podem considerar la variable aleatòria mitjana de les observacions

$$\bar{X} = \frac{1}{n}(x_1 + \cdots + x_n),$$

que segueix una distribució $N\left(\mu, \frac{\sigma}{\sqrt{n}}\right)$ o, el que és equivalent, $\frac{\bar{X} - \mu}{\frac{\sigma}{\sqrt{n}}}$ és $N(0,1)$.

En molts problemes d'estudi de les característiques d'una població a partir dels resultats obtinguts en un subconjunt d'individus, el valor de σ és desconegut i és substituït per una aproximació s. El problema que se'ns presenta és:

Quan considerem la variable aleatòria $\frac{\bar{X} - \mu}{\frac{s}{\sqrt{n}}}$, aquesta variable també és normal o no?

La resposta és que no és normal, encara que veurem que, per a valors grans de n, la distribució s'aproxima a $N(0,1)$. Així doncs, es fa necessari estudiar la funció de distribució i la funció de densitat d'aquesta variable, en especial quan n és petit. Per tal de fer-ho, observem que

$$\frac{\bar{X}-\mu}{\frac{s}{\sqrt{n}}} = \sqrt{n}\frac{\bar{X}-\mu}{s} = \sqrt{n}\frac{\frac{\bar{X}-\mu}{\sigma}}{\frac{\sqrt{n}}{\frac{s}{\sigma}}} = \sqrt{n}\frac{\frac{\bar{X}-\mu}{\sigma}}{\sqrt{\frac{ns^2}{\sigma^2}}}$$

i, per tant, que $\dfrac{\bar{X}-\mu}{\frac{s}{\sqrt{n}}}$ es pot escriure com a quocient entre una variable aleatòria

$$\frac{\bar{X}-\mu}{\frac{\sigma}{\sqrt{n}}} \hookrightarrow N(0,1)$$

i l'arrel de $\dfrac{ns^2}{\sigma^2}$, que es demostra que segueix una distribució χ_n^2 amb n graus de llibertat.

Variable aleatòria t de Student

Siguin Y i Z variables aleatòries tals que $Y \hookrightarrow N(0,1)$ i $Z \hookrightarrow \chi_n^2$, amb n graus de llibertat. Definim la variable aleatòria t *de Student amb n graus de llibertat* com aquella que resulta del quocient de l'expressió

$$t = \sqrt{n}\frac{Y}{\sqrt{Z}}.$$

La funció de densitat d'una t de Student amb n graus de llibertat, $s_n(x)$, és

$$s_n(x) = \frac{1}{\sqrt{n\pi}}\frac{\Gamma\left(\frac{n+1}{2}\right)}{\Gamma\left(\frac{n}{2}\right)}\frac{1}{\left(1+\frac{x^2}{n}\right)^{\frac{n+1}{2}}},$$

on Γ és la funció gamma d'Euler.

L'esperança matemàtica i la desviació tipus de t són, respectivament,

$$E(t) = 0,$$

$$VAR(t) = \sigma_t^2 = \frac{n}{n-2},$$

on $VAR(t)$ existeix només si $n > 2$.

4.20
Funció de densitat d'una distribució t de Student de $n = 2$ graus de llibertat (a dalt a l'esquerra), $n = 6$ graus de llibertat (a dalt a la dreta) i $n = 10$ graus de llibertat (a baix).

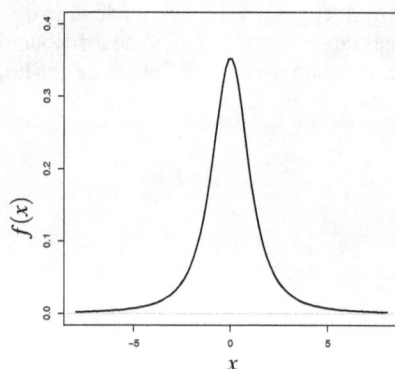

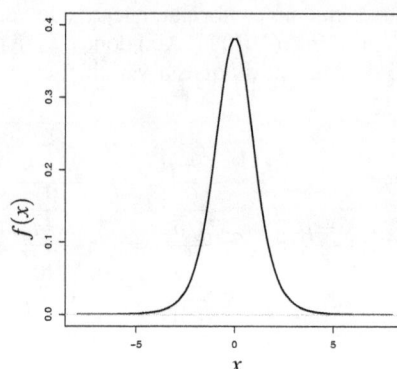

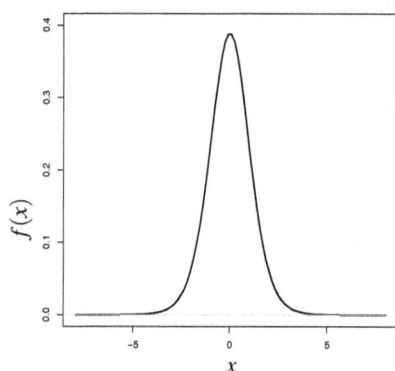

Distribució F de Fisher

La distribució F de Fisher –també coneguda com a F de Snedecor o F de Fisher-Snedecor– es construeix de la manera següent: si U_1 i U_2 són dues variables independents que segueixen distribucions χ^2, amb d_1 i d_2 graus de llibertat, respectivament, aleshores la variable

$$F = \frac{\dfrac{U_1}{d_1}}{\dfrac{U_2}{d_2}} \hookrightarrow F_{m,n}$$

té una distribució F de Fisher amb d_1 graus de llibertat al numerador i d_2 graus de llibertat al denominador.

La funció de densitat d'una variable $\mathscr{F} \hookrightarrow F_{d_1,d_2}$ ve donada per

$$f_{\mathscr{F}}(x) = \frac{1}{B\left(\dfrac{d_1}{2}, \dfrac{d_2}{2}\right)} \left(\frac{d_1 x}{d_1 x + d_2}\right)^{\frac{d_1}{2}} \left(1 - \frac{d_1 x}{d_1 x + d_2}\right)^{\frac{d_2}{2}} \frac{1}{x}, \quad x \geq 0, \, d_1, d_2 \in \mathbb{N},$$

on B és la funció beta definida per $B(x,y) = \dfrac{\Gamma(x)\Gamma(y)}{\Gamma(x+y)}$.

Les seves característiques principals són

$$E(\mathscr{F}) = \frac{d_2}{d_2 - 2}, \, d_2 > 2,$$

$$VAR(\mathscr{F}) = \frac{2d_2^2(d_1 + d_2 - 2)}{d_1(d_2 - 2)^2(d_2 - 4)}, \, d_2 > 4.$$

Proposició 4.6 *Si* $\mathscr{F} \hookrightarrow F_{d_1, d_2}$, *aleshores*

$$\mathscr{Y} = \frac{1}{\mathscr{F}} \hookrightarrow F_{d_2, d_1}.$$

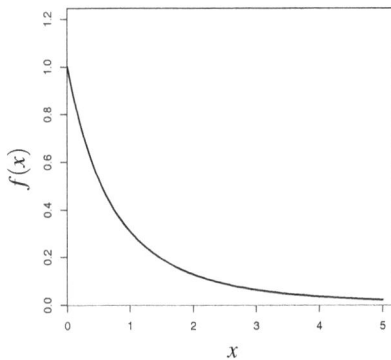

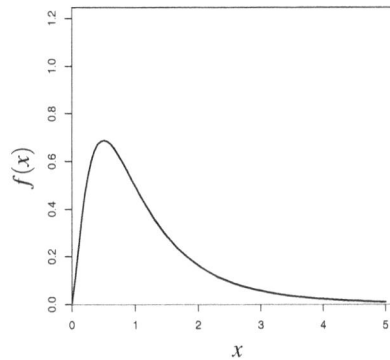

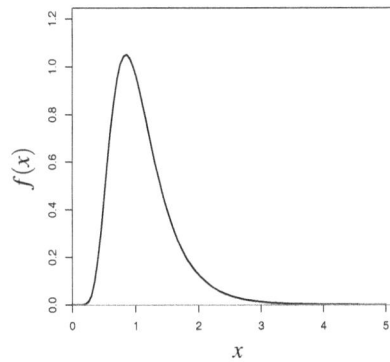

4.21
Funció de densitat d'una distribució *F* de Fisher de $d_1 = 2$ i $d_2 = 5$ graus de llibertat (a dalt a l'esquerra), $d_1 = 5$ i $d_2 = 10$ graus de llibertat (a dalt a la dreta) i $d_1 = 30$ i $d_2 = 20$ graus de llibertat (a baix).

Observació 4.13 *La distribució F apareix al capítol 5 en comparar variàncies de poblacions normals. D'alguna manera, aquesta distribució es pot considerar una generalització de la distribució t de Student, ja que es compleix la relació:*

$$t_n^2 = F_{1,n}$$

Problemes resolts

Problema 4.1 *La probabilitat que un nounat sigui nen és de* 0.515. *En una maternitat, un matí han nascut* 10 *infants. Trobeu la probabilitat que exactament hi hagin nascut* 3 *nens.*

Solució

Sigui X la variable que compta el nombre de nens nascuts. És clar que $X \hookrightarrow \mathscr{B}(10, 0.515)$. Per tant, $P(X = 3) = 0.103465$.

Problema 4.2 *El nombre de trucades que es reben en una empresa es distribueixen segons una distribució de Poisson amb una mitjana de 2 trucades per minut. Trobeu la probabilitat que, en un període de 10 minuts, es rebin 12 trucades.*

Solució

La mitjana de 2 trucades per minut és equivalent a 20 trucades per 10 minuts. Aleshores, sobre els 10 minuts, les trucades que rep l'empresa, X, segueixen una distribució de Poisson amb mitjana de 20, de manera que

$$P(X = 12) = e^{-20}\frac{20^{12}}{12!} = 0.017625.$$

Problema 4.3 *Trobeu el nombre mitjà de vegades que cal llançar una moneda a l'aire per obtenir la primera cara.*

Solució

Sigui Y la variable aleatòria que compta el nombre de monedes que cal llançar fins a obtenir la primera cara. Sigui X la variable aleatòria que compta el nombre de monedes que cal llançar *abans* d'obtenir la primera cara. És evident que $Y = X + 1$. Suposant que la moneda no està trucada, $X \hookrightarrow \mathscr{G}(1/2)$. Aleshores,

$$E(Y) = E(X + 1) = E(X) + 1,$$

on

$$E(X) = \frac{1 - p}{p} = \frac{1 - \frac{1}{2}}{\frac{1}{2}} = 1.$$

Per tant,

$$E(Y) = 1 + 1 = 2.$$

Problema 4.4 *Per un determinat tram d'una autopista passen, de mitjana, 6 vehicles per minut. Si un gos comença a travessar la carretera immediatament després que hi passi un vehicle, i tarda 10 segons a fer-ho, quina és la probabilitat que passi un vehicle durant aquest temps?*

Solució

Observem que la mitjana de 6 cotxes per minut equival a 1 cotxe cada 10 segons. Sigui X la variable aleatòria que compta el nombre de cotxes que hi passen cada 10 segons.

Podem assumir que X es comporta seguint una distribució de Poisson, ja que en principi el fet que passi un nombre determinat de cotxes en un cert interval de temps no condiciona que en passin uns altres en un altre interval de temps posterior. Aleshores,

$$P(X \geq 1) = 1 - P(X = 0) = 1 - e^{-1} = 0.632121.$$

Problema 4.5 *En una residència d'estudiants, hi viuen 300 estudiants. A les 7 del matí, la probabilitat que una persona vulgui dutxar-se és de 0.6. Quantes dutxes hi hauria d'haver a la cambra de bany perquè un estudiant en trobi una de lliure més del 90% de les vegades que vulgui dutxar-se al matí?*

Solució

Sigui X la variable aleatòria que compta el nombre d'estudiants que volen dutxar-se al matí. Observem que $X \hookrightarrow \mathscr{B}(300, 0.6)$. Per tant, el nombre esperat d'alumnes que es vol dutxar a les 7 és $E(X) = 180$. Si volem que almenys el 90% trobi dutxa disponible, cal que hi hagi 191 dutxes, ja que

$$P(X \leq 191) = 0.91292 \geq 0.9$$

Problema 4.6 *Digueu el model al qual s'ajusten les distribucions de probabilitat donades per les variables aleatòries següents i indiqueu els paràmetres que el determinen.*

(a) X és el "nombre de cares obtingudes en llançar una moneda perfecta".
(b) Se sap que dels 5000 telèfons instal·lats en un període determinat, 4000 són de color. X és el nombre de persones que tenen telèfon blanc d'entre 10 de diferents trucades a l'atzar.
(c) X és el "nombre de persones que fan servir ulleres" en un grup de 500 persones escollides a l'atzar d'entre els habitants de Barcelona, on el 40% en porta.

Solució

(a) $X \hookrightarrow b\left(\frac{1}{2}\right)$.

(b) $X \hookrightarrow \mathscr{B}(10, 1/5)$.

(c) $X \hookrightarrow \mathscr{B}(500, 0.4)$.

Problema 4.7 *A Sevilla, la probabilitat que hi hagi una tempesta qualsevol dia de primavera és de 0.05. Suposant independència, quina és la probabilitat que la primera tempesta es produeixi el 5 d'abril? (Suposeu que la primavera comença el 21 de març.)*

Solució

Sigui X la variable aleatòria que indica el nombre de dies que han passat des de l'inici de la primavera fins al dia anterior al primer dia de pluja. Tenim que $X \hookrightarrow \mathscr{G}(0.05)$. La probabilitat que es demana és $P(X = 15) = 0.023165$.

Problema 4.8 *Un llibre d'estadística té 200 pàgines on poden existir errors tipogràfics a les equacions. Si hi ha cinc errors emplaçats de forma aleatòria en 5 pàgines diferents entre les 200, quina és la probabilitat que una mostra de 50 pàgines contingui almenys un error?*

Solució

Sigui X la variable aleatòria que, donada una mostra de 50 pàgines, compta el nombre d'errors. X segueix una distribució $\mathscr{HG}\left(200, 50, \dfrac{5}{200}\right)$. Aleshores,

$$P(X \geq 1) = 1 - P(X = 0) = 1 - \frac{\binom{5}{0}\binom{195}{50}}{\binom{200}{50}} = 0.766687.$$

Problema 4.9 *Es plantegen sis missions espacials independents a Mart. La probabilitat estimada d'èxit de cada missió és 0.95. Quina és la probabilitat que almenys cinc de les missions tinguin èxit?*

Solució

Sigui X la variable aleatòria que compta el nombre de missions amb èxit. Atesa la independència, $X \hookrightarrow \mathscr{B}(6, 0.95)$.

$$P(X \geq 5) = P(X = 5) + P(X = 6) = 0.967226$$

Problema 4.10 *Sigui X una variable aleatòria amb distribució de Bernoulli amb paràmetre p. Per a quin valor de p es maximitza VAR(X)?*

Solució

$VAR(X) = P(X = 1)(1 - E(X))^2 + P(X = 0)(0 - E(X))^2 = p(1 - p)^2 + (1 - p)p^2 = p(1 - p)$, d'on, imposant la condició necessària de màxim, és a dir, que la derivada respecte de p sigui 0, obtenim $p_{\max} = \frac{1}{2}$.

Problema 4.11 *Si el 2% dels circuits fabricats en una certa són defectuosos, quines són les probabilitats que en un lot de 100, agafats aleatòriament per revisar-los,*

(a) com a molt 15 siguin defectuosos?
(b) exactament 15 siguin defectuosos?

Solució

(a) $X \hookrightarrow \mathscr{B}(100, 0.02)$. Ens demanen $P(X \leq 15) = F_X(15)$, que es pot calcular exactament per mitjà de la fórmula

$$\sum_{k=0}^{15} \binom{100}{k} 0.02^k 0.98^{100-k},$$

per exemple, amb Maple:

```
> sum(binomial(100,k)*0.02^k*0.98^(100-k),k=0..15);
```

que dóna com a resultat $P(X \leq 15) = 0.9999999998$.

Trobarem, però, una aproximació prou bona d'una forma més ràpida en virtut del teorema central del límit –resultat que serà exposat en temes posteriors del llibre. Així:

$$P(X \leq 15) = P\left(\frac{X - \mu}{\sigma} \leq \frac{15 - \mu}{\sigma}\right)$$

$$= P\left(\underbrace{\frac{X - 4}{1.97989}}_{Z} \leq \frac{15 - 4}{1.97989}\right) \approx P(Z \leq 5.55586) \approx 1,$$

on hem suposat que $Z \hookrightarrow N(0,1)$.

(b) $P(X = 15) = \binom{100}{15} 0.02^{15} 0.98^{100-15} \approx 1.490622 \cdot 10^{-9}$.

Problema 4.12 *El Servei Català de Trànsit té en funcionament un sistema de punts de penalització per a cada infracció que pot conduir a la pèrdua del carnet. Suposem que s'estima que un conductor és denunciat de mitjana una de cada deu vegades que comet una infracció. Suposem que la quarta denúncia comporta la pèrdua del carnet. Determineu:*

(a) *La funció de probabilitat del nombre d'infraccions comeses fins a la retirada del carnet.*
(b) *El nombre esperat d'infraccions necessàries per a la pèrdua del carnet.*
(c) *La variància del nombre d'infraccions.*

Solució

(a) Tenim una experiència dicotòmica: ser multat o no. Busquem el nombre d'infraccions comeses fins a ser multat 4 cops. Sigui X la variable que compta el nombre d'infraccions comeses fins a les 4 multes. La variable Y segueix una llei binomial negativa modificada de paràmetres $r = 4$ i $p = 0.1$:

$$P(Y = k) = \binom{k-1}{r-1}(1-p)^{k-r} p^r, \quad k = 4, 5, \dots$$

(b) El nombre esperat d'infraccions necessàries per la pèrdua del carnet és l'esperança de la variable Y:

$$E(Y) = \frac{r}{p} = \frac{4}{0.1} = 40.$$

Alternativament, es pot determinar el valor esperat veient que, per a ser multat un cop, s'esperen 10 infraccions i, per tant, per a ser-ho 4, 40.

(c) $VAR(X) = \dfrac{r}{p^2} = \dfrac{4}{0.1^2} = 400.$

Problema 4.13 *Un jugador de bàsquet manté al llarg de la temporada una estadística d'encerts a tirs des de la línia de 6.25 m del 47%. Determineu:*

(a) *La distribució de probabilitat del nombre de tirs de tres punts fins que es produeix la primera errada.*
(b) *La probabilitat que la primera errada es produeixi al cinquè intent.*
(c) *El nombre mitjà de llançaments que farà fins que cometi la primera errada. Calculeu la variància.*

Solució

(a) Sigui Y la variable que compta el nombre de tirs fins al primer error. La variable Y segueix una llei geomètrica modificada amb $p = 0.53$, $Y \hookrightarrow \mathscr{G}^{\star}(0.53)$ (en aquest cas, l'èxit correspon a una errada en el llançament), és a dir, $P(Y = k) = p^{k-1}(1 - p)$, $k = 1, 2, \ldots$ Aleshores,

$$F_Y(k) = \sum_{i=1}^{k} (0.47)^{k-1}(0.53).$$

(b) $P(Y = 5) = 0.025862.$

(c) El nombre mitjà és $E(Y)$, que val

$$E(Y) = \frac{1}{p} = 2.1277,$$

mentre que la variància és

$$VAR(Y) = \frac{1}{p^2} = 4.5269.$$

Problema 4.14 *Un fabricant de circuits diu a la seva publicitat que les proves d'un laboratori independent proven que, quan una mostra de 100 circuits és escollida a l'atzar, se sotmet a una càrrega de treball equivalent a 10000 hores, el nombre mitjà de circuits que fallen és 3. Determineu la probabilitat que fallin 6 circuits i la probabilitat que no en falli cap. Calculeu-ne la variància.*

Solució

Sigui X la variable aleatòria que compta el nombre de circuits que han fallat. Com que el nombre mitjà de circuits que fallen és 3, tenim que $X \hookrightarrow \mathscr{B}(100, 3/100)$. Aleshores,

$P(X = 6) \approx 0.049609,$

$P(X = 0) \approx 0.047553.$

La variància és

$$VAR(X) = npq = 100 \cdot \frac{3}{100} \cdot \frac{97}{100} = 2.91.$$

Problema 4.15

(a) *Sigui X una distribució binomial negativa de paràmetres r i p. Vegeu que*

$$P(X = k) = P(Y = r - 1)P(Z = 1)$$

on $Y \hookrightarrow \mathscr{B}(k + r - 1, p)$ i $Z \hookrightarrow b(p)$.

(b) *Sigui X una binomial de paràmetres n i p. Vegeu que*

$$P(X \geq 1) = \sum_{k=0}^{n-1} P(Y = k)$$

on $Y \hookrightarrow \mathscr{G}(p)$.

(c) *Vegeu que $\mathscr{BN}(1, p) = \mathscr{G}(p)$.*

Solució

(a) Observem que, com que $P(X = k)$ significa "la probabilitat que fem k errors abans de r encerts", és equivalent a calcular la "probabilitat que d'entre $k + (r - 1)$ intents fem $r - 1$ encerts" – $P(Y = r - 1)$– i després "fem un encert" –$P(Z = 1)$.

Una demostració més rigurosa la podem obtenir a partir de les expressions de les funcions de probabilitat:

$$P(Y = r - 1)P(Z = 1) = \binom{k + r - 1}{r - 1} p^{r-1}(1 - p)^k \cdot p = \binom{k + r - 1}{r - 1} p^r (1 - p)^k$$

$$= P(X = k).$$

(b) Recordem que $P(Y = k) = (1 - p)^k p$, de manera que Y compta el nombre de vegades k que fallem abans d'encertar per primer cop. Així, la probabilitat que una binomial prengui valor igual o superior a 1 és la probabilitat que encertem alguna vegada –almenys– abans dels n llançaments, i precisament aquesta és la probabilitat que calcula $\sum_{k=0}^{n-1} P(Y = k)$.

(c) Si $X \hookrightarrow \mathscr{BN}(1, p)$ i $Y \hookrightarrow \mathscr{G}(p)$, aleshores

$$P(X = k) = \binom{k}{k}(1 - p)^k p = (1 - p)^k p = P(Y = k), \; k = 0, 1, 2, \ldots$$

Problema 4.16 *El nombre d'accidents de treball X que es produeixen en una fàbrica per setmana segueix una distribució de Poisson. Si sabem que el percentatge de setmanes en què es produeix un accident és la meitat del corresponent a les setmanes en què no se'n produeix cap, calculeu:*

(a) El nombre esperat d'accidents setmanals.
(b) La probabilitat que en una setmana hi hagi dos accidents i a la següent, dos més.
(c) La probabilitat que en quatre setmanes hi hagi, com a molt, 8 accidents.
(d) La Direcció General de Treball decideix declarar setmanes laborals blanques aquelles en què, com a molt, es produeix un accident. Si es considera un període de 5 setmanes, determineu la probabilitat que hi hagi, com a mínim, dues setmanes blanques.

Indicació: Si $X_i \hookrightarrow \mathscr{P}(\lambda)$ i són independents, aleshores

$$Y = X_1 + \ldots + X_n \hookrightarrow \mathscr{P}(n\lambda)$$

Solució

(a) Sabem que $X \hookrightarrow \mathscr{P}(\lambda)$ però desconeixem λ, que és l'esperança de X. Tenim que la probabilitat p que es produeixi un accident en una setmana és la meitat que la que no se'n produeixi cap, de manera que

$$P(X = 0) = e^{-\lambda},$$

$$P(X = 1) = \frac{e^{-\lambda}\lambda}{1!}.$$

Aleshores, si $P(X = 1) = \frac{1}{2}P(X = 0)$, tenim que

$$\frac{e^{-\lambda}\lambda}{1!} = \frac{1}{2}e^{-\lambda} \Rightarrow \lambda = \frac{1}{2}.$$

Per tant, el nombre esperat d'accidents per setmana és $E(X) = \lambda = \frac{1}{2}$.

(b) Sigui X_i el nombre d'accidents a la setmana i–èsima. Com que els accidents d'una setmana no influeixen en la següent, X_i són independents. Aleshores,

$$P(X_1 = 2 \text{ i } X_2 = 2) = P(X_1 = 2) \cdot P(X_2 = 2) = 5.74811 \cdot 10^{-3}.$$

(c) Sigui $Y = X_1 + X_2 + X_3 + X_4 \Rightarrow Y \hookrightarrow \mathscr{P}(4 \cdot \frac{1}{2}) = \mathscr{P}(2)$. Aleshores,

$$P(Y \le 8) = \sum_{k=0}^{8} \frac{e^{-2}2^k}{k!} = 0.99980.$$

(d) Sigui $A = $ "*hi ha almenys dues setmanes blanques*". Sigui Z la variable aleatòria que compta el nombre de setmanes blanques en un període de 5 setmanes. Com que la probabilitat que una setmana sigui blanca és

$$p = P(X \le 1) = P(X = 0) + P(X = 1) = \frac{3}{2}e^{-1/2}, \, Z \hookrightarrow \mathscr{B}\left(5, \frac{3}{2}e^{-1/2}\right).$$

Aleshores

$$P(A) = 1 - P(A^c) = 1 - P(Z = 0) - P(Z = 1) = 0.999693.$$

Problema 4.17 *Per representar les freqüències dels accidents de treball, s'han observat els accidents que han ocorregut a 647 homes en 5 mesos, i se n'ha obtingut la distribució següent:*

Nombre d'accidents	0	1	2	3	4	≥ 5
Freqüència observada	447	132	42	21	3	2

Estudieu si aquesta distribució s'ajusta a una distribució de Poisson.

Solució

Calculem una aproximació de l'esperança

$$E(X) \approx \frac{447}{647} \cdot 0 + \frac{132}{647} \cdot 1 + \frac{42}{647} \cdot 2 + \frac{21}{647} \cdot 3 + \frac{3}{647} \cdot 4 \frac{2}{647} \cdot 5 = 0.465224$$

Si la variable s'ajusta a una distribució de Poisson, el paràmetre d'aquesta ha de ser $\lambda = E(X) \approx 0.465224$. Aleshores, tindríem les probabilitats *teòriques*:

$P(X_t = 0) = 0.627994$

$P(X_t = 1) = 0.292158$

$P(X_t = 2) = 0.067959$

$P(X_t = 3) = 0.010538$

$P(X_t = 4) = 0.001225$

$P(X_t \geq 5) = 0.000126$

D'altra banda, les obtingudes empíricament són

$P(X = 0) = 0.690880$

$P(X = 1) = 0.204018$

$P(X = 2) = 0.064914$

$P(X = 3) = 0.032457$

$P(X = 4) = 0.004637$

$P(X \geq 5) = 0.003091$

De manera que, si bé són semblants, no podem concloure amb tota certesa que la variable s'ajusti a un model de Poisson.

Problema 4.18 *La variable aleatòria X té una distribució discreta amb funció de probabilitat:*

$$f(x) = \begin{cases} \dfrac{k}{x^2}, & x = 1, 2\ldots \\[2mm] 0, & \text{altrament} \end{cases}$$

Determineu el valor de k.

Solució

$$\sum_{x=1}^{\infty} \frac{k}{x^2} = k \sum_{x=1}^{\infty} \frac{1}{x^2} = k \cdot \frac{\pi^2}{6} = 1 \implies k = \frac{1}{\frac{\pi^2}{6}} = \frac{6}{\pi^2}.$$

Observació 4.14 *La suma de la sèrie $\sum_{x=1}^{\infty} \frac{1}{x^2}$ coincideix amb la funció zeta de Riemann avaluada en 2, és a dir,*

$$\zeta(2) = \sum_{x=1}^{\infty} \frac{1}{x^2}.$$

Amb el Maple, es pot comprovar aquest resultat escrivint:

```
> Zeta(2);
```

Problema 4.19 *Sigui X una variable aleatòria amb funció de probabilitat $f(x)$. Anomenem* moda *el valor (o valors) de x pel qual $f(x)$ és màxima. Determineu la moda de la distribució de Poisson de paràmetre λ.*

Solució

Si $X \hookrightarrow \mathscr{P}(\lambda)$, tenim que $P(X = k) = \dfrac{e^{-\lambda}\lambda^k}{k!}, \quad k = 0, 1, \ldots$

Per trobar la moda, hem de calcular el màxim (o màxims) de $f(x)$, tenint present que $f(x)$ és una funció discreta i, per tant, no podem calcular derivades. Per això, plantegem l'estudi del quocient

$$\frac{P(X = k+1)}{P(X = k)} = \frac{\dfrac{e^{-\lambda}\lambda^{k+1}}{k+1!}}{\dfrac{e^{-\lambda}\lambda^k}{k!}} = \frac{\lambda}{k+1}$$

La moda m ha de verificar que

$$\frac{P(X = m+1)}{P(X = m)} < 1 \quad i \quad \frac{P(X = m)}{P(X = m-1)} \geq 1$$

És a dir,

$$\frac{\lambda}{m+1} < 1 \quad i \quad \frac{\lambda}{m} \geq 1$$

Per tant, la moda ha de satisfer dues condicions:

$$\lambda - 1 < m$$
$$m \geq \lambda$$

Així doncs, la moda és λ si λ és enter, o la part entera de *lambda* en el cas que λ no sigui enter. Aquests dos casos es poden resumir en un de sol:

$$m = \lfloor \lambda \rfloor,$$

per a qualsevol λ.

Problema 4.20 *Un lot de 50 llibres s'examina prenent-ne 10 a l'atzar i comprovant que estiguin ben impresos. Si, com a màxim, hi ha un llibre defectuós, s'accepta el lot; altrament, es rebutja. Suposem que en un lot hi ha 12 llibres defectuosos. Trobeu la probabilitat d'acceptar-lo.*

Solució

Sigui X la variable que, donada una mostra de 10, compta els llibres defectuosos. La variable X segueix una distribució hipergeomètrica de paràmetres $N = 50, n = 10$ i $p = \frac{12}{50}$, és a dir,

$$X \hookrightarrow \mathcal{HG}\left(50, 10, \frac{6}{25}\right).$$

La probabilitat d'acceptar el lot és $P(X \leq 1)$, és a dir, la probabilitat que, com a màxim, obtinguem un llibre defectuós en la mostra de 10. Aleshores,

$$P(X \leq 1) = P(X = 0) + P(X = 1) = \frac{\binom{12}{0}\binom{50-12}{10-0}}{\binom{50}{10}} + \frac{\binom{12}{1}\binom{50-12}{10-1}}{\binom{50}{10}} = 0.236449.$$

Problema 4.21 *Sigui X una variable aleatòria que a cada natural $n \geq 1$ li assigna el residu de n mòdul k (és a dir, el residu de la divisió entera entre n i k). Es defineix la probabilitat següent sobre els nombres naturals: $P(X = n) = 2^{-n}$). Es demana:*

(a) *Comproveu que P defineix una probabilitat en els naturals i determineu el recorregut de X.*
(b) *La llei de probabilitat de X.*
(c) *Per a $k = 3$, especifiqueu la funció de probabilitat de X.*

Solució

(a) Primer de tot, hem de comprovar que la suma de la probabilitat de tots els nombres naturals:

$$\sum_{n=1}^{\infty} 2^{-n} = \sum_{n=0}^{\infty} 2^{-n} - 1 = \frac{1}{1 - 1/2} - 1 = 1.$$

El recorregut de la variable X és el conjunt dels possibles residus en dividir tot nombre natural per k, és a dir $X(\Omega) = \{0, 1, \ldots, k-1\}$.

(b) Preguntem-nos per un instant quin és l'esdeveniment $X = 0$. Aquest esdeveniment és el format pels nombres naturals amb residu 0 en dividir-los per k, és a dir, tots els nombres naturals múltiples de k. Per tant,

$$(X = 0) \equiv \{k, 2k, 3k, \ldots\} = \cup_{i=1}^{\infty} ik.$$

Aleshores,

$$P(X = 0) = P\left(\cup_{i=1}^{\infty} ik\right) = \sum_{i=1}^{\infty} 2^{-ik} = \frac{1}{2^k - 1}.$$

De la mateixa manera, l'esdeveniment $X = 1$ és

$$(X = 1) \equiv \{1, k+1, 2k+1, 3k+1, \ldots\} = \cup_{i=0}^{\infty} \{ik + 1\}.$$

En conseqüència,

$$P(X = 1) = P\left(\cup_{i=0}^{\infty} \{ik + 1\}\right) = \sum_{i=0}^{\infty} 2^{-(ik+1)} = \frac{1}{2} \frac{2^k}{2^k - 1}$$

En el cas general, per a $0 \le r \le k-1$,

$$(X = r) \equiv \{r, k+r, 2k+r, \ldots\} = \cup_{i=0}^{\infty} \{ik + r\}.$$

Per tant,

$$P(X = r) = P\left(\cup_{i=0}^{\infty} \{ik + r\}\right) = \sum_{i=0}^{\infty} 2^{-(ik+r)} = \frac{1}{2^r} \frac{2^k}{2^k - 1}.$$

(c) Per a $k = 3$, tenim

$$P(X = 0) = \frac{1}{2^3 - 1} = \frac{1}{7},$$

$$P(X = 1) = \frac{1}{2} \frac{2^3}{2^3 - 1} = \frac{4}{7},$$

$$P(X = 2) = \frac{1}{2^2} \frac{2^3}{2^3 - 1} = \frac{2}{7}.$$

Problema 4.22 *Determineu la distribució de*

$$Y = X^2 - 3X + 10$$

on X és la variable aleatòria que compta el nombre de punts obtinguts en llençar un dau de 8 cares perfecte.

Solució

En primer lloc, veiem que X segueix una llei uniforme discreta a $[1,2,3\ldots 8]$, és a dir,

$$P(X=k) = \frac{1}{8}, \quad k = 1,2,\ldots,8.$$

En segon lloc, calculem el recorregut de Y:

X	1	2	3	4	5	6	7	8
Y	8	8	10	14	20	28	38	50

és a dir,

$$Y(\Omega) = \{8,10,14,20,28,38,50\}$$

Finalment, la probabilitat dels valors y_i queda determinada per la regla de Laplace, és a dir, $\dfrac{\text{casos favorables}}{\text{casos possibles}}$, ja que la distribució inicial X era equiprobable, és a dir,

$$P(Y=8) = P(X=1) + P(X=2) = \frac{2}{8}$$

$$P(Y=10) = P(X=3) = \frac{1}{8}$$

$$P(Y=14) = P(X=4) = \frac{1}{8}$$

$$P(Y=20) = P(X=5) = \frac{1}{8}$$

$$P(Y=28) = P(X=6) = \frac{1}{8}$$

$$P(Y=38) = P(X=7) = \frac{1}{8}$$

$$P(Y=50) = P(X=8) = \frac{1}{8}$$

Problema 4.23 *Un policia rep una trucada d'alerta i ha d'entrar en una casa. Té un clauer amb 10 claus mestres diferents, cadascuna de les quals obre totes les portes d'un dels 10 barris de la ciutat. Per desgràcia, ha oblidat quina és la clau del barri on es troba. Per trobar-ne la correcta, planteja els mètodes següents:*

- A: Prova cada una de les claus, sense repetir-les.
- B: Prova una clau, la barreja amb les altres i en prova una altra.

Siguin X_A i X_B les variables aleatòries que designen el nombre de claus assajades en els procediments A i B.

(a) Determineu les distribucions de X_A i X_B.
(b) Calculeu la probabilitat d'assajar més de 8 claus en cadascun dels mètodes.

Solució

(a) En el primer mètode, és clar que el recorregut és $\{1, 2 \ldots 10\}$. La probabilitat $P(X_A = k)$ és equivalent a dir que la clau bona ocupi la posició k-èsima. Per tant,

$$P(X_A = k) = \frac{1}{10} \text{ i } F_{X_A}(k) = \frac{k}{10}.$$

En el segon mètode, el recorregut són els $\mathbb{N}$, ja que el policia, com que pot repetir claus, no té per què trobar la correcta en un nombre finit d'intents. Observem, doncs, que X_B compta el nombre d'errors (claus no correctes) fins al primer encert (clau correcta), amb la probabilitat d'encert $\frac{1}{10}$. Per tant, $X_B \hookrightarrow \mathscr{G}^*(0.1)$.

(b) $P(X_A > 8) = 1 - P(X_A \leq 8) = 1 - 0.8 = 0.2$

$$P(X_B > 8) = 1 - P(X_B \leq 8) = 1 - \sum_{k=1}^{8} 0.9^{k-1} \cdot 0.1 = 0.43047.$$

Problema 4.24 *La variable X és uniforme a $(-1, 3)$ i Y és exponencial amb paràmetre λ. Trobeu λ tal que $VAR(X) = VAR(Y)$.*

Solució

Considerem les variàncies d'ambdues distribucions:

$$VAR(X) = \frac{(b-a)^2}{12} = \frac{4^2}{12} = \frac{4}{3}$$

$$VAR(Y) = \frac{1}{\lambda^2}$$

Aleshores,

$$\frac{4}{3} = \frac{1}{\lambda^2} \Leftrightarrow \lambda = \pm\frac{1}{2}\sqrt{3}$$

Per tant, el valor de λ que busquem és $\frac{\sqrt{3}}{2}$, ja que el valor de λ no pot ser negatiu.

Problema 4.25 *La variable X és geomètrica amb paràmetre p i Y és exponencial amb paràmetre λ. Trobeu λ tal que $P(X > 1) = P(Y > 1)$.*

Solució

Recordem que $P(X = k) = (1-p)^{k-1}p$. Aleshores,

$$P(X > 1) = 1 - P(X \leq 1) = 1 - P(X = 1) = 1 - p.$$

De la mateixa manera,

$$P(Y > 1) = 1 - \int_0^1 \lambda e^{-\lambda x} = 1 - 1 + e^{-\lambda} = e^{-\lambda}.$$

Aleshores,

$$1 - p = e^{-\lambda} \Leftrightarrow \lambda = -\ln(1-p).$$

Problema 4.26 *Una màquina normalment produeix un 5% de peces defectuoses. La producció d'un dia s'inspecciona al 100% sempre que en la inspecció de 12 peces, agafades a l'atzar de la producció, es trobin tres peces o més de defectuoses. Quina és la probabilitat que la producció d'un dia s'inspeccioni al 100%?*

Solució

Sigui X la variable aleatòria que compta el nombre de peces defectuoses, del conjunt de 12 peces agafades a l'atzar. Tenim que X segueix una distribució binomial de paràmetres $n = 12$ i $p = 0.05$, és a dir,

$$X \hookrightarrow B(12, 0.05).$$

Aleshores, ens demanen $P(X \geq 3)$, que calcularem de la manera següent:

$$P(X \geq 3) = 1 - P(X \leq 2) = 1 - P(X=0) - P(X=1) - P(X=2)$$

$$= 0.01956826193.$$

Problema 4.27 *Els accidents de treball que es produeixen en una fàbrica segueixen un procés de Poisson tal que, en una setmana, la probabilitat que ocorrin 5 accidents és $\frac{16}{15}$ de la que n'ocorrin 2. Calculeu:*

(a) El paràmetre de la distribució de Poisson.
(b) El mínim nombre natural k tal que $P(X \leq k) \geq 0.4$.
(c) La probabilitat que no hi hagi cap accident en quatre setmanes.

Solució

Sigui X la variable aleatòria que compta el nombre d'accidents que hi ha a l'empresa en una setmana. Aquesta variable segueix una distribució de Poisson de paràmetre λ (desconegut), és a dir,

$$X \hookrightarrow \mathscr{P}(\lambda).$$

(a) Segons l'enunciat del problema

$$P(X=5) = \frac{16}{15} P(X=2),$$

és a dir,

$$e^{-\lambda}\frac{\lambda^5}{5!} = \frac{16}{15}e^{-\lambda}\frac{\lambda^2}{2!} \Leftrightarrow \lambda^3 = \frac{16}{15}\cdot\frac{5!}{2!} = 64 \Leftrightarrow \lambda = 4$$

(b) Si anem calculant $P(X \le k)$, per a diferents valors de k, obtenim:

$P(X \le 0) = 0.01831563889$

$P(X \le 1) = 0.09157819445$

$P(X \le 2) = 0.2381033056$

$P(X \le 3) = 0.4334701205$

Per tant, $k = 3$.

(c) Si considerem ara un període de 4 setmanes, definim una nova variable aleatòria

$$Y = X + X + X + X \hookrightarrow \mathscr{P}(4\cdot4) = \mathscr{P}(16).$$

El que ens demanen és $P(Y = 0)$, és a dir,

$$P(Y = 0) = e^{-16}\cdot\frac{16^0}{0!} = e^{-16} \approx 1.125351747\cdot10^{-7}$$

Problema 4.28 *Se seleccionen a l'atzar n estudiants (sense reemplaçament) d'una clas-se que conté N estudiants, dels quals M són homes. Sigui X la variable aleatòria que compta el nombre d'homes.*

(a) *Suposeu, només per a aquest apartat, que $n = 10$, $N = 25$ i $M = 18$. Descriviu el recorregut de la variable, és a dir, $X(\Omega)$.*

(b) *Quin valor de n maximitza la variància de X?*

Solució

(a) La variable aleatòria X segueix una distribució hipergeomètrica de paràmetres N, n i $p = \frac{M}{N}$, és a dir,

$$X \hookrightarrow \mathscr{HG}\left(N,n,\frac{M}{N}\right).$$

El recorregut de la variable és

$$X(\Omega) = \{3,4,\ldots,10\}.$$

Recordeu que, segons els apunts,

$$X(\Omega) = \{\max\{0,n-Nq\},\ldots,\min\{n,Np\}\}, \text{ on } p = \frac{M}{N} \text{ i } q = 1-p.$$

(b) La variància és

$$VAR(X) = n \cdot \frac{M}{N} \cdot \frac{N-M}{N} \cdot \frac{N-n}{N-1}.$$

Per a trobar un màxim en funció del paràmetre n, derivem respecte d'aquesta variable i igualem a zero:

$$\frac{d}{dn} VAR(X) = \frac{M(N-M)(N-n) - nM(N-M)}{N^2(N-1)} = 0,$$

que té com a solució

$$n = \frac{N}{2}.$$

Problema 4.29 *Trobeu l'àrea de la corba normal tipificada situada:*

(a) *a la dreta d'1.76;*
(b) *a l'esquerra d'1.05;*
(c) *entre* -1.18 *i 1.39;*
(d) *a la dreta de* -0.13*;*
(e) *a l'esquerra de* -1.14*;*

fent servir les taules de la normal tipificada.

Solució

La taula només dóna els valors de $F(z) = P(Z \leq z)$ per a $z \geq 0$. Aleshores, definint per $\Phi(z)$ el valor que ens dóna la taula, tenim que

(a) $P(Z \geq 1.76) = 1 - P(Z < 1.76) = 1 - \Phi(1.76) = 1 - 0.9608 = 0.0392.$

(b) $P(Z \leq 1.05) = \Phi(1.05) = 0.8531.$

(c) Les probabilitats que fan referència a valors negatius, en cas de disposar d'una taula de valors només positius, es busquen per simetria. Per exemple, $\Phi(-1) = 1 - \Phi(1)$.

La probabilitat que es demana és:

$$P(-1.18 \leq Z \leq 1.39) = \Phi(1.39) - \Phi(-1.18)$$
$$= \Phi(1.39) - (1 - \Phi(1.18)) = 0.9177 - 0.119 = 0.7987.$$

(d) $P(Z \geq -0.13) = P(Z \leq 0.13) = \Phi(0.13) = 0.5517.$

(e) $P(Z \leq -1.14) = 1 - P(Z \leq 1.14) = 1 - \Phi(1.14) = 1 - 0.8729 = 0.1271.$

Problema 4.30 *Trobeu el valor de z si l'àrea de la corba normal tipificada que està*

(a) *entre* 0 *i z és* 0.0392;

(b) *a la dreta de z és* 0.9292;
(c) *a l'esquerra de z és* 0.6480;
(d) *entre −z i z és* 0.5934.

Solució

(a) Busquem z tal que $P(0 \leq Z \leq z) = 0.0392$. Aleshores,

$$P(0 \leq Z \leq z) = \Phi(z) - \Phi(0) = 0.0392,$$

és a dir, $\Phi(z) = \Phi(0) + 0.0392 = 0.5392$. Podem veure que a la taula no hi ha cap valor z tal que $\Phi(z) = 0.5392$, però podem veure que

$$\Phi(0.09) = 0.5359$$
$$\Phi(0.10) = 0.5398$$

Aleshores, per interpolació lineal, tenim que

$$\frac{\Phi(0.10) - \Phi(0.09)}{0.10 - 0.09} = \frac{0.5392 - \Phi(0.09)}{z - 0.09} \Rightarrow z = 0.09846153846$$

(b) És evident que busquem un valor de z que és negatiu. Anomenem-lo $z = -\alpha$. Aleshores,

$$P(Z \geq -\alpha) = P(Z \leq \alpha) = \Phi(\alpha) = 0.9292.$$

En aquest cas, si $\alpha = 1.47$, tenim que $\Phi(1.47) = 0.9292$. Per tant, $z = -\alpha = -1.47$.

(c) Busquem, com abans, un valor de z tal que $\Phi(z) = 0.6480$. En aquest cas, la taula ens dóna directament el valor $z = 0.38$.

$$F(z) = 0.6480 \Rightarrow z = 0.38$$

(d) Com que la funció de densitat de la distribució normal tipificada és simètrica respecte de l'origen de coordenades, el valor z que busquem és tal que

$$P(0 \leq Z \leq z) = \frac{0.5934}{2},$$

o, el que és el mateix,

$$P(Z \leq z) = \Phi(z) = \frac{0.5934}{2} + 0.5 = 0.7967.$$

Mirant a les taules, podem veure que $z = 0.83$.

Problema 4.31 *L'alçada dels individus en edat militar d'un determinat país segueix una distribució normal amb mitjana* $\mu = 170$ *cm i variància* $\sigma^2 = 100$ *cm.*

(a) *Calculeu la proporció d'individus que mesuren menys de 150 cm o més de 200 cm.*

(b) *Si no s'admeten per al servei militar tots aquells individus que tenen una talla que dista més de 30 cm de la talla mitjana, calculeu la proporció d'individus que es **rebutja**.*

(c) *Si, per raons de pressupost, es decideix no admetre un 20% dels individus en edat militar, quins límits d'alçada (centrats en la mitjana) s'han d'escollir?*

Solució

Sigui X la variable aleatòria contínua que mesura l'alçada dels individus en edat militar. Aleshores, tenim que $X \hookrightarrow N(170, 10)$.

(a) Ens demanen $P((X < 150) \cup (X > 200))$. Sabem, però, que

$P((X < 150) \cup (X > 200)) = 1 - P(150 < X < 200)$. Aleshores,

$$P(150 < X < 200) = P\left(\frac{150 - 170}{10} < \frac{X - 170}{10} < \frac{200 - 170}{10}\right)$$

$$= P(-2 < Z < 3) = F_Z(3) - F_Z(-2)$$

$$= F_Z(3) - (1 - F_Z(2)) = F_Z(3) + F_Z(2) - 1$$

$$= 0.9987 + 0.9772 - 1 = 0.9759$$

I, finalment,

$P((X < 150) \cup (X > 200)) = 1 - P(150 < X < 200) = 0.0241$

(b) El que volem calcular ara és

$$P(|X - 170| > 30) = 1 - P(|X - 170| \leq 30) = 1 - P(140 \leq X \leq 200)$$

$$= 1 - P(-3 \leq Z \leq 3) = 1 - (F_Z(3) - F_Z(-3))$$

$$= 1 - (F_Z(3) - (1 - F_Z(3)))$$

$$= 2 - 2F_Z(3) = 2 - 2 \cdot 0.9987 = 0.0026.$$

(c) Busquem ara el valor a tal que

$P(|X - 170| > a) = 0.2.$

Aleshores,

$$P(|X - 170| > a) = 1 - P(|X - 170| \leq a) = 1 - P(-a \leq X - 170 \leq a)$$

$$= 1 - P\left(-\frac{a}{10} \leq Z \leq \frac{a}{10}\right) = 1 - \left(F_Z\left(\frac{a}{10}\right) - F_Z\left(-\frac{a}{10}\right)\right)$$

$$= 1 - \left(F_Z \left(\frac{a}{10} \right) - \left(1 - F_Z \left(\frac{a}{10} \right) \right) \right)$$

$$= 2 - 2F_Z \left(\frac{a}{10} \right) = 0.2.$$

Això implica que

$$F_Z \left(\frac{a}{10} \right) = \frac{2 - 0.2}{2} = 0.9$$

A les taules tenim que

$$F_Z(1.28) = 0.8997$$
$$F_Z(1.29) = 0.9015$$

Interpolant, tenim que $F_Z \left(\dfrac{769}{600} \right) = 0.9$; per tant,

$$\frac{a}{10} = \frac{769}{600} \Rightarrow a = \frac{769}{60} \approx 12.81667.$$

Problema 4.32 *Un professor d'estadística requereix als seus estudiants una nota de 500 punts per aprovar l'assignatura.*

(a) Si les notes globals es distribueixen segons una $N(485,900)$, quin percentatge d'alumnes aprova?

(b) Si el professor està obligat a aprovar el 60% dels estudiants, quants punts com a molt pot demanar per aprovar?

Solució

(a) Sigui $X \hookrightarrow N(485,900)$ la variable aleatòria de les notes globals. Aleshores,

$$P(X > 500) = P \left(\frac{X - 485}{30} > \frac{500 - 485}{30} \right)$$

$$= P(Z > 0.5) = 1 - \Phi(0.5) = 1 - 0.6915 = 0.3085.$$

(b) Sigui x la puntuació mínima per aprovar. Aleshores,

$$P(X > x) = P \left(Z > \underbrace{\frac{x - 485}{30}}_{z} \right) = P(Z \le -z) = \Phi(-z) = 0.6.$$

No hi ha cap valor a la taula de la normal que deixi a l'esquerra una àrea exactament igual a 0.6. Cal, doncs, tipificar. Si tenim en compte que

$\Phi(0.25) = 0.5987$

$\Phi(0.26) = 0.6026$

Aleshores,

$$\frac{\Phi(0.26) - \Phi(0.25)}{0.26 - 0.25} = \frac{0.6 - \Phi(0.25)}{-z - 0.25} \Rightarrow -z = 0.2533333333$$

Finalment, destipificant, obtenim

$$\frac{x - 485}{30} = -0.2533333333 \Rightarrow x = 477.4$$

Problema 4.33 *El coeficient d'intel·ligència X és una variable aleatòria que es distribueix segons una llei $N(100, 16)$. Calculeu:*

(a) La probabilitat que un individu, escollit a l'atzar, tingui un coeficient inferior a 120.

(b) La probabilitat que un individu, escollit a l'atzar, tingui un coeficient entre 90 i 122.

Solució

(a) $P(X < 120) = P\left(\dfrac{X - 100}{16} < \dfrac{120 - 100}{16}\right) = P(Z < 1.25) = 0.8944$

(b) $P(90 < X < 122) = P\left(\dfrac{90 - 100}{16} < Z < \dfrac{122 - 100}{16}\right) = P(-0.625 < Z < 1.375)$

$$= F_Z(1.375) - F_Z(-0.625) = F_Z(1.375) - (1 - F_Z(0.625))$$

$$= F_Z(1.375) + F_Z(0.625) - 1$$

El problema que ens trobem és que la taula no ens dóna el valor de nombres amb més de dues xifres decimals. Cal, per tant, interpolar: Sabem per la taula que

$\Phi(1.37) = 0.9147,$

$\Phi(1.38) = 0.9162,$

$\Phi(0.62) = 0.7324,$

$\Phi(0.63) = 0.7357.$

Aleshores, si interpolem,

$$F_Z(1.375) = \Phi(1.37) + \frac{\Phi(1.38) - \Phi(1.37)}{1.38 - 1.37} \cdot (1.375 - 1.37) = 0.91545,$$

$$F_Z(0.625) = \Phi(0.62) + \frac{\Phi(0.63) - \Phi(0.62)}{0.63 - 0.62} \cdot (0.625 - 0.62) = 0.73405.$$

Finalment,

$$P(90 < X < 122) = F_Z(1.375) + F_Z(0.625) - 1 = 0.6495.$$

Problema 4.34 *Sigui Z una variable que segueix una distribució normal tipificada. Calculeu el valor de a tal que* $P(|Z| < a) = 0.2386.$

Solució

$$P(|Z| < a) = P(-a < Z < a) = F_Z(a) - F_Z(-a) = F_Z(a) - (1 - F_Z(a))$$
$$= 2F_Z(a) - 1 = 0.2386.$$

Aleshores,

$$F_Z(a) = \frac{1 + 0.2386}{2} = 0.6193$$

Busquem el valor de a tal que $F_Z(a) = 0.6193$, però la taula de la normal no el dóna explícitament i cal interpolar. En efecte, sabem, per la taula, que

$$\Phi(0.30) = 0.6179,$$
$$\Phi(0.31) = 0.6217.$$

Aleshores,

$$a = 0.30 + \frac{0.31 - 0.30}{0.6217 - 0.6179} \cdot (0.6193 - 0.6179) = 0.3036842105$$

Problema 4.35 *Una empresa té dues màquines. La primera màquina produeix el 40% dels productes i l'altra màquina, la resta dels productes. La probabilitat que un producte sigui defectuós és de* 0.2 *si és produït per la primera i de* 0.1 *si ho és per la segona.*

(a) S'agafa un lot de tres productes de la mateixa màquina i un és defectuós. Trobeu la probabilitat que el lot hagi estat produït per la primera màquina.

(b) S'agafa un lot de 1000 productes de la primera màquina. Determineu la probabilitat que menys de 180 siguin defectuosos.

(c) En el lot de 1000 productes, determineu k, de manera que la probabilitat de tenir com a molt k peces defectuoses sigui de 0.1.

Solució

(a) Sigui A = "*lot produït a la primera màquina*", A' = "*lot produït a la segona màquina*" i B = "*un lot de tres productes en té un de defectuós*". Aleshores,

$$P(A|B) = \frac{P(A \cap B)}{P(B)} = \frac{P(A)P(B|A)}{P(B \cap A) + P(B \cap A')} = \frac{P(A)P(B|A)}{P(A)P(B|A) + P(A')P(B|A')}$$

Anomenem X_A la variable aleatòria que compta el nombre de productes defectuosos d'un lot de 3 productes de la primera màquina, i $X_{A'}$ els de la segona màquina. Ambdues variables segueixen models binomials:

$$X_A \hookrightarrow \mathcal{B}(3, 0.2)$$
$$X_{A'} \hookrightarrow \mathcal{B}(3, 0.1)$$

Aleshores,

$$P(B|A) = P(X_A = 1) = 0.384$$
$$P(B|A') = P(X_{A'} = 1) = 0.243$$

Finalment, $P(A|B) = 0.513026$.

(b) Sigui X la variable que determina el nombre de productes defectuosos d'entre 1000 produïts a la primera màquina.

$$P(X < 180) = \sum_{i=0}^{179} P(X = i) = \sum_{i=0}^{179} \binom{1000}{i} (0.2)^i (0.8)^{1000-i}$$

Com que aquest càlcul és complicat, emprem el *teorema central del límit* per tal d'obtenir una bona aproximació de la $P(X < 180)$. Segons aquest teorema, $\dfrac{X - E(X)}{\sqrt{VAR(X)}}$ s'aproxima a una $N(0, 1)$. Per tant,

$$P(X < 180) = P\left(\frac{X - 200}{\sqrt{160}} < \frac{180 - 200}{\sqrt{160}} \right) \approx P(Z < -1.581138) \approx 0.0571,$$

on $Z \hookrightarrow N(0, 1)$.

(c) En primer lloc, calculem la probabilitat de $D = producte\ defectuós$. D'acord amb les notacions de l'apartat (a),

$$P(D) = P(D \cap A) + P(D \cap A') = P(D|A)P(A) + P(D|A')P(A') = 0.14$$

En segon lloc, sigui Y la variable que compta el nombre de productes defectuosos en un lot de 1000. És clar que $Y \hookrightarrow \mathcal{B}(1000, 0.14)$.

Finalment, i en virtut del teorema central del límit

$$P(Y \leq k) = P\left(\frac{Y - 140}{\sqrt{120.4}} \leq \frac{k - 140}{\sqrt{120.4}} \right) \approx P\left(Z \leq \underbrace{\frac{k - 140}{\sqrt{120.4}}}_{-z} \right) = 0.1.$$

Sabem que $F_z(-z) = 1 - F_z(z)$. Aleshores, busquem, per interpolació lineal, el valor de z tal que $F_Z(z) = 1 - 0.1 = 0.9$. De les taules de la normal, sabem que

$\Phi(1.28) = 0.8997,$

$\Phi(1.29) = 0.90147,$

Aleshores,

$$z = 1.28 + \frac{1.29 - 1.28}{0.90147 - 0.8997} \cdot (0.9 - 0.8997) = 1.281694915$$

i d'aquí,

$$\frac{k - 140}{\sqrt{120.4}} = -1.281694915,$$

cosa que implica que

$$k = 125.9363547.$$

Com que la variable original és discreta, prenem $k = 126$.

Problema 4.36 *Demostreu les propietats següents de la distribució normal:*

(a) si $X \hookrightarrow N(\mu, \sigma)$, *aleshores*

$$Y = aX + b \hookrightarrow N(a\mu + b, |a|\sigma)$$

(b) si $X \hookrightarrow N(\mu, \sigma)$, *aleshores*

$$Y = \frac{X - \mu}{\sigma} \hookrightarrow N(0, 1)$$

(c) si $X \hookrightarrow N(\mu_1, \sigma_1)$ *i* $Y \hookrightarrow N(\mu_2, \sigma_2)$ *són dues variables aleatòries normals independents, aleshores*

$$Z = X + Y \hookrightarrow N(\mu_1 + \mu_2, \sqrt{\sigma_1^2 + \sigma_2^2})$$

Solució

(a) Per $a > 0$

$$F_Y(y) = P(Y \leq y) = P(aX + b \leq y) = P\left(X \leq \frac{y - b}{a}\right) = F_X\left(\frac{y - b}{a}\right)$$

De manera que, si derivem $F_Y(y)$ i $F_X\left(\frac{y-b}{a}\right)$,

$$f_y(y) = \frac{f_X\left(\frac{y-b}{a}\right)}{a} = \frac{e^{-\frac{(y-b-a\mu)^2}{2a^2\sigma^2}}}{\sqrt{2\pi a^2\sigma^2}}$$

I, en conclusió, $Y \hookrightarrow N(a\mu + b, a\sigma)$.

Si ara considerem $a < 0$,

$$F_Y(y) = P\left(X > \frac{y-b}{a}\right) = 1 - F_X\left(\frac{y-b}{a}\right)$$

De manera que, si tornem a derivar, obtenim

$$f_y(y) = -\frac{f_X\left(\frac{y-b}{a}\right)}{a} = \frac{e^{-\frac{(y-b-a\mu)^2}{2a^2\sigma^2}}}{\sqrt{2\pi a^2\sigma^2}}$$

Per tant, $Y \hookrightarrow N(a\mu + b, |a|\sigma)$.

(b) En aquest cas, tenim que

$$F_Y(y) = P(Y \leq y) = P\left(\frac{X-\mu}{\sigma} \leq y\right) = P(X < \sigma y + \mu) = F_X(\sigma y + \mu)$$

Derivant totes dues bandes de la igualtat, obtenim

$$f_Y(y) = f_X(\sigma y + \mu)\sigma = \frac{e^{-\frac{(\sigma y + \mu - \mu)^2}{2\sigma^2}}}{\sqrt{2\pi\sigma^2}}\sigma = \frac{e^{-\frac{y^2}{2}}}{\sqrt{2\pi}} \hookrightarrow N(0,1)$$

(c) Considerem $X' = X - \mu_1$, $Y' = Y - \mu2$ i el canvi de variable

$$\varphi(X',Y') \mapsto (X' + Y', X') = (U,V).$$

La seva inversa és $\varphi^{-1}(U,V) = (V, U - V)$. Aleshores,

$$f_{(U,V)}(u,v) = f_{(X',Y')}(v, u-v) \cdot |J(\varphi^{-1})| = f_{X'}(v) f_{Y'}(u-v) = \frac{e^{-\frac{v^2}{2\sigma_1^2}}}{\sqrt{2\pi\sigma_1^2}} \frac{e^{-\frac{(u-v)^2}{2\sigma_2^2}}}{\sqrt{2\pi\sigma_2^2}}$$

$$= \frac{e^{-\frac{v^2 + (u-v)^2}{4\sigma_1^2\sigma_2^2}}}{\sqrt{(2\pi)^2\sigma_1^2\sigma_2^2}}$$

La densitat de $U = X' + Y'$ es calcula com,

$$f_u = \int_{-\infty}^{\infty} \frac{e^{-\frac{v^2+(u-v)^2}{4\sigma_1^2\sigma_2^2}}}{\sqrt{(2\pi)^2\sigma_1^2\sigma_2^2}} \, dv = \int_{-\infty}^{\infty} \frac{e^{-\frac{(\sigma_1^2+\sigma_2^2)\left(v - \frac{\sigma_2^2}{\sigma_1^2+\sigma_2^2}u\right)^2}{2\sigma_1^2\sigma_2^2} - \frac{u^2}{2(\sigma_1^2+\sigma_2^2)}}}{\sqrt{(2\pi)^2\sigma_1^2\sigma_2^2}} \, dv$$

$$= \frac{e^{-\frac{u^2}{2(\sigma_1^2+\sigma_2^2)}}}{\sqrt{2\pi}} \int_{-\infty}^{\infty} \frac{e^{-\frac{\left(v - \frac{\sigma_2^2}{\sigma_1^2+\sigma_2^2}u\right)^2}{\frac{\sigma_1^2\sigma_2^2}{\sigma_1^2+\sigma_2^2}}}}{\sqrt{2\pi\frac{\sigma_1^2\sigma_2^2}{\sigma_1^2+\sigma_2^2}}} \, dv$$

Bo i observant que la integral es pot entendre com la de la densitat d'una $N\left(\frac{\sigma_2^2}{\sigma_1^2+\sigma_2^2}u, \sqrt{\frac{\sigma_1^2\sigma_2^2}{\sigma_1^2+\sigma_2^2}}\right)$, multiplicada per la constant $\frac{1}{\sqrt{(\sigma_1^2+\sigma_2^2)}}$—, obtenim

$$f_u = \frac{e^{-\frac{\mu^2}{2(\sigma_1^2+\sigma_2^2)}}}{\sqrt{2\pi(\sigma_1^2+\sigma_2^2)}},$$

cosa que implica que

$$U \hookrightarrow N\left(0, \sqrt{\sigma_1^2+\sigma_2^2}\right)$$

Finalment, com que la densitat que ens interessa és la de $Z = X+Y = U+\mu_1+\mu_2$, per l'apartat (a) podem concloure $Z \hookrightarrow N(\mu_1+\mu_2, \sqrt{\sigma_1^2+\sigma_2^2})$.

Problema 4.37 *Comproveu que, donada $X \hookrightarrow N(\mu,\sigma)$, la variable $Y = e^X \hookrightarrow \ln(\mu,\sigma)$*

Solució

$$F_Y(y) = P(Y \leq y) = P(e^X \leq y) = P(X \leq \ln(y)) = F_X(\ln(y)) \Rightarrow f_Y(y) = f_X(\ln(y))\frac{1}{y}$$

$$= \frac{e^{-\frac{(\ln(y)-\mu)^2}{2\sigma^2}}}{y\sqrt{2\pi\sigma^2}}$$

Problema 4.38 *Es defineix la funció gamma d'Euler per a $\beta > 0$ com*

$$\Gamma(\beta) = \int_0^\infty x^{\beta-1}e^{-x}\,dx$$

(a) *Demostreu que $\Gamma(\beta+1) = \beta\Gamma(\beta)$.*
(b) *Demostreu que, per a tot $\alpha > 0$, $\beta > 0$, la funció*

$$\gamma_{\alpha,\beta}(x) = \begin{cases} 0, & x \leq 0 \\ \frac{1}{\Gamma(\beta)}\alpha^\beta x^{\beta-1}e^{-\alpha x}, & x > 0 \end{cases}$$

és una densitat.
Una variable aleatòria que te aquesta densitat es diu que segueix una distribució gamma(α,β)
(c) *Calculeu-ne l'esperança i la variància.*
(d) *Demostreu que una exponencial de paràmetre α i una distribució khi quadrat amb n graus de llibertat tenen una distribució gamma. Quins són els seus paràmetres?*

Solució

(a) Integrant per parts,

$$\Gamma(\beta+1) = \int_0^\infty x^\beta e^{-x}\, dx = \left[-x^\beta e^{-x}\right]_0^\infty + \int_0^\infty \beta x^{\beta-1} e^{-x}\, dx$$

$$= 0 + \int_0^\infty \beta x^{\beta-1} e^{-x}\, dx = \beta\Gamma(\beta)$$

(b) $$\int_0^\infty \gamma_{\alpha,\beta}(x)\, dx = \int_0^\infty \frac{1}{\Gamma(\beta)} \alpha^\beta x^{\beta-1} e^{-\alpha x}\, dx = \frac{\alpha^\beta}{\Gamma(\beta)} \int_0^\infty x^{\beta-1} e^{-\alpha x}\, dx$$

Fent el canvi $y = \alpha x$, obtenim

$$\frac{\alpha^\beta}{\Gamma(\beta)} \int_0^\infty \frac{y^{\beta-1}}{\alpha} e^{-y} \frac{dy}{\alpha} = \frac{\alpha^\beta}{\Gamma(\beta)\alpha^\beta} \int_0^\infty y^{\beta-1} e^{-y}\, dy = \frac{\Gamma(\beta)}{\Gamma(\beta)} = 1$$

(c) $$E(X) = \int_0^\infty x\gamma_{\alpha,\beta}(x)\, dx = \frac{\alpha^\beta}{\Gamma(\beta)} \int_0^\infty x^\beta e^{-\alpha x}\, dx$$

$$= \frac{\alpha^\beta}{\Gamma(\beta)} \int_0^\infty \frac{y^\beta}{\alpha} e^{-y} \frac{dy}{\alpha} = \frac{\alpha^\beta \Gamma(\beta+1)}{\Gamma(\beta)\alpha^{\beta+1}} = \frac{\beta}{\alpha}$$

Fent el canvi $y = \alpha x$, com en el càlcul anterior i per la propietat de l'apartat (a), es comprova fàcilment que

$$E(X^2) = \frac{\beta(\beta+1)}{\alpha^2}.$$

Per tant,

$$VAR(X) = E(X^2) - (E(X))^2 = \frac{\beta}{\alpha^2}$$

(d) Sigui $X \hookrightarrow \mathcal{E}(\alpha)$, amb $f_X(x) = \begin{cases} \alpha e^{-\alpha x}, & x > 0 \\ 0, & \text{altrament} \end{cases}$

Com que

$$\Gamma(1) = \int_0^\infty e^{-x}\, dx = 1,$$

tenim que una variable aleatòria $\gamma_{(\alpha,1)}$ té per funció de distribució la mateixa que X.

Si $Y \hookrightarrow \chi_n^2$, aleshores $Y \hookrightarrow \gamma_{\left(\frac{1}{2}, \frac{n}{2}\right)}$

Mostreig i estimació

L'explicació de fenòmens per mitjà de l'estadística parteix d'observacions, igual que la física o la química. La dificultat amb què es troba aquesta ciència és que, en general, es desconeix la llei estadística que modelitza o podria modelitzar amb fiabilitat allò que es pretén estudiar. Per exemple, l'observació de les alçàries d'una població no indica si es distribueixen seguint una llei normal, khi quadrat (χ^2) o exponencial, i tampoc amb quins paràmetres. La teoria de mostreig i la d'estimació i contrast d'hipòtesi o inferència estadística tenen per objectiu formalitzar o descartar models a partir de les observacions, és a dir, trobar descripcions estadístiques de la realitat.

5.1. Mostra aleatòria simple

Sigui ξ una experiència aleatòria qualsevol i Ω el conjunt de resultats possibles. Repetim n vegades ξ en igualtat de condicions, de manera que l'espai de resultats esdevé Ω^n. Aleshores, donada $X : \Omega \to \mathbb{R}$ variable aleatòria real, definim una *mostra aleatòria simple* de mida n de la variable X com

$$Y = (X_1, \ldots, X_n) : \Omega^n \to \mathbb{R}^n$$
$$\mathbf{w} = (w_1, \ldots, w_n) \to Y(w_1, \ldots, w_n) = (X_1(\mathbf{w}), \ldots, X_n(\mathbf{w})) = (X(w_1), \ldots, X(x_n))$$

Observem que la mostra és una variable aleatòria. Cada realització de la mostra, és a dir, cada observació d'aquesta, l'anomenem *mostra vulgaris*. Tot i aquesta distinció formal, en general s'utilitza el terme *mostra* per referir-se tant al vector com als valors que s'obtenen d'aplicar-lo a un determinat $\mathbf{w} \in \Omega^n$.

Per exemple, considerem X la variable aleatòria que a cada persona li assigna el seu pes. Aleshores, una mostra de grandària 10 de la variable X és una variable aleatòria que assigna el seu pes a 10 persones i que, per tant, donat un *vector* de 10 persones, dóna un vector de 10 pesos. La *mostra vulgaris* és un d'aquests vectors de 10 pesos particular que s'obté en escollir 10 persones. És a dir, la mostra aleatòria és la funció, i la *mostra vulgaris* la imatge d'un dels elements del domini de la mostra.

Podem considerar, per tant, $X_1, X_2, \ldots, X_n$ com n variables aleatòries independents que es distribueixen segons la mateixa llei X. Es defineix la funció de densitat de la mostra com

$$f(x_1, \ldots, x_n) = f(x_1)f(x_2) \cdots f(x_n).$$

5.2. Llei forta dels grans nombres

Sigui $X_1, \ldots, X_n$ una mostra aleatòria simple d'una variable aleatòria X. Denotem per $E(X_i) = E(X) = \mu$ i per $VAR(X_i) = VAR(X) = \sigma^2$. Anomenem *mitjana mostral* la variable aleatòria

$$\overline{X}_n = \frac{\sum\limits_{i=1}^{n} X_i}{n}$$

Aleshores, es compleix que

$$\lim_{n \to \infty} \overline{X}_n = \mu$$

La definició de límit en aquest context es refereix a convergència de successions de varibles aleatòries de forma *quasisegura*. Diem que una successió Y_n de variables aleatòries convergeix de forma quasisegura a Y quan n tendeix a infinit si i només si $P(\{w \mid \lim_{n \to \infty} X_n(w) = X(w)\}) = 1$. Es nota per $\lim\limits_{n \to \infty} Y_n = Y$ q.s.

A la pràctica, aquesta convergència significa que la successió tendeix a distribuir-se com la variable límit.

5.3. Teorema central del límit

Siguin $X_1, X_2, \ldots, X_n$ variables aleatòries independents, les mitjanes i variàncies de les quals són $\mu_1, \mu_2, \ldots, \mu_n$ i $\sigma_1^2, \sigma_2^2, \ldots, \sigma_n^2$, respectivament. Aleshores, denotant per μ i σ^2

$$E(X_1 + X_2 + \cdots + X_n) \quad = \mu_1 + \mu_2 + \cdots + \mu_n = \mu$$

$$VAR(X_1 + X_2 + \cdots + X_n) \quad = \sigma_1^2 + \sigma_2^2 + \cdots + \sigma_n^2 = \sigma^2$$

es compleix que

$$\lim_{n \to \infty} \frac{X_1 + X_2 + \cdots + X_n - \mu}{\sigma} \hookrightarrow N(0, 1)$$

Per al cas particular que $X_1, \ldots, X_n$ sigui una mostra d'una variable X, el teorema central del límit s'expressa com

$$\lim_{n\to\infty} \frac{\overline{X}_n - E(X)}{\frac{\sigma}{\sqrt{n}}} \hookrightarrow N(0,1)$$

on $\overline{X}_n$ és la mitjana mostral.

Observem que el teorema permet conèixer la distribució aproximada de $\overline{X}_n$, fet que és de gran importància en la inferència estadística, com veurem en seccions posteriors.

Cal destacar que el concepte de límit és diferent del de la llei forta dels grans nombres. Si bé a la pràctica ambdues permeten aproximar successions de variables, el teorema central del límit proporciona una convergència més feble que la llei forta dels grans nombres: la *convergència en llei*. Diem que una successió de variables aleatòries $\{Y_n\}_n$ tendeix en llei a Y quan n tendeix a infinit si i només si $F_{Y_n}(y) \to F_Y(y)$ quan n tendeix a infinit.

5.4. Problemes d'inferència estadística

En molts problemes estadístics, la distribució de probabilitat que segueixen les dades experimentals és completament coneguda, llevat del valor d'un o més paràmetres. Per exemple, es podria saber que la vida mitjana d'un electrodomèstic segueix una llei exponencial amb paràmetre λ, sense conèixer-ne el valor exacte. A partir de les dades i altres informacions rellevants de què es disposi, és possible determinar una aproximació del valor desconegut del paràmetre λ, o un interval en el qual es pensi que probablement es trobi aquest valor. Aquest tipus de problemes d'estadística s'anomenen *problemes paramètrics*.

En altres problemes, la mateixa distribució de les dades és una incògnita: es tracta dels anomenats *problemes no paramètrics*. En la majoria de problemes reals, existeix un nombre infinit de distribucions possibles diferents que podrien haver generat les dades. Analitzant-les, s'intenta conèixer la distribució de la mostra per tal de realitzar inferèncis sobre determinades propietats d'aquella i determinar la versemblança relativa que cada distribució possible té de ser la correcta. Un exemple important de problema no paramètric són els estudis econòmics sobre la distribució de renda dels individus a partir de les dades estadístiques de què es disposa (enquestes, declaració de la renda, etc.). L'economista planteja, en primer lloc, possibles funcions de densitat que podria seguir la renda, generalment lleis de tipus normal, log-normal o Weibull, i n'estudia després els paràmetres.

5.5. Estadístics i estimadors

Sigui X la variable aleatòria que controla una característica determinada d'una població (edat, pes, alçària, color dels ulls...). Sigui Ω l'espai mostral, és a dir, el conjunt de resultats que pot prendre una mostra aleatòria simple de mida n: $x_1, x_2, \ldots, x_n$. Un *estadístic* T és una funció

$$\begin{aligned} T : \Omega &\longrightarrow \mathbb{R}^k \\ (x_1, \ldots, x_n) &\longrightarrow T(x_1, \ldots, x_n) \end{aligned}$$

Per tant, els estadístics són variables aleatòries, i la seva distribució depèn de la variable X. Per exemple, si disposem d'una mostra $x = (x_1, \ldots, x_n)$, les funcions $T_1(x) = x_1 + \cdots + x_n$ i $T_2 = \max\{x_1, \ldots, x_n\}$ són estadístics.

Suposem que la distribució de la variable X és coneguda, llevat del valor d'un paràmetre θ. Un *estimador* de θ és un estadístic que serveix per determinar-ne el valor a partir d'uns valors $x_1, x_2, \ldots, x_n$.

5.6. Propietats dels estimadors

Centratge o no esbiaixament

Una de les propietats més importants que se solen exigir als estadístics és que no presentin biaix. Donat un estimador T del paràmetre θ, diem que és *no esbiaixat* si, per a tota n, on n és la grandària de la mostra, es compleix que

$$E(T) = \theta.$$

Si, a més, l'estimador verifica que

$$\lim_{n \to \infty} E(T) = \theta$$

diem que és *asimptòticament no esbiaixat*.

Consistència

Diem que un estimador és consistent si és asimptòticament no esbiaixat i, a més, el límit de la seva variància quan n tendeix a infinit és zero. És a dir,

$$\lim_{n \to \infty} E(T) = \theta,$$

$$\lim_{n \to \infty} VAR(T) = 0.$$

Exemple 5.1 *Per exemple, donada una mostra $X_1, \ldots, X_n$ d'una variable $X \hookrightarrow N(\mu, \sigma)$, l'estadístic $Y = \frac{1}{n} \sum_{i=1}^{n} X_i$ és un estimador consistent de μ. En efecte, observem que*

$$E(Y) = \frac{1}{n} \sum_{i=1}^{n} E(X_i) = \frac{1}{n} \sum_{i=1}^{n} \mu = \mu$$

$$VAR(Y) = VAR\left(\frac{1}{n} \sum_{i=1}^{n} X_i\right) = \frac{1}{n^2} \sum_{i=1}^{n} VAR(X_i) = \frac{\sigma^2}{n} \Rightarrow \lim_{n \to \infty} VAR(Y) = 0.$$

Suficiència

Suposem que, en un problema d'estimació, es disposa de dos estimadors, T_1 i T_2, per al paràmetre θ, tals que T_1 pot operar amb els valors de les observacions $X_1, X_2, \ldots, X_n$

d'una mostra aleatòria, mentre que T_2 només pot saber el valor d'un determinat estadístic $A = g(X_1,\ldots,X_n)$. És clar que T_1 pot ser qualsevol funció de les observacions mentre que T_2 només pot ser una funció de A. En general, T_1 pot oferir una millor estimació de θ que T_2. Tanmateix, en alguns problemes pot ser que T_2 pugui estimar tant correctament com T_1. En aquest tipus de problemes, A detalla, d'alguna manera, tota la informació rellevant continguda en la mostra per a estimar θ. Un estadístic A que compleix aquesta propietat es diu que és *suficient per al paràmetre* θ.

Teorema 5.3 (de factorització) *Sigui $X_1,\ldots,X_n$ una mostra aleatòria d'una distribució amb funció de densitat (funció de probabilitat, si és discreta) $f_\theta(x) = f(x,\theta)$, on el valor de θ és desconegut. Sigui $L(\theta) = L(X_1,\ldots,X_n,\theta)$ la seva funció de versemblança, és a dir, $L(X_1,\ldots,X_n,\theta) = \prod_{i=1}^{n} f(x_i,\theta)$.*

Un estadístic $T = g(X_1,\ldots,X_n)$ és un estimador suficient per a θ si i només si la funció $L(X_1,\ldots,X_n,\theta)$ es pot factoritzar com

$$L(X_1,\ldots,X_n,\theta) = u(X_1,\ldots,X_n)v(T,\theta)$$

on les funcions $u(X_1,\ldots X_n)$ i $v(T,\theta)$ són no negatives.

Exemple 5.2 *Per mitjà del teorema de factorització, determineu un estadístic suficient per al paràmetre θ de la funció de densitat d'una variable aleatòria Rayleigh*

$$f(x,\theta) = \frac{2}{\theta^2}xe^{-\frac{x^2}{\theta^2}}$$

Suposant que es disposa d'una mostra aleatòria de grandària n i definint $T = \sum_{i=1}^{n} X_i^2$, a partir de la mostra es calcula

$$f(x_1,\ldots,x_n) = \prod_{i=1}^{n} f(x_i,\theta) = \left(\frac{2}{\theta^2}\right)^n \left(\prod_{i=1}^{n} x_i\right) e^{-\frac{1}{\theta^2}t}$$

Si es factoritza $f(x_1,\ldots,x_n) = v(t,\theta)u(x_1,\ldots,x_n)$, definint

$$u(x_1,\ldots,x_n) = \prod_{i=1}^{n} x_i \quad i \quad v(t,\theta) = \left(\frac{2}{\theta^2}\right)^n e^{-\frac{1}{\theta^2}t},$$

pel teorema de factorització queda demostrat que T és suficient per a θ.

Eficiència

Donat un estimador T de θ, definim la funció de risc com

$$R_T(\theta) = E\left[(T - \theta)^2\right]$$

Observem que, en cas que T sigui no esbiaixat, aleshores

$$R_T(\theta) = VAR(T).$$

Donats T_1 i T_2 dos estimadors de θ no esbiaixats, diem que T_1 és *millor* o *més eficient* que T_2, si i només si

$$R_{T_1}(\theta) \leq R_{T_2}(\theta)$$

Diem que un estimador T no esbiaixat de θ és UMV (uniformement de la mínima variància) si la seva variància (o funció de risc) és mínima, és a dir, si no existeix cap estimador T_2 de θ no esbiaixat tal que $VAR(T_2) < VAR(T_1)$. L'objectiu de la teoria d'estimació clàssica és trobar estimadors UMV, ja que són els que poden proporcionar estimacions més fiables.

5.7. Informació de Fisher en una variable aleatòria

Sigui X una variable aleatòria amb funció de densitat (funció de probabilitat si és discreta) $f(x,\theta)$, on el valor de θ és desconegut, i sigui

$$l(x,\theta) = \ln(f(x,\theta)).$$

Definim la informació de Fisher de la variable aleatòria X per al paràmetre θ com

$$I(\theta) = E_\theta\left(\left[\frac{\partial}{\partial\theta}l(x,\theta)\right]^2\right)$$

La informació de Fisher és una manera de mesurar la quantitat d'informació que aporta una variable aleatòria X sobre el paràmetre desconegut θ, del qual també depèn la seva funció de densitat.

Propietats

(i) $E_\theta\left(\dfrac{\partial}{\partial\theta}l(x,\theta)\right) = 0$

(ii) $I(\theta) = -E_\theta\left(\dfrac{\partial^2}{\partial\theta^2}l(x,\theta)\right)$

(iii) Donada una mostra aleatòria $X_1,\ldots,X_n$, $I_n(\theta) = nI(\theta)$

Demostració

(i) Recordem que, donada una transformació $g(X)$ de la variable X, es compleix que

$$E(g(X)) = \int_\mathbb{R} g(x)f(x,\theta)dx$$

o bé

$$E(g(X)) = \sum_{i=1}^n g(x_i)P(X = x_i)$$

per a variables discretes. Aleshores,

$$E_\theta\left(\frac{\partial}{\partial\theta}l(x,\theta)\right) = \int_\mathbb{R}\left(\frac{\partial}{\partial\theta}l(x,\theta)\right)f(x,\theta)dx$$

$$= \int_\mathbb{R}\frac{1}{f(x,\theta)}\left(\frac{\partial}{\partial\theta}f(x,\theta)\right)f(x,\theta)dx$$

$$= \int_\mathbb{R}\frac{\partial}{\partial\theta}f(x,\theta)dx$$

$$= \frac{\partial}{\partial\theta}\underbrace{\int_\mathbb{R}f(x,\theta)dx}_{1} = \frac{\partial}{\partial\theta}(1) = 0$$

La demostració és anàloga per al cas discret.

D'aquesta propietat, es desprèn que $I(\theta) = V_\theta(l(x,\theta))$.

(ii) $E_\theta\left(\dfrac{\partial^2}{\partial\theta^2}l(x,\theta)\right) = E_\theta\left(\dfrac{\partial^2}{\partial\theta^2}\ln(f(x,\theta))\right)$

$$= E_\theta\left(\frac{-1}{f(x,\theta)^2}\left[\frac{\partial}{\partial\theta}f(x,\theta)\right]^2 + \frac{1}{f(x,\theta)}\cdot\frac{\partial^2}{\partial\theta^2}f(x,\theta)\right)$$

$$= -\int_\mathbb{R}\frac{1}{f(x,\theta)^2}\left[\frac{\partial}{\partial\theta}f(x,\theta)\right]^2 f(x,\theta)dx + \int_\mathbb{R}\frac{1}{f(x,\theta)}\cdot\frac{\partial^2}{\partial\theta^2}f(x,\theta)f(x,\theta)dx$$

$$= -\underbrace{\int_\mathbb{R}\frac{1}{f(x,\theta)}\left[\frac{\partial}{\partial\theta}f(x,\theta)\right]^2 dx}_{I(\theta)} + \frac{\partial^2}{\partial\theta^2}\underbrace{\int_\mathbb{R}f(x,\theta)dx}_{1} = -I(\theta) \qquad\blacksquare$$

Exemple 5.3 *Donada una mostra aleatòria simple $X_1,\ldots,X_n$ d'una variable $X \hookrightarrow \mathscr{P}(\lambda)$, la informació de Fisher per a λ continguda a la mostra es calcula trobant primer la continguda en una observació i després, en virtut de la tercera propietat, multiplicant per n.*

En primer lloc, determinem el logaritme de la funció de versemblança:

$$L(X,\lambda) = e^{-\lambda}\frac{\lambda^x}{x!} \Rightarrow \ln(L) = -\lambda + x\ln(\lambda) - \ln(x!).$$

En segon lloc, la informació de Fisher per a una observació és

$$I(\lambda) = -E\left(\frac{\partial^2\ln(L)}{\partial\lambda^2}\right) = -E\left(\frac{-x}{\lambda^2}\right) = \frac{1}{\lambda^2}E(x) = \frac{1}{\lambda}$$

Finalment, la informació continguda a la mostra és $I_n(\lambda) = nI(\lambda) = \dfrac{n}{\lambda}$.

Desigualtat de Cramér-Rao. Sigui $T = r(X_1, \ldots X_n)$ un estimador no esbiaixat de $g(\theta)$, on g és una funció derivable. Aleshores,

$$VAR_\theta(T) \geq \frac{(g'(\theta))^2}{I(\theta)}$$

Demostració. D'una banda, apliquem la desigualtat de Cauchy-Schwartz a les variables

$T - g(\theta)$ i $l(x, \theta) = \dfrac{\partial}{\partial \theta} \ln f(x, \theta)$:

$$|E_\theta[(T - g(\theta))(l(x, \theta))]| \leq \sqrt{E_\theta[(T - g(\theta))]^2 E_\theta[l(x, \theta)]^2} \leq \sqrt{VAR_\theta(T)I(\theta)}$$

D'altra banda, calculem $E_\theta\left[(T - g(\theta))\left(\dfrac{\partial}{\partial \theta} l(x, \theta)\right)\right]$:

$$E_\theta\left((T - g(\theta))\left(\frac{\partial}{\partial \theta} l(x, \theta)\right)\right) = E_\theta\left(T \cdot \frac{\partial}{\partial \theta} l\right) - g(\theta) E_\theta\left(\frac{\partial}{\partial \theta} l\right)$$

$$= \int_{\mathbb{R}} T \frac{\partial}{\partial \theta}(l(x, \theta)) f(x, \theta)\, dx - g(\theta) \int_{\mathbb{R}} \frac{\partial}{\partial \theta}(l(x, \theta)) f(x, \theta)\, dx$$

$$= \int_{\mathbb{R}} T \frac{1}{f(x, \theta)}\left(\frac{\partial}{\partial \theta} f(x, \theta)\right) f(x, \theta)\, dx - g(\theta) \int_{\mathbb{R}} \frac{1}{f(x, \theta)}\left(\frac{\partial}{\partial \theta} f(x, \theta)\right) f(x, \theta)\, dx$$

$$= \frac{\partial}{\partial \theta} \int_{\mathbb{R}} T f(x, \theta)\, dx - g(\theta) \frac{\partial}{\partial \theta} \int_{\mathbb{R}} f(x, \theta)\, dx$$

$$= \frac{\partial}{\partial \theta} E_\theta(T) = g'(\theta)$$

Finalment, combinant els dos resultats,

$$g'(\theta) \leq \sqrt{VAR_\theta(T)I(\theta)} \Rightarrow VAR_\theta(T) \geq \frac{(g'(\theta))^2}{I(\theta)} \qquad \blacksquare$$

Els estimadors que satisfan la desigualtat de Cramér-Rao s'anomenen *eficients* i són UMV. No obstant això, poden haver-hi estimadors UMV que no siguin eficients.

5.8. Estimadors de la màxima versemblança

Suposem que les variables aleatòries $X_1, \ldots, X_n$ constitueixen una mostra aleatòria d'una distribució discreta o d'una distribució contínua amb funció de probabilitat o funció de densitat $f(x, \theta)$, on θ és un paràmetre o un vector paramètric desconegut que pertany a un espai paramètric Θ.

Donada una observació de la mostra, és a dir, uns certs valors $x_1, \ldots, x_n$, sembla raonable estimar el paràmetre θ de manera que aquests valors siguin com més probables millor.

És a dir, suposant que la probabilitat d'observar $x_1, \ldots, x_n$ és molt alta quan $\theta = \theta_0$ i molt baixa per a d'altres valors de $\theta \in \Theta$, és lògic estimar θ amb θ_0, llevat que disposem d'alguna informació addicional que desaconselli aquesta estimació. Donats, doncs, uns valors $x_1, \ldots, x_n$, aquest raonament ens porta a considerar un valor de θ de manera que la funció de versemblança $L(x_1, \ldots, x_n, \theta)$ de la mostra sigui màxima i utilitzar aquest valor com a estimació del paràmetre.

Sigui $\hat{\theta}(X_1, \ldots, X_n)$ un estimador de θ. Diem que és de la *màxima versemblança* si i només si

$$L(x_1, \ldots, x_n, \hat{\theta}(x_1, \ldots, x_n)) = \sup_{\theta \in \Theta} L(x_1, \ldots, x_n, \theta)$$

Equacions de la màxima versemblança

Sigui $X_1, \ldots, X_n$ una mostra aleatòria amb funció de versemblança $L(X_1, \ldots, X_n, \theta)$, on θ és un paràmetre desconegut, i tal que $L > 0$ i de classe $\mathscr{C}^2$. Per la positivitat de L, podem definir $l(X_1, \ldots, X_n, \theta) = \ln(L(X_1, \ldots, X_n, \theta))$. Com que el logaritme és una funció bijectiva, maximitzar $l(X_1, \ldots, X_n, \theta)$ en funció de θ és equivalent a maximitzar $L(X_1, \ldots, X_n, \theta)$.

Anomenem *equacions de la màxima versemblança* les equacions

$$\frac{\partial}{\partial \theta_i} l(X_1, \ldots, X_n, \theta) = 0.$$

La solució de les equacions de la màxima versemblança proporciona els extrems de la funció de versemblança. El màxim $\hat{\theta}(X_1, \ldots, X_n)$, en cas que existeixi, és estimador de la màxima versemblança de θ.

Teorema 5.4 (Principi d'invariància) *Si $\hat{\theta}(X_1, \ldots X_n)$ és estimador de la màxima versemblança de θ i g és una funció bijectiva, aleshores $g(\hat{\theta}(X_1, \ldots X_n))$ és estimador de la màxima versemblança de $r = g(\theta)$.*

Demostració. Sigui $h(r)$ la funció inversa de $g(\theta)$. Aleshores, $\theta = h(r)$ i la funció de versemblança de la mostra queda expressada com $L(X_1, \ldots, X_n, h(r))$. Per definició, l'estimador de la màxima versemblança $\hat{r}$ de r serà el que maximitzi $L(X_1, \ldots, X_n, h(r))$. Atès que $L(X_1, \ldots, X_n, \theta)$ és màxima quan $\theta = \hat{\theta}(X_1, \ldots, X_n)$, resulta que $L(X_1, \ldots, X_n, h(r))$ esdevindrà màxima quan $h(r) = \hat{\theta}(X_1, \ldots, X_n)$, és a dir, quan $r = g(\hat{\theta}(X_1, \ldots, X_n))$. Per tant,

$$\hat{r}(X_1, \ldots, X_n) = g(\hat{\theta}(X_1, \ldots, X_n)). \qquad \blacksquare$$

5.9. Estimadors pel mètode dels moments

Donada una mostra aleatòria de la qual es volen estimar k paràmetres, el *mètode dels moments* consisteix a igualar els k primers moments teòrics de la variable aleatòria amb els moments mostrals. S'obté així un sistema de k equacions la solució del qual són els estimadors buscats. En general, els estimadors trobats a partir d'aquest procediment són consistents, però solen presentar biaix i no acostumen a ser de la mínima variància.

5.10. Estimació per intervals de confiança

A les seccions anteriors, s'han exposat diferents mètodes d'estimar un paràmetre donant-ne un valor aproximat, és a dir, una *estimació puntual*. En aquesta secció, es tracta l'ano-menada *estimació per intervals*, en la qual no es dóna un sol punt, sinó un interval, sobre el qual es pot afirmar que el valor real del paràmetre hi pertany amb una certa confiança.

Donada una mostra aleatòria simple $X_1, \ldots, X_n$ d'una distribució amb paràmetre θ de valor desconegut, suposem que és possible trobar dos estadístics $A(X_1, \ldots, X_n)$ i $B(X_1, \ldots, X_n)$ tals que

$$P_\theta(A(X_1, \ldots, X_n) \leq \theta \leq B(X_1, \ldots, X_n)) = \gamma$$

on $\gamma \in (0,1)$ és una probabilitat fixa. Si els valors observats de $A(X_1, \ldots, X_n)$ i $B(X_1, \ldots, X_n)$ són a i b, respectivament, aleshores es diu que l'interval $[a,b]$ és un *interval de confiança* per a θ amb un grau de confiança γ, és a dir, que θ pertany a l'interval $[a,b]$ amb una *confiança γ*.

5.11. Construcció d'intervals de confiança

Estimació de la mitjana en poblacions normals amb variància coneguda

Es disposa d'una mostra $X_1, \ldots, X_n$ d'una variable $X \hookrightarrow N(\mu,\sigma)$, amb σ coneguda. Atès que se'n vol estimar la mitjana μ, es considera l'estadístic mitjana mostral $\overline{X}$ per a la construcció de l'interval de confiança. Per les propietats de la normal, es té que

$$Z = \frac{\overline{X} - \mu}{\frac{\sigma}{\sqrt{n}}} \hookrightarrow N(0,1).$$

Trobar un interval amb nivell de confiança $\gamma = 1 - \alpha$ per al paràmetre μ equival a trobar, donada la simetria de la distribució normal, z tal que

$$P(-z \leq Z \leq z) = \gamma$$

En efecte, observem que

$$P(-z \leq Z \leq z) = P\left(-z \leq \frac{\overline{X} - \mu}{\frac{\sigma}{\sqrt{n}}} \leq z\right) = P\left(\overline{X} - z\frac{\sigma}{\sqrt{n}} \leq \mu \leq \overline{X} + z\frac{\sigma}{\sqrt{n}}\right) = \gamma$$

Per trobar el valor de z, es consulta a les taules de distribució de la $N(0,1)$ el valor z tal que $F(z) = 1 - \frac{\alpha}{2}$. Aleshores, es compleix que

$$F(z) - F(-z) = F(z) - (1 - F(z)) = 1 - \frac{\alpha}{2} - \frac{\alpha}{2} = 1 - \alpha = \gamma$$

i, per tant, $P(-z \leq Z \leq z) = \gamma$.

En definitiva, donats uns valors observats $x_1, \ldots, x_n$, l'interval de confiança de nivell γ per a μ és

$$\left[\overline{x} - z\frac{\sigma}{\sqrt{n}}, \ \overline{x} + z\frac{\sigma}{\sqrt{n}} \right]$$

Estimació de la mitjana en poblacions normals amb variància desconeguda

Per a la construcció de l'interval, no podem fer servir l'expressió anterior ja que no en coneixem la variància poblacional. Així doncs, ens cal un resultat previ sobre el comportament de l'estimador S^2 de la variància poblacional, conegut com el *teorema de Fisher*.

Teorema 5.5 (Teorema de Fisher) *Sigui $X_1, \ldots, X_n$ una mostra aleatòria simple d'una variable aleatòria $X \hookrightarrow N(\mu, \sigma)$. Aleshores,*

$$\frac{\sum\limits_{i=1}^{n}(X_i - \overline{X})^2}{\sigma^2} = (n-1)\frac{S^2}{\sigma^2} \hookrightarrow \chi^2_{n-1}.$$

Aquest últim resultat també s'expressa com

$$\frac{S^2}{\sigma^2} \hookrightarrow \frac{\chi^2_{n-1}}{n-1}.$$

En conseqüència, i notant per $S = \sqrt{S^2}$,

$$T = \frac{\overline{X} - \mu}{\frac{S}{\sqrt{n}}} = \frac{\overline{X} - \mu}{\frac{\sqrt{\frac{\sum_{i=1}^{n}(X_i - \overline{X})^2}{n-1}}}{\sqrt{n}}} = \frac{\frac{\overline{X} - \mu}{\frac{\sigma}{\sqrt{n}}}}{\sqrt{\frac{\sum_{i=1}^{n}(X_i - \overline{X})^2}{\sigma^2(n-1)}}} \hookrightarrow t_{n-1},$$

ja que és el quocient entre una variable amb distribució $N(0,1)$ i l'arrel quadrada d'una distribució $\frac{\chi^2_{n-1}}{n-1}$. Per la simetria de la distribució t de Student, trobar un interval de confiança de nivell $\gamma = 1 - \alpha$ per a μ equival a trobar δ tal que

$$P(-\delta \leq T \leq \delta) = P\left(-\delta \leq \frac{\overline{X} - \mu}{\frac{S}{\sqrt{n}}} \leq \delta \right) = \gamma$$

El valor δ és tal que $F(\delta) = 1 - \frac{\alpha}{2}$, pel mateix raonament que en el cas anterior. Per trobar-lo cal consultar les taules de la t de Student amb els graus de llibertat que correspongui.

Aïllant μ de l'expressió anterior, obtenim que l'interval de confiança és

$$\left[\overline{x} - \delta\frac{s}{\sqrt{n}}, \ \overline{x} + \delta\frac{s}{\sqrt{n}} \right]$$

on $\overline{x}$ i s són els valors que prenen els estadístics $\overline{X}$ i S, avaluant-los en les observacions $x_1, \ldots, x_n$.

Estimació de la variància en poblacions normals

S'utilitza l'estadístic

$$(n-1)\frac{S^2}{\sigma^2}$$

que es distribueix seguint una distribució χ^2_{n-1}.

Donat un nivell de confiança $\gamma = 1-\alpha$, cal trobar a les taules de la χ^2_{n-1} els valors χ^2_a i χ^2_b tals que

$$F\left(\chi^2_a\right) = \frac{\alpha}{2} \text{ i } F\left(\chi^2_b\right) = 1-\frac{\alpha}{2}.$$

S'obté que

$$P\left(\chi^2_a \leq (n-1)\frac{S^2}{\sigma^2} \leq \chi^2_b\right) = 1-\alpha = \gamma$$

i, aïllant σ^2,

$$P\left(\frac{(n-1)S^2}{\chi^2_b} \leq \sigma^2 \leq \frac{(n-1)S^2}{\chi^2_b}\right) = \gamma$$

En conclusió, l'interval de confiança de nivell γ per a σ^2, donats els valors observats $x_1,\ldots,x_n$, és

$$\left[\frac{(n-1)s^2}{\chi^2_b}, \frac{(n-1)s^2}{\chi^2_a}\right],$$

on s^2 és el valor de l'estimador avaluat en $x_1,\ldots,x_n$.

Estimació de la diferència de mitjanes en poblacions normals amb variàncies conegudes

Siguin $X_1,\ldots, X_n$ i $Y_1,\ldots, Y_m$ dues mostres aleatòries independents de dues distribucions $X \hookrightarrow N(\mu_1,\sigma_1)$ i $Y \hookrightarrow N(\mu_2,\sigma_2)$. Per tal de construir un interval de confiança de nivell $\gamma = 1-\alpha$ de $\mu_1 - \mu_2$, es considera l'estadístic

$$D = \frac{\overline{X} - \overline{Y} - (\mu_1 - \mu_2)}{\sqrt{\frac{\sigma_1^2}{n} + \frac{\sigma_2^2}{m}}} \hookrightarrow N(0,1)$$

Tal i com hem vist en exemples anteriors, per determinar l'interval cal trobar el valor z tal que

$$P(-z \leq D \leq z) = 1-\alpha.$$

Això es pot fer aprofitant que D segueix una distribució normal $N(0,1)$ i la seva simetria. Aleshores, el valor de z és tal que

$$F_D(z) = P(D \leq z) = 1 - \frac{\alpha}{2}.$$

Aïllant $\mu_1 - \mu_2$,

$$P(-z \leq D \leq z) = P\left(-z \leq \frac{\overline{X} - \overline{Y} - (\mu_1 - \mu_2)}{\sqrt{\frac{\sigma_1^2}{n} + \frac{\sigma_2^2}{m}}} \leq z\right)$$

$$= P\left(\overline{X} - \overline{Y} - z\sqrt{\frac{\sigma_1^2}{n} + \frac{\sigma_2^2}{m}} \leq \mu_1 - \mu_2 \leq \overline{X} - \overline{Y} + z\sqrt{\frac{\sigma_1^2}{n} + \frac{\sigma_2^2}{m}}\right)$$

$$= 1 - \alpha$$

L'interval de confiança, donats uns valors $x_1, \ldots, x_n, y_1, \ldots, y_m$, és

$$\left[\overline{x} - \overline{y} - z\sqrt{\frac{\sigma_1^2}{n} + \frac{\sigma_2^2}{m}}, \overline{x} - \overline{y} + z\sqrt{\frac{\sigma_1^2}{n} + \frac{\sigma_2^2}{m}}\right]$$

Estimació de la diferència de mitjanes en poblacions normals amb variàncies desconegudes

En aquest cas, es disposa de dues mostres com les anteriors, però amb variància no coneguda. Es poden donar dues situacions: que les variàncies siguin iguals (homocedasticitat) o que siguin diferents.

Variàncies iguals

Quan les variàncies són iguals, és a dir, $\sigma_X^2 = \sigma_Y^2 = \sigma^2$, podem estimar σ a partir de l'estimador

$$S^2 = \frac{(n-1)S_X^2 + (m-1)S_Y^2}{\sigma^2} \hookrightarrow \chi_{n+m-2}^2$$

on S_X i S_Y són els estimadors de la variància mostral per a la mostra $X_1, \ldots, X_n$ i $Y_1, \ldots, Y_n$, respectivament.

Per construir l'interval de confiança de σ^2, es considera l'estadístic

$$T = \frac{\overline{X} - \overline{Y} - (\mu_1 - \mu_2)}{\sqrt{\frac{1}{n} + \frac{1}{m}}\sqrt{\frac{(n-1)S_X^2 + (m-1)S_Y^2}{(n-1)+(m-1)}}} = \frac{\overline{X} - \overline{Y} - (\mu_1 - \mu_2)}{S\sqrt{\frac{1}{n} + \frac{1}{m}}} \hookrightarrow t_{n+m-2}$$

Per la simetria de la t de Student, cal trobar δ tal que

$$P(-\delta \leq T \leq \delta) = 1 - \alpha.$$

Aïllant $\mu_1 - \mu_2$,

$$P(-\delta \leq T \leq \delta) = P\left(-\delta \leq \frac{\overline{X} - \overline{Y} - (\mu_1 - \mu_2)}{S\sqrt{\frac{1}{n} + \frac{1}{m}}} \leq \delta\right)$$

$$= P\left(\overline{X} - \overline{Y} - \delta S\sqrt{\frac{1}{n} + \frac{1}{m}} \leq \mu_1 - \mu_2 \leq \overline{X} - \overline{Y} + \delta S\sqrt{\frac{1}{n} + \frac{1}{m}}\right)$$

$$= 1 - \alpha$$

L'interval que en resulta és

$$\left[\bar{x} - \bar{y} - \delta s\sqrt{\frac{1}{n} + \frac{1}{m}}, \ \bar{x} - \bar{y} + \delta s\sqrt{\frac{1}{n} + \frac{1}{m}}\right].$$

Variàncies desiguals

Quan les variàncies no són iguals, l'estadístic que s'utilitza és

$$T = \frac{\overline{X} - \overline{Y} - (\mu_1 - \mu_2)}{\sqrt{\frac{S_X^2}{n} + \frac{S_Y^2}{m}}} \hookrightarrow t_p.$$

La llei que segueix és una t_p, però els p graus de llibertat no es poden determinar a priori; se'n fa un tractament aproximat. Es pren el nombre enter més proper a

$$p = \frac{\left(\frac{s_X^2}{n} + \frac{s_Y^2}{m}\right)^2}{\frac{(s_X^2/n)^2}{n-1} + \frac{(s_Y^2/n)^2}{m-1}}.$$

Es pot comprovar que

$$0 \leq n + m - 2 - p \leq \max\{n-1, m-1\}.$$

El nombre enter positiu $\Delta = n + m - 2 - p$ s'anomena *terme corrector* i la seva interpretació és la següent: si la primera població té una variància molt més gran que la primera i $n = m$, aleshores $s_X^2 \gg s_Y^2$ i $\Delta \approx m - 1$, de manera que $p = n - 1$, i els graus de llibertat depenen de la precisió amb què estimem la variància de la primera població. Si les variàncies d'ambdues poblacions són similars i també les grandàries mostrals, el terme corrector s'anul·la i estem en el cas anterior. Finalment, si les grandàries mostrals són molt diferents i, per exemple, $n \gg m$, el terme corrector és elevat i els graus de llibertat de la t es redueixen.

L'interval de confiança que resulta, donats uns valors $x_1, \ldots, x_n, y_1, \ldots, y_m$, és

$$\left[\bar{x} - \bar{y} - \delta \sqrt{\frac{s_x^2}{n} + \frac{s_Y^2}{m}}, \bar{x} - \bar{y} + \delta \sqrt{\frac{s_x^2}{n} + \frac{s_Y^2}{m}} \right]$$

i δ és el valor que fa

$$P(-\delta \leq T \leq \delta) = 1 - \alpha$$

on $T \hookrightarrow t_p$.

Estimació del quocient entre variàncies de poblacions normals

Siguin $X_1, \ldots, X_n$ i $Y_1, \ldots, Y_m$ dues mostres aleatòries independents. Per estimar el quocient entre les variàncies $\frac{\sigma_X^2}{\sigma_Y^2}$, utilitzem l'estadístic

$$\mathscr{F} = \frac{(S_X^2 / \sigma_X^2)}{(S_Y^2 / \sigma_Y^2)} \hookrightarrow F_{n-1, m-1}$$

Donat un nivell de confiança $\gamma = 1 - \alpha$, cal buscar en les taules de la distribució de Fisher $F_{n-1, m-1}$ els valors u_1 i u_2 tals que

$$F(u_1) = \frac{\alpha}{2} \text{ i } F(u_2) = 1 - \frac{\alpha}{2}.$$

D'aquesta manera,

$$
\begin{aligned}
P(u_1 \leq \mathscr{F} \leq u_2) &= P\left(u_1 \leq \frac{(S_X^2 / \sigma_X^2)}{(S_Y^2 / \sigma_Y^2)} \leq u_2 \right) \\
&= P\left(\frac{S_X^2}{S_Y^2} \frac{1}{u_2} \leq \frac{\sigma_X^2}{\sigma_Y^2} \leq \frac{S_X^2}{S_Y^2} \frac{1}{u_1} \right) \\
&= 1 - \alpha
\end{aligned}
$$

L'interval de confiança construït a partir de les observacions $x_1, \ldots, x_n$ i $y_1, \ldots, y_n$ serà

$$\left[\frac{s_x^2}{s_Y^2} \frac{1}{u_2}, \frac{s_x^2}{s_Y^2} \frac{1}{u_1} \right].$$

Estimació de la mitjana en poblacions sense normalitat

Sigui $X_1, \ldots, X_n$ una mostra aleatòria d'una població que es distribueix sense normalitat. En cas que la variància sigui coneguda, per construir l'interval de confiança de la mitjana utilitzem l'estadístic

$$Z = \frac{\overline{X} - \mu}{\frac{\sigma}{\sqrt{n}}}$$

Com que no hi ha normalitat, la llei que segueix l'estadístic no és coneguda. Tanmateix, en virtut del teorema central del límit, Z s'aproxima a una $N(0,1)$ per a n grans –a la pràctica, $n > 30$. Considerant, doncs, que $Z \hookrightarrow N(0,1)$, l'estadístic es construeix de la mateixa manera que per al cas de poblacions normals.

Si la variància és desconeguda, aleshores l'estadístic que s'utilitza és

$$T = \frac{\overline{X} - \mu}{\frac{S}{\sqrt{n}}}$$

Novament, la seva llei és desconeguda, però per a n grans (es pren $n > 100$) s'aproxima a una $N(0,1)$ i l'interval es pot determinar com en el cas de normalitat.

Problemes resolts

Problema 5.1 *Sigui $X_1, \ldots, X_{20}$ una mostra aleatòria simple d'una variable X amb funció de densitat*

$$f_X(x) = \begin{cases} 2x, & x \in [0,1] \\ 0, & altrament \end{cases}$$

Sigui $S = \sum_{i=0}^{20} X_i$. Calculeu la probabilitat $P(S \leq 10)$ utilitzant el teorema central del límit.

Solució

Pel teorema central del límit, sabem que, si X_i és una successió de n variables aleatòries independents i idènticament distribuïdes, aleshores

$$\frac{S_n - n\mu}{\sqrt{n}\sigma} \to N(0,1)$$

En aquest problema,

$$\mu = E(X) = \int_0^1 x \cdot 2x \, dx = \frac{2}{3}$$

$$\sigma^2 = VAR(X) = E(X^2) - (E(X))^2 = \int_0^1 x^2 \cdot 2x \, dx - \frac{4}{9} = \frac{1}{18}$$

Finalment,

$$P(S_{20} \leq 10) = P\left(\underbrace{\frac{S_{20} - 20\mu}{\sqrt{20}\sigma}}_{Z \to N(0,1)} \leq \frac{10 - 20\frac{2}{3}}{\sqrt{20}\sqrt{\frac{1}{18}}} \right) \approx P(Z \leq -\sqrt{10}) \approx 0.0007821.$$

Problema 5.2 *Demostreu, mitjançant el teorema central del límit, que*

$$\lim_{n \to \infty} e^{-n} \sum_{k=0}^{n} \frac{n^k}{k!} = \frac{1}{2}.$$

Indicació: Estudieu la distribució d'una suma de variables de Poisson de paràmetre 1.

Solució

Considerem $X \hookrightarrow \mathscr{P}(\lambda)$ i prenem una mostra de mida n: $X_1, \ldots, X_n$.

D'una banda, denotant per $S_n = \sum_{i=0}^{n} X_i$, pel teorema central del límit tenim que

$$P(S_n \leq n) = P\left(\underbrace{\frac{S_n - n\lambda}{\sqrt{n\lambda}}}_{Z \to N(0,1)} \leq \frac{n - n\lambda}{\sqrt{n\lambda}} \right) \to P\left(Z \leq \sqrt{n}\frac{1-\lambda}{\sqrt{\lambda}} \right).$$

Prenent $\lambda = 1$, obtenim

$$P(S_n \leq n) \to P(Z \leq 0) = \frac{1}{2}.$$

D'altra banda, $X_1 + \ldots + X_n \hookrightarrow \mathscr{P}(n\lambda) = \mathscr{P}(n)$. Per tant,

$$P(S_n = k) = \frac{e^{-n} n^k}{k!}$$

Finalment, en virtut dels dos resultats que hem obtingut,

$$P(S_n \leq n) = \sum_{k=0}^{n} P(S_n = k) = e^{-n} \sum_{k=0}^{n} \frac{n^k}{k!} \to P(Z \leq 0) = \frac{1}{2},$$

om hem fet servir el símbol $\to$ per indicar la convergència en llei quan n tendeix a infinit.

Problema 5.3 *Es realitza l'experiència aleatòria de llançar una moneda a l'aire. Sigui X la variable aleatòria que val 1 si surt cara i 0 si surt creu. Sigui $X_1, \ldots, X_{1000}$ una mostra aleatòria de la variable X, i sigui $S = \sum_{i=1}^{1000} X_i$. Calculeu:*

(a) La probabilitat que $490 \leq S \leq 510$.
(b) L'interval $[a,b]$ centrat en 500, que compleixi que $P(S \in [a,b]) = 0.95$.

Solució

(a) Pel teorema central del límit, $\dfrac{S - 1000 \cdot \frac{1}{2}}{\sqrt{1000\frac{1}{2}}} \overset{\approx}{\hookrightarrow} N(0,1)$. Per tant,

$$P(490 \leq S \leq 510) \approx P\left(\frac{490 - 500}{\sqrt{1000\frac{1}{2}}} \leq Z \leq \frac{510 - 500}{\sqrt{1000\frac{1}{2}}} \right)$$

$$= P(-0,63 \leq Z \leq 0.63) = 0.4714, \text{ on } Z \hookrightarrow N(0,1).$$

(b) Aproximant pel teorema central del límit com a l'apartat anterior, tenim

$$0.95 = P(S \in [a,b]) \approx P\left(Z \in \left[\frac{a-500}{\sqrt{1000 \cdot 0.5}}, \frac{b-500}{\sqrt{1000 \cdot 0.5}}\right]\right),$$

cosa que implica que $a = 469$ i $b = 531$.

Problema 5.4 *Donades* $X_1, X_2, \ldots, X_n \hookrightarrow N(\mu, \sigma)$ *i* $\overline{X} = \frac{\sum_{i=1}^{n} X_i}{n}$ *la mitjana mostral, considereu els estimadors de* σ^2 *següents:*

$$S^2 = \frac{1}{n-1} \sum_{i=1}^{n} (X_i - \overline{X})^2$$

$$\hat{\sigma}^2 = \frac{1}{n} \sum_{i=1}^{n} (X_i - \overline{X})^2$$

$$\tilde{\sigma}_*^2 = \delta \left(\sum_{i=1}^{n} (X_i - \overline{X})^2\right)$$

(a) *Calculeu el biaix dels estimadors.*
(b) *Calculeu la variància de l'estimador* S^2.
(c) *Trobeu el valor de* δ *que minimitza l'error quadràtic, és a dir,* $E\left[(\tilde{\sigma}_*^2 - \sigma^2)^2\right]$.

Solució

(a) $E(S^2) = E\left(\frac{1}{n-1} \sum_{i=1}^{n} (X_i - \overline{X})^2\right)$

$= \frac{1}{n-1} E\left(\sum_{i=1}^{n} \left[X_i^2 - 2\overline{X}X_i + \overline{X}^2\right]\right)$

$= \frac{1}{n-1} E\left(\sum_{i=1}^{n} X_i^2 - 2\overline{X} \sum_{i=1}^{n} X_i + n\overline{X}^2\right)$

$= \frac{1}{n-1} E\left(\sum_{i=1}^{n} X_i^2 - n\overline{X}^2\right)$

$= \frac{1}{n-1}\left(n(\sigma^2 + \mu^2) - n\left(\frac{\sigma^2}{n} + \mu^2\right)\right) = \sigma^2$

on hem utilitzat que l'esperança és un operador lineal i que $E(X_i^2) = VAR(X_i) + (E(X_i))^2 = \sigma^2 + \mu^2$.

$E(\hat{\sigma}^2) = E\left(\frac{n-1}{n} S^2\right) = \frac{n-1}{n} \sigma^2$

$E(\tilde{\sigma}_*^2) = E(\delta(n-1)S^2) = \delta(n-1)\sigma^2$

(b) Pel teorema de Fisher,

$$\frac{\sum_{i=1}^{n}(X_i - \overline{X})^2}{\sigma^2} \hookrightarrow \chi^2_{n-1} \Rightarrow VAR\left(\frac{\sum_{i=1}^{n}(X_i - \overline{X})^2}{\sigma^2}\right) = VAR(\chi^2_{n-1}) = 2(n-1).$$

Aleshores,

$$VAR\left(\sum_{i=1}^{n}(X_i - \overline{X})^2\right) = 2(n-1)\sigma^4.$$

Per tant,

$$VAR(S^2) = \frac{2\sigma^4}{n-1}$$

(c) $E\left[(\tilde{\sigma}_*^2 - \sigma^2)^2\right] = E((\tilde{\sigma}_*^2)^2 - 2\tilde{\sigma}_*^2\sigma^2 + \sigma^4)$

$\qquad\qquad\quad = 2(n-1)\delta^2\sigma^4 + (\delta(n-1)\sigma^2)^2 - 2\delta(n-1)\sigma^4 + \sigma^4$

$\qquad\qquad\quad = n^2\delta^2\sigma^4 - \delta^2\sigma^4 - 2n\delta\sigma^4 + 2\delta\sigma^4 + \sigma^4$

Derivant l'expressió anterior i igualant-la a zero (condició d'extrem), obtenim

$$\delta = \frac{1}{n+1}$$

Problema 5.5 *Siguin α_1 i α_2 dos estimadors independents i sense biaix de α, amb variàncies σ_1^2 i σ_2^2, respectivament.*

(a) Comproveu que $\alpha_3 = (1-a)\alpha_1 + a\alpha_2$ és estimador de α no esbiaixat per a tot $a \in \mathbb{R}$.
(b) Trobeu el valor de a que minimitza la variància de α_3.

Solució

(a) $E(\alpha_3) = E((1-a)\alpha_1 + a\alpha_2) = (1-a)\alpha + a\alpha = \alpha$

(b) $VAR(\alpha_3) = VAR((1-a)\alpha_1 + a\alpha_2) = (1-a)^2\sigma_1^2 + a\sigma_2^2$

Derivant la variància respecte de a i igualant-la a zero per imposar que el valor de a sigui extrem obtenim

$$a = \frac{\sigma_1^2}{\sigma_1^2 + \sigma_2^2}$$

Problema 5.6 *Sigui $X \hookrightarrow U[0,b]$, amb b desconegut, i $X_1,\ldots,X_n$ una mostra de X. Es consideren els estimadors*

$B_1 \quad \max\{X_1, X_2, \ldots, X_n\}$

$B_2 \quad = 2\overline{X}$

$B_3 \quad = \dfrac{n+1}{n}\max\{X_1, X_2, \ldots, X_n\}$

(a) Calculeu el biaix dels estimadors.

(b) Demostreu que B_3 és millor estimador que B_2.

Solució

(a) Calculem la funció de densitat de B_1:

$$P(B_1 \leq t) = P(X_1 \leq t, X_2 \leq t, \ldots, X_n \leq t)$$

$$= \left(\frac{t}{b}\right)^n, t \in [0,b] \Rightarrow f_{B_1} = n\frac{t^{n-1}}{b^n}, t \in [0,b].$$

Aleshores,

$$E(B_1) = \int_0^b n\frac{t^n}{b^n}\, dt = \frac{n}{n+1}b$$

$$E(B_2) = E\left(2\frac{\sum_{i=0}^n X_i}{n}\right) = \frac{2}{n}\sum_{i=0}^n E(X_i) = \frac{2}{n}n\frac{b}{2} = b$$

$$E(B_3) = E\left(\frac{n+1}{n}B_1\right) = b$$

(b) Com que tant B_2 com B_3 són no esbiaixats, en determinem el millor estimador comparant la seva variància:

$$VAR(B_2) = VAR(2\overline{X})$$

$$= 4VAR\left(\frac{\sum_{i=0}^n X_i}{n}\right)$$

$$= \frac{4}{n^2}\sum_{i=0}^n VAR(X_i)$$

$$= \frac{4}{n^2}\frac{b^2}{12} = \frac{b^2}{3n^2}$$

$$VAR(B_3) = E(B_3^2) - (E(B_3))^2$$

$$= \left(\frac{n+1}{n}\right)^2 \int_0^b n\frac{t^{n+1}}{b^n}\, dt - b^2$$

$$= \left(\frac{n+1}{n}\right)^2 \frac{nb^2}{n+2} - b^2 = \frac{b^2}{n(n+2)}$$

Per tant, com que $VAR(B_2) > VAR(B_3)$, és millor estimador B_3.

Problema 5.7 *Sigui $X \hookrightarrow N(0,\sigma)$. Transformeu $Y = \frac{\sum_{i=0}^n |X_i|}{n}$ perquè sigui estimador no esbiaixat de σ.*

Solució

$$E(|X_i|) = \int_{-\infty}^{\infty} |x| f_X(x)\, dx$$

$$= 2\int_0^{\infty} x f_X(x)\, dx$$

$$= 2\int_0^{\infty} x \frac{e^{-\frac{x^2}{2\sigma^2}}}{\sqrt{2\pi}}\, dx$$

$$= 2\int_0^{\infty} t \frac{e^{-\frac{t^2}{2}}}{\sqrt{2\pi}} \sigma\, dt = \frac{\sqrt{2}}{\sqrt{\pi}}\sigma$$

on hem aplicat el canvi de variable $t = \dfrac{x}{\sigma}$.

En conclusió, l'estimador $\sigma_* = \frac{\sqrt{\pi}}{\sqrt{2}} Y$ és no esbiaixat.

Problema 5.8 *Demostreu que els estimadors següents són suficients per als paràmetres que s'especifiquen:*

(a) *Donada una mostra de mida n d'una distribució de Bernoulli, amb paràmetre p desconegut,* $T = \sum_{i=1}^{n} X_i$.

(b) *Donada una mostra de mida n d'una* $N(\mu,\sigma)$, *amb paràmetre* μ *desconegut,* $T = \sum_{i=1}^{n}(X_i - \mu)^2$.

Solució

(a) La funció de versemblança de la mostra és

$$L(X_1,\ldots,X_n,p) = \prod_{i=1}^{n} P(X_i = x_i)$$

$$= \prod_{i=1}^{n} p^{x_i}(1-p)^{1-x_i}$$

$$= p^{\sum_{i=1}^n x_i}(1-p)^{n-\sum_{i=1}^n x_i}$$

$$= p^T(1-p)^{n-T}$$

Prenem

$$u(X_1,\ldots,X_n) = 1$$
$$v(T,p) = p^T(1-p)^{n-T},$$

i, pel teorema de factorització, queda provat que T és suficient.

(b) En aquest cas, la funció de versemblança de la mostra és

$$L(X_1,\ldots,X_n,\mu) = \prod_{i=1}^{n} f_{X_i}(x_i)$$

$$= \prod_{i=1}^{n} \frac{e^{-\frac{(x_i-\mu)^2}{2\sigma^2}}}{\sqrt{2\pi\sigma^2}}$$

$$= \left(\frac{1}{\sqrt{2\pi\sigma^2}}\right)^{n} e^{-\frac{\sum_{i=1}^{n}(x_i-\mu)^2}{2\sigma^2}}$$

Prenem

$$u(X_1,\ldots,X_n) = \left(\frac{1}{\sqrt{2\pi\sigma^2}}\right)^{n}$$

$$v(T,p) = e^{-\frac{\sum_{i=1}^{n}(x_i-\mu)^2}{2\sigma^2}},$$

i novament, pel teorema de factorització, queda provat que T és suficient.

Problema 5.9 *Sigui $X_1,\ldots,X_n$ una mostra aleatòria d'una variable contínua que té per funció de densitat*

$$f(x) = \begin{cases} \theta x^{\theta-1}, & 0 < x < 1 \\ 0 & \text{altrament} \end{cases}$$

on $\theta > 0$ desconegut. Trobeu un estimador suficient per a θ.

Solució

Per $0 < x_i < 1$, la funció de versemblança de la mostra és

$$L(X_1,\ldots,X_n,\theta) = \prod_{i=1}^{n} f_{X_i}(x_i) = \theta^n \left(\prod_{i=1}^{n} x_i\right)^{\theta-1}$$

Si algun dels valors x_i es troba fora de l'interval $(0,1)$, la funció de versemblança és 0 per a tot θ. Observeu que prenent

$$u(X_1,\ldots X_n) = 1$$

$$v\left(\prod_{i=1}^{n} x_i, \theta\right) = \left(\prod_{i=1}^{n} x_i\right)^{\theta-1},$$

la funció de versemblança queda expressada com el producte de u per v.

En conclusió, pel teorema de factorització, l'estadístic $T = \prod_{i=1}^{n} x_i$ és suficient per a θ.

Problema 5.10 *Donada una mostra $X_1, X_2, \ldots, X_m \hookrightarrow \mathscr{B}(n, p)$, trobeu un estimador de p pel mètode de màxima versemblança.*

Solució

La funció de versemblança de la mostra és

$$L(X_1, \ldots, X_m) = \prod_{i=1}^{m} P(X_i = x_i)$$

Per trobar l'estimador $\hat{p}$ de p pel mètode de la màxima versemblança, cal que $\hat{p}$ maximitzi $\ln(L)$. Això és:

$$\frac{d}{dp} \ln(L) = 0$$

Aleshores,

$$\frac{d}{dp} \left(\sum_{i=1}^{m} \ln \binom{n}{x_i} + \ln(p) \sum_{i=1}^{m} x_i + \ln(1-p) \sum_{i=1}^{m} (n - x_i) \right) = 0 \Leftrightarrow p = \frac{\frac{1}{m} \sum_{i=1}^{m} x_i}{n}$$

Per tant, l'estimador que buscàvem és

$$\hat{p} = \frac{\frac{1}{m} \sum_{i=1}^{m} x_i}{n}$$

Problema 5.11 *Sigui $X \hookrightarrow \mathscr{G}(p)$ i $x_1, \ldots, x_n$ una mostra aleatòria simple. Trobeu un estimador de p pel mètode dels moments i pel mètode de la màxima versemblança.*

Solució

Per trobar l'estimador p_1 pel mètode dels moments, igualem la mitjana mostral a la mitjana de X:

$$\bar{x} = E(X) = \frac{1-p}{p} \Leftrightarrow p(\bar{x} + 1) = 1 \Leftrightarrow p = \frac{1}{1 + \bar{x}}$$

En conclusió,

$$p_1 = \frac{1}{1 + \bar{x}}$$

Per calcular l'estimador p_2 pel mètode de la màxima versemblança, ens cal conèixer primer la funció de versemblança:

$$L(x_1, \ldots, x_n) = \prod_{i=1}^{m} P(X_i = x_i)$$

$$= \prod_{i=1}^{m} (1-p)^{x_i} p = (1-p)^{\sum_{i=1}^{m} x_i} p^n$$

Maximitzem ara $\ln(L)$,

$$\frac{d}{dp}\ln(L) = \frac{-\sum_{i=1}^{m} x_i}{1-p} + \frac{n}{p} = 0 \Leftrightarrow p = \frac{n}{n + \sum_{i=1}^{m} x_i} = \frac{1}{1+\bar{x}}$$

Així doncs, l'estimador és

$$p_2 = \frac{1}{1+\bar{x}}$$

Problema 5.12 *Sigui $X_1,\ldots,X_n$ una mostra aleatòria simple, amb funció de densitat de X_i:*

$$f(x,\theta) = \begin{cases} (\theta+1)x^{\theta}, & 0 < x < 1 \\ 0, & \text{altrament} \end{cases}$$

Trobeu un estimador de θ pel mètode dels moments i pel mètode de la màxima versemblança.

Solució

Per obtenir l'estimador pel mètode dels moments, cal igualar l'esperança de X amb la mitjana mostral:

$$E(X) = \int_0^1 (\theta+1)x^{\theta+1} = \frac{\theta+1}{\theta+2} = \bar{x}$$

Aïllant θ, obtenim l'estimador

$$\theta_m = \frac{1}{1-\bar{x}} - 2$$

Pel de màxima versemblança, calculem primer la funció de versemblança:

$$L = \prod_{i=1}^{n} f(x_i,\theta)$$

$$= \prod_{i=1}^{n} (\theta+1)x_i^{\theta} \mathbf{1}_{(1>x_i>0)}$$

$$= (\theta+1)^n (x_1 \cdot x_2 \cdots x_n)^{\theta} \mathbf{1}_{(\min\ x_i>0)} \mathbf{1}_{(\max\ x_i<1)}$$

Prenent logaritmes, obtenim

$$\ln(L) = n\ln(\theta+1) + \theta \sum_{i=1}^{n} \ln(x_i)$$

Derivant l'expressió respecte de θ i igualant la derivada a zero per tal de trobar l'extrem (màxim), obtenim que l'estimador de màxima versemblança és

$$\theta_{mv} = \frac{-n}{\displaystyle\sum_{i=1}^{n} \ln(x_i)} - 1$$

Problema 5.13 *Sigui X una variable aleatòria que estudia una determinada característica d'una població, amb funció de densitat:*

$$f_X(x) = \begin{cases} \dfrac{2(\theta - x)}{\theta^2}, & 0 \leq x \leq \theta \\ 0, & altrament \end{cases}$$

Trobeu l'estimador del paràmetre θ pel mètode dels moments i estudieu si presenta biaix.

Solució

Per trobar θ_m, igualem l'esperança de X al primer moment de la mostra, és a dir, a la mitjana mostral $\bar{x}$:

$$E(X) = \int_0^\theta x \frac{2(\theta - x)}{\theta^2}\, dx = \frac{2}{\theta^2}\left[\frac{\theta x^2}{2} - \frac{x^3}{3}\right]_0^\theta = \frac{\theta}{3} = \bar{x}$$

Per tant, $\theta_m = 3\bar{x}$

Per veure si té biaix, en calculem l'esperança:

$$\theta_m = E(3\bar{x}) = 3E\left(\frac{1}{n}\sum_{i=0}^{n} X_i\right) = 3E(x) = \theta$$

Així doncs, l'estimador no té biaix.

Problema 5.14 *Sigui una mostra $X_1, X_2 \ldots, X_n \hookrightarrow U[\alpha - \beta, \alpha + \beta]$.*

(a) *Calculeu la funció de versemblança $L(x_1, \ldots, x_n, \alpha, \beta)$ de la mostra i descriviu la regió*

$$R = \{(\alpha, \beta) \in \mathbb{R}^2 \mid L(x_1, \ldots, x_n, \alpha, \beta) \neq 0\}$$

(b) *Trobeu els estimadors de màxima versemblança de α i β.*

Solució

(a) Recordem que $f_{X_i}(x_i) = \begin{cases} \dfrac{1}{2\beta}, & x \in [\alpha - \beta, \alpha + \beta] \\ 0, & altrament \end{cases}$

Aleshores, la funció de versemblança és

$$L(x_1,\ldots,x_n,\alpha,\beta) = \prod_{i=0}^{n} \frac{1}{2\beta} \mathbf{1}(x_i)_{[\alpha-\beta,\alpha+\beta]} = \left(\frac{1}{2\beta}\right)^n \mathbf{1}(x_{max})_{[\alpha-\beta,\alpha+\beta]} \mathbf{1}(x_{min})_{[\alpha-\beta,\alpha+\beta]}$$

Denotant per $x_{(n)}$ el màxim valor de la mostra i per $x_{(1)}$ el mínim valor, la regió R queda definida com

$$R = \{(\alpha,\beta) \in \mathbb{R}^2 | x_{(n)} \leq \beta+\alpha,\ x_{(1)} \geq \alpha - \beta\}$$

(b) Els estimadors de la màxima versemblança han de ser tals que la funció L sigui diferent de 0, ja que aleshores

$$L = \left(\frac{1}{2\beta}\right)^n.$$

Prenem els que corresponen al punt de tall de les dues desigualtats, és a dir:

$$\beta_{mv} = \frac{x_{(n)} - x_{(1)}}{2} \qquad \alpha_{mv} = \frac{x_{(n)} + x_{(1)}}{2}$$

Problema 5.15 *Sigui $X_1,\ldots,X_m$ una mostra aleatòria d'una variable $\mathscr{B}(n,p)$.*

(a) *Trobeu l'estimador de la màxima versemblança $\hat{p}_{mv}$ de p i comproveu que no té biaix.*

(b) *Calculeu la fita de Cramér-Rao. És $\hat{p}_{mv}$ eficient? És UMV?*

(c) *Trobeu l'estimador de la màxima versemblança de $l = \dfrac{p}{1-p}$.*

Solució

(a) La funció de versemblança de la mostra és

$$L(X_1,\ldots,X_m) = \prod_{i=1}^{m} P(X_i = x_i)$$

Per trobar l'estimador $\hat{p}$ de p pel mètode de la màxima versemblança, cal que $\hat{p}$ maximitzi $\ln(L)$. Això és,

$$\frac{d}{dp} \ln(L) = 0$$

Aleshores,

$$\frac{d}{dp}\left(\sum_{i=1}^{m} \ln\binom{n}{x_i} + \ln(p)\sum_{i=1}^{m} x_i + \ln(1-p)\sum_{i=1}^{m}(n-x_i)\right) = 0 \Leftrightarrow p = \frac{\frac{1}{m}\sum_{i=1}^{m} x_i}{n}$$

Per tant, l'estimador que buscàvem és

$$\hat{p} = \frac{\frac{1}{m}\sum_{i=1}^{m} x_i}{n}$$

Vegem que no té biaix, calculant-ne l'esperança:

$$E(\hat{p}) = E\left(\frac{\frac{1}{m}\sum_{i=1}^{m} x_i}{n}\right) = \frac{1}{n}E(X) = p$$

(b) Calculem la informació de Fisher:

$$I_m(p) = -E(\theta)\left(\frac{\partial^2}{\partial p^2} l(x_1,\ldots,x_m,p)\right)$$

$$= -E\left(\frac{\sum_{i=0}^{m} X_i}{p^2} - \frac{mn - \sum_{i=0}^{m} X_i}{(1-p)^2}\right)$$

$$= \frac{mnp}{p^2} + \frac{mn}{(1-p)^2} - \frac{mnp}{(1-p)^2} = \frac{mn}{p(1-p)}$$

Aleshores, la cota de Cramér-Rao és

$$CCR = \frac{1}{\frac{mn}{p(1-p)}} = \frac{p(1-p)}{mn}$$

Per veure si és eficient i/o UMV, cal calcular la variància de l'estimador:

$$VAR(\hat{p}) = VAR\left(\frac{\frac{1}{m}\sum_{i=1}^{m} X_i}{n}\right)$$

$$= \frac{1}{m^2 n^2} VAR\left(\sum_{i=1}^{m} X_i\right)$$

$$= \frac{m}{m^2 n^2} VAR(X)$$

$$= \frac{p(1-p)}{mn}$$

En conclusió, com que assoleix la CCR, l'estimador és eficient i UMV.

(c) Pel principi d'invariància, $\hat{l}_{mv} = \dfrac{\hat{p}}{1-\hat{p}}$

Problema 5.16 *Donats els pesos de 8 nois de 16 anys:* $58, 50, 60, 65, 64, 62, 56, 57$, *i suposant que el pes es distribueix segons una variable normal:*

(a) Trobeu l'interval de confiança al 0.95 de la mitjana sabent que $\sigma = 3$.

(b) Trobeu l'interval de confiança al 0.9 per la mitjana si σ és desconeguda.

Solució

(a) Sigui X la variable aleatòria que dóna el pes d'un noi de 16 anys. Tenim que, per a una mostra $X_1, \ldots, X_n$, la mitjana mostral

$$\overline{X} \hookrightarrow N\left(\mu, \frac{\sigma}{\sqrt{n}}\right) \Rightarrow \frac{\overline{X} - \mu}{\frac{\sigma}{\sqrt{n}}} \hookrightarrow N(0,1)$$

Aleshores, per tal de determinar l'interval de confiança, ens cal trobar δ tal que

$$P\left(-\delta \le \frac{\overline{X} - \mu}{\frac{\sigma}{\sqrt{n}}} \le \delta\right) = P(-\delta \le N(0,1) \le \delta) = 0.95$$

Mirant les taules de probabilitat de la $N(0,1)$, obtenim que $\delta = 1.96$. Així doncs, tenim que

$$-1.96 \le \frac{\overline{X} - \mu}{\frac{\sigma}{\sqrt{n}}} \le 1.96 \Rightarrow \mu \in \left[\overline{X} - 1.96\frac{\sigma}{\sqrt{n}}, \overline{X} + 1.96\frac{\sigma}{\sqrt{n}}\right],$$

amb probabilitat 0.95. Finalment, substituint pels valors de l'enunciat, l'interval demanat és $[56.9211, 61.0788]$.

(b) Com que es desconeix σ, cal estimar-la a partir de

$$\hat{\sigma} = \frac{\sqrt{\sum_{i=1}^{n}(X_i - \overline{X})^2}}{n-1}.$$

Pel teorema de Fisher, tenim que

$$\hat{\sigma}^2 \frac{n-1}{\sigma^2} \hookrightarrow \chi_{n-1}^2$$

Aleshores, $\dfrac{\overline{X} - \mu}{\frac{\hat{\sigma}}{\sqrt{n}}} = \dfrac{\overline{X} - \mu}{\frac{\sqrt{\sum_{i=1}^{n}(X_i - \overline{X})^2}}{\frac{n-1}{\sqrt{n}}}} = \dfrac{\frac{\overline{X}-\mu}{\frac{\sigma}{\sqrt{n}}}}{\frac{\sqrt{\sum_{i=1}^{n}(X_i-\overline{X})^2}}{\sigma(n-1)}} \hookrightarrow t_{n-1}$

Raonant com abans, cal trobar δ complint:

$$P\left(-\delta \le \frac{\overline{X} - \mu}{\frac{\hat{\sigma}}{\sqrt{n}}} \le \delta\right) = P(-\delta \le t_{n-1} \le \delta) = 0.9$$

Consultant les taules de t_7, s'obté $\delta = 0.9$. Aïllant μ com a l'apartat anterior, trobem que l'interval demanat és $[55.7371, 62.2628]$.

Problema 5.17 *Sigui $X_1, \ldots, X_n$ una mostra aleatòria simple d'una variable aleatòria $X \hookrightarrow N(\mu, 4)$. Trobeu n perquè $[\overline{X} - 1, \overline{X} + 1]$ sigui un interval de confiança de μ de nivell 0.95.*

Solució

Per l'exercici anterior, tenim que l'interval de confiança de nivell 0.95 és de la forma

$$\left[\overline{X} - 1.96 \frac{\sigma}{\sqrt{n}}, \overline{X} + 1.96 \frac{\sigma}{\sqrt{n}} \right]$$

Per tant,

$$1.96 \frac{4}{\sqrt{n}} = 1 \Leftrightarrow n = 61.465$$

Com que ha de ser un nombre natural, prenem $n = 62$.

Problema 5.18 *Les notes en un determinat test de 50 punts es distribueixen segons una distribució $N(30, \sigma)$. S'agafen 10 exàmens a l'atzar i s'obté*

$$\frac{1}{10} \sum_{i=1}^{10} (X_i - 30)^2 = 12.4.$$

Trobeu l'interval de confiança amb nivell 0.9 per a σ.

Solució

Tenim que

$$\frac{\sum_{i=1}^{10} (X_i - 30)^2}{\sigma^2} \hookrightarrow \chi_{10}^2$$

Sigui $\alpha = 1 - 0.9 = 0.1$, i denotem per $\chi_{10, \frac{\alpha}{2}}^2$ i $\chi_{10, 1-\frac{\alpha}{2}}^2$ els punts de manera que la probabilitat acumulada és $\frac{\alpha}{2}$ i $1 - \frac{\alpha}{2}$, respectivament. Aleshores l'interval que busquem és tal que

$$P\left(\chi_{10, \frac{\alpha}{2}}^2 \leq \frac{\sum_{i=1}^{10} (X_i - 30)^2}{\sigma^2} \leq \chi_{10, 1-\frac{\alpha}{2}}^2 \right) = P\left(\frac{\sum_{i=1}^{10} (X_i - 30)^2}{\chi_{10, \frac{\alpha}{2}}^2} \leq \sigma^2 \leq \frac{\sum_{i=1}^{10} (X_i - 30)^2}{\chi_{10, 1-\frac{\alpha}{2}}^2} \right)$$

$$= 0.9$$

Substituint pels valors de l'enunciat i consultant les taules de la distribució χ_{10}^2, obtenim que l'interval per σ^2 és $[6.77, 31.47]$. Per tant, el de σ resulta $[2.6, 5.61]$.

Problema 5.19 *En un laboratori, s'han fet cinc mesuraments de les quantitats de metalls pesants en un determinat material de construcció i s'han obtingut els resultats:*

5.2, 4.8, 5.3, 5.7 i 5.0 *mg. Determineu els intervals de confiança, amb nivell de 0.95, de la mitjana i de la variància, assumint normalitat.*

Solució

Per l'interval de confiança de μ, considerem l'estadístic

$$\frac{\overline{X} - \mu}{\frac{S}{\sqrt{n}}} \hookrightarrow t_{n-1}, \text{ on } S = \frac{\sqrt{\sum_{i=1}^{n}(X_i - \overline{X})^2}}{n-1}$$

Per la simetria de la *t* de Student, l'interval ha de ser de la forma $[-\delta, \delta]$, on δ és tal que

$$P\left(-\delta \leq \frac{\overline{X} - \mu}{\frac{S}{\sqrt{n}}} \leq \delta\right) = P(-\delta \leq t_{n-1} \leq \delta) = 0.95$$

Considerant les dades de l'enunciat i que $n = 5$, obtenim $\delta = 2.2776$. L'interval de confiança és $[4.855, 5.545]$.

Per a σ^2, apliquem el mateix raonament que a l'exercici anterior. S'obté l'interval $[0.041, 0.9576]$.

Problema 5.20 *Un material s'empaqueta en caixes per a dos prove'dors X i Y. Els pesos de les caixes X es distribueixen segons una $N(\mu_X, 0.07)$ i els de Y, segons una $N(\mu_Y, 0.04)$. Una mostra de 100 caixes de X dóna una mitjana de 0.99 kg i una mostra de 300 de Y, una mitjana de 1.01 kg. Determineu l'interval de confiança per a $\mu_X - \mu_Y$ al 0.9.*

Solució

L'estadístic que utilitzem per fer l'interval és

$$D = \frac{\overline{X} - \overline{Y} - (\mu_X - \mu_Y)}{\sqrt{\frac{0.07^2}{100} + \frac{0.04^2}{300}}} \hookrightarrow N(0, 1)$$

Cal trobar z tal que

$$P(-z \leq D \leq z) = 0.9 \Rightarrow z = 1.645$$

Aïllant $\mu_X - \mu_Y$ de l'expressió anterior, obtenim

$$P\left(\overline{X} - \overline{Y} - 1.645\sqrt{\frac{0.07^2}{100} + \frac{0.04^2}{300}} \leq \mu_1 - \mu_2 \leq \overline{X} - \overline{Y} + 1.645\sqrt{\frac{0.07^2}{100} + \frac{0.04^2}{100}}\right)$$

$$= 0.9$$

L'interval de confiança, donats els valors observats $\overline{X} = 0.99$ i $\overline{Y} = 1.01$, és $[-0.0321, -7.88 \cdot 10^{-3}]$.

Problema 5.21 *Sigui $X_1, \ldots, X_n$ una mostra aleatòria d'una distribució exponencial amb mitjana τ. Trobeu el valor de n per tal que l'interval de confiança, al nivel del 95% obtingut utilitzant la desigualtat de Txebitxev per la mitjana poblacional, sigui*

$$\left[\frac{20\overline{X}}{21}, \frac{20\overline{X}}{19} \right].$$

Solució

Per la desigualtat de Txebitxev, tenim que

$$P\left(|X - E(X)| \geq k\sqrt{VAR(X)} \right) \leq \frac{VAR(X)}{k^2 VAR(X)} = \frac{1}{k^2}$$

Per tant,

$$1 - P\left(|X - E(X)| \leq k\sqrt{VAR(X)} \right) \leq \frac{1}{k^2} \Rightarrow P\left(|X - E(X)| \leq k\sqrt{VAR(X)} \right) \geq 1 - \frac{1}{k^2}$$

Com que $E(\overline{X}) = E(X) = \tau$ i $VAR(\overline{X}) = \dfrac{\tau^2}{n}$, tenim que

$$P\left(|\overline{X} - \tau| \leq k\frac{\tau}{\sqrt{n}} \right) \geq 1 - \frac{1}{k^2} \Rightarrow P\left(\frac{-k\tau}{\sqrt{n}} \leq \overline{X} - \tau \leq \frac{k\tau}{\sqrt{n}} \right)$$

$$= P\left(\frac{\overline{X}}{1 + \frac{k}{\sqrt{n}}} \leq \tau \leq \frac{\overline{X}}{1 - \frac{k}{\sqrt{n}}} \right) \geq 1 - \frac{1}{k^2}$$

de manera que l'interval que proporciona la desigualtat de Txebitxev és

$$\left[\frac{\overline{X}}{1 + \frac{k}{\sqrt{n}}}, \frac{\overline{X}}{1 - \frac{k}{\sqrt{n}}} \right].$$

Atès que el nivell de confiança ha de ser 0.95, tenim que

$$1 - \frac{1}{k^2} = 0.95 \Rightarrow k \approx 4.4721$$

Finalment, perquè l'interval coincideixi amb el que proposa l'enunciat, cal que

$$\frac{20}{21} = \frac{1}{1 + \frac{k}{\sqrt{n}}} \Rightarrow n \approx 8000$$

Contrast d'hipòtesi

"[Statistics are] the only tools by which an opening can be cut through the formidable thicket of difficulties that bars the path of those who pursue the Science of Man."

Francis Galton, citat al llibre
The Life, Letters and Labours of Francis Galton, de Karl Pearson (1914).

6.1. Proves d'hipòtesi paramètriques

En moltes ocasions, els problemes estadístics no són determinar el valor d'un paràmetre θ desconegut, sinó comprovar si aquest és contingut o no en un determinat subconjunt de l'espai paramètric Ω al qual pertany. Per exemple, en la secció anterior hem vist que, per estimar la diferència de mitjanes de dues poblacions X i Y sota normalitat, ens cal conèixer si les variàncies poden ser considerades iguals o no, és a dir, si $\theta = \sigma_X^2 / \sigma_Y^2$ pot ser considerat igual a 1 o no. Una estimació de θ no ens proporciona prou informació ja que, fins i tot essent iguals les variàncies, la probabilitat que les variàncies observades siguin iguals és 0. Per això, ens cal aplicar les eines que proporciona la teoria de contrast d'hipòtesi.

Hipòtesi nul·la i alternativa

Suposem que es pot descompondre Ω en dos subconjunts disjunts Ω_0 i Ω_1, i que l'estadístic ha de determinar si el valor desconegut de θ pertany a Ω_0 o bé a Ω_1. Es defineixen

$H_0:$ $\theta \in \Omega_0$ (hipòtesi nul·la)

$H_1:$ $\theta \in \Omega_1$ (hipòtesi alternativa)

Com que els subconjunts Ω_0 i Ω_1, coneguts com a *regió crítica*, són disjunts i la seva unió és Ω, exactament una i només una de les hipòtesis és certa. L'estadístic ha de decidir si accepta H_0 o bé la rebutja i accepta H_1. Quan el conjunt $\Omega_i = \{\theta_0\}$, es diu que la hipòtesi és *simple*. Quan conté més d'un valor, es diu que la hipòtesi és *composta*.

Els problemes de decisió estadística en què existeixen només dues opcions s'anomenen de *contrast d'hipòtesi*.

Errors de primera i segona espècie

Sempre que es realitza un contrast d'hipòtesi es poden cometre dos tipus d'error:

(i) Error de primera espècie: rebutjar la hipòtesi nul·la H_0 malgrat que sigui certa. La funció que defineix l'error és

$$\alpha_1 : \Omega_0 \to [0, 1]$$
$$\theta \mapsto P_\theta(\Omega_1)$$

(ii) Error de segona espècie: acceptar H_0 quan és falsa, és a dir, quan $\theta \in \Omega_1$. La funció que el defineix és

$$\alpha_2 : \Omega_1 \to [0, 1]$$
$$\theta \mapsto P_\theta(\Omega_0)$$

El suprem α de la probabilitat de cometre un error de primera espècie, és a dir, el suprem de α_1, s'anomena *nivell de significació* del test. El valor $\phi = 1 - \beta$, on β és el suprem de la probabilitat de cometre un error de segona espècie, s'anomena *potència* del test. Observem que sempre hi haurà la possibilitat de cometre algun dels dos errors, ja que l'única manera que l'error de primera espècie o de segona sigui sempre 0 és acceptant o rebutjant sempre.

Donat un nivell de significació α, diem que un procediment de contrast δ és *uniformement més potent* (UMP) si la seva potència és més gran o igual que la de qualsevol altre procediment per al mateix problema amb el mateix nivell de significació. L'objectiu de l'estadístic és trobar procediments UMP amb baixos nivells de significació, és a dir, aquells pels quals les probabilitats de cometre errors siguin molt petites.

L'estratègia per construir un test d'hipòtesi, coneguda com a *estratègia Neyman-Pearson*, consisteix a fixar un cert nivell de significació α i intentar minimitzar β. En general, se sol prendre $\alpha = 0.05$ o $\alpha = 0.01$, de manera que la fiabilitat del test és del 95% o del 99%, respectivament.

Construcció de contrasts per intervals de confiança

Un dels procediments més habituals per resoldre proves d'hipòtesi és construint la regió d'acceptació mitjançant un interval de confiança. L'interval pot ser fitat o no, depenent del tipus de constrast.

Problema de contrast bilateral

Anomenem *problema de contrast bilateral* a les proves d'hipòtesi paramètriques en què les hipòtesis són

$H_0 : \theta = \theta_0$
$H_1 : \theta \neq \theta_0$

Per a la construcció d'un test de significació $1 - \gamma$ per a aquests problemes amb intervals de confiança, es prenen dos estadístics, $T_1(X)$ i $T_2(X)$, tals que

$$P_\theta(\{x \in \Omega \| T_1(x) \leq \theta \leq T_2(x)\}) = \gamma$$

Aleshores, es considera com a regió d'acceptació

$$A_0 = \{x \in \Omega \mid T_1(x) \leq \theta_0 \leq T_2(x)\}$$

és a dir, les observacions x tals que l'interval de confiança del paràmetre conté el paràmetre vertader.

En efecte, comprovem que aleshores

$$\alpha = P_{\theta_0}(A_0^c) = P_{\theta_0}(\{x \in \Omega \mid \theta_0 \notin [T_1(x), T_2(X)]\}) = 1 - \gamma$$

Per decidir si s'accepta o no la hipòtesi nul·la, s'avaluen els estadístics $T_1(X)$ i $T_2(X)$ i es comprova si θ_0 pertany a l'interval que determinen o no.

Exemple 6.1 *Donada una $N(\mu, \sigma)$ amb σ coneguda, es planteja decidir si $\mu = \mu_0$ o bé $\mu \neq \mu_0$, essent la primera la hipòtesi nul·la i la segona, l'alternativa. El nivell de significació que es desitja és de 0.95.*

Per construir un test per a aquest problema de decisió, prenem l'estadístic

$$T_n(X) = \frac{\bar{X}_n - \mu_0}{\frac{\sigma}{\sqrt{n}}}$$

Com que la mostra és normal, $T_n(\mathbf{x}) \hookrightarrow N(0,1)$ sota H_0. Construïm, doncs, l'interval de confiança a un nivell de 0.95 per a la mitjana, que al capítol anterior s'ha vist que és

$$\left[\bar{x}_n - 1.96 \frac{\sigma}{\sqrt{n}}, \bar{x}_n + 1.96 \frac{\sigma}{\sqrt{n}} \right].$$

Finalment, la regió d'acceptació és

$$A_0 = \left\{ x \mid \bar{x}_n - 1.96 \frac{\sigma}{\sqrt{n}} \leq \mu_0 \leq \bar{x}_n + 1.96 \frac{\sigma}{\sqrt{n}} \right\}$$

Problema de contrast unilateral

Anomenem *problema de contrast unilateral* les proves d'hipòtesi paramètriques en què les hipòtesis són d'una de les dues formes següents:

$H_0 : \theta \leq \theta_0 \qquad H_0 : \theta > \theta_0$

$H_1 : \theta > \theta_0 \qquad H_1 : \theta \leq \theta_0$

Per a la construcció d'un test de significació $1 - \gamma$ per a aquests problemes amb intervals de confiança, es pren un estadístic $T(\mathbf{X})$, amb el qual es construeix una regió d'acceptació de la forma

$$A_0 = \{\mathbf{x} \in \Omega \mid T(\mathbf{x}) \le \theta_0\} \text{ o bé } A_0 = \{\mathbf{x} \in \Omega \mid T(\mathbf{x}) > \theta_0\}$$

tal que $P_{\theta_0}(A_0) = 1 - \gamma$.

Exemple 6.2 *Considereu el problema de decidir, donada $X \hookrightarrow N(\mu, \sigma)$ amb σ coneguda, si la mitjana μ és més gran o no que un determinat valor μ_0, amb un nivell de significació de 0.95. Es tracta de resoldre el contrast*

$H_0 : \mu \le \mu_0$
$H_1 : \mu > \mu_0$

Prenem l'estadístic

$$T_n(X) = \frac{\overline{X}_n - \mu_0}{\frac{\sigma}{\sqrt{n}}}$$

Si $\mu = \mu_0$, aleshores $T_n(\mathbf{X}) \hookrightarrow N(0,1)$. En cas que sigui certa la hipòtesi nul·la, aleshores l'estadístic $T_n(\mathbf{X})$ pren valors més petits com més petita és μ, ja que sabem, per la llei dels grans nombres, que $\overline{X}_n \to \mu$ i, com que $\mu \le \mu_0$, el valor serà negatiu. De manera que la regió d'acceptació serà tal que $P_{\mu_0}(T_n(\mathbf{x}) \le \delta) = 0.95$. Com que $T_n(\mathbf{X}) \hookrightarrow N(0,1)$, essent $\mu = \mu_0$, tenim que $\delta = 1.64$. Finalment, la regió d'acceptació és

$$A_0 = \{x \in \Omega^n \mid T_n(x) \le 1.64\}.$$

Observem que, en efecte, el test és del nivell triat:

$$P_{\mu \le \mu_0}(A_0^c) = P_{\mu \le \mu_0}\left(\left\{\frac{\overline{X}_n - \mu_0}{\frac{\sigma}{\sqrt{n}}} > 1.64\right\}\right) \le P_{\mu_0}\left(\left\{\frac{\overline{X}_n - \mu_0}{\frac{\sigma}{\sqrt{n}}} > 1.64\right\}\right)$$

$$= P(N(0,1) > 1.64) = 0.05.$$

Construcció de contrasts segons la metodologia Neyman-Pearson

L'estratègia de Neyman-Pearson serveix per resoldre tests d'hipòtesi de la forma

$H_0 : \theta = \theta_0$
$H_1 : \theta = \theta_1$

Denotem per $L_0(\mathbf{x})$ la funció de versemblança sota H_0, és a dir, $L(\mathbf{x}, \theta_0)$, i per $L_1(\mathbf{x})$ la funció de versemblança sota H_1. Sigui α el nivell de significació del test. Aleshores,

$$A_0 = \left\{\mathbf{x} \in \Omega^n \mid \frac{L_1(\mathbf{x})}{L_0(\mathbf{x})} \le c\right\}$$

on c és tal que $P_{\theta_0}(A_0^c) = \alpha$, defineix la regió d'acceptació d'un test UMP per al contrast plantejat, amb nivell de significació α.

Cal destacar que no sempre és possible trobar un tal valor c.

Test de la raó de versemblança

El test de la raó de versemblança és una de les eines més potents de la teoria de proves d'hipòtesi paramètriques. És especialment útil per resoldre problemes d'hipòtesis compostes, és a dir, del tipus

$H_0 : \theta \in \Theta_0$
$H_1 : \theta \in \Theta_1$

on $\Theta_0 \cup \Theta_1 = \Theta$, i Θ és l'espai paramètric que conté el conjunt de valors possibles que pot prendre θ.

Definim

$$L(\mathbf{x}, \Theta_0) = \sup_{\theta \in \Theta_0} L(\mathbf{x}, \theta)$$

$$L(\mathbf{x}, \Theta) = \sup_{\theta \in \Theta} L(\mathbf{x}, \theta)$$

Aleshores, en cas que existeixin i siguin mesurables, s'anomena *raó de versemblança* el seu quocient:

$$\lambda(\mathbf{x}) = \frac{L(\mathbf{x}, \Theta_0)}{L(\mathbf{x}, \Theta)}$$

El test de raó de versemblança per al contrast plantejat amb nivell de significació α és aquell que té com a regió d'acceptació

$$A_0 = \left\{ \mathbf{x} \in \Omega^n \mid \lambda(\mathbf{x}) \geq c \right\}$$

on c és tal que $P_\theta(A_0^c) \leq \alpha$, per a tot $\theta \in \Theta_0$.

És clar que per construir aquest test cal conèixer la llei de $\lambda(\mathbf{x})$ sota H_0, fet que pot no ser possible.

Observació 6.1 *Si existeix un estimador $\tilde{\theta}_{mv}$ de màxima versemblança per a θ, aleshores* $L(\mathbf{x}, \Theta) = L(\mathbf{x}, \tilde{\theta}_{mv})$.

6.2. Proves d'hipòtesi no paramètriques

A les seccions anteriors d'estimació i contrast d'hipòtesi, s'ha suposat que les observacions procedien d'una mostra la funció de distribució de la qual era coneguda, encara que calia determinar el valor d'algun dels seus paràmetres. Malauradament, en general no es coneix a priori com es comporten les poblacions que es volen estudiar: no se'n coneix la distribució, no se sap si realment dues mostres són independents entre elles o no, etc. En aquests casos, cal dur a terme proves d'hipòtesi no paramètriques, que són aquelles que tenen per objectiu determinar propietats de la població sense suposar o sense haver determinat quina és la seva distribució.

Proves khi quadrat

Sigui X una gran població que consisteix en n objectes de m tipus diferents i sigui p_i la probabilitat que un objecte seleccionat a l'atzar sigui del tipus i, on $i = 1, \ldots, m$. És clar que $0 < p_i < 1$ i $\sum_{i=1}^{m} p_i = 1$. Es diu que una tal variable X segueix una distribució multinomial $\mathcal{M}(n, m; p_1, \ldots, p_m)$. Denotant per n_i el nombre d'objectes de l'i-èsim tipus, observem que, donats n_i tals que $\sum_{i=1}^{m} n_i = n$, es compleix que

$$P(X = (n_1, \ldots, n_m)) = \frac{n!}{n_1! \cdots n_m!} p_1^{n_1} \cdots p_m^{n_m}$$

Siguin $p_1^0, \ldots, p_m^0$ uns valors possibles per a $p_1, \ldots, p_m$, pels quals es vol contrastar

$$H_0 : (p_1, \ldots, p_m) = (p_1^0, \ldots, p_m^0)$$
$$H_1 : (p_1, \ldots, p_m) \neq (p_1^0, \ldots, p_m^0)$$

És a dir, es vol esbrinar si $X \hookrightarrow M(n, m; p_1^0, \ldots, p_m^0)$. Per resoldre-ho, es pren l'estadístic

$$\mathscr{D}(X) = \sum_{i=1}^{m} \frac{(n_i - n p_i^0)^2}{n p_i^0}$$

Observem que $\mathscr{D}(X)$ mesura la suma dels quadrats de la diferència entre el valor observat n_i i l'esperat sota H_0, dividits pel valor esperat. Per tant, si H_0 és certa, és d'esperar que el valor de $\mathscr{D}(X)$ sigui petit. Per això, donat un nivell de confiança α, la regió d'acceptació del test és

$$A_0 = \{x = (n_1, \ldots, n_m) | \mathscr{D}(x) \leq c\},$$

on el valor de c es troba imposant que el test sigui de nivell α, és a dir, que es compleixi

$$P_{H_0}(A_0^c) \leq \alpha.$$

Per trobar el valor c, ens cal conèixer la llei de $\mathscr{D}(X)$ sota H_0. El teorema central del límit multidimensional proporciona aquest resultat.

Teorema central del límit multidimensional

Sigui $X \hookrightarrow \mathcal{M}(n, m; p_1, \ldots, p_m)$, amb $p_i \in (0, 1)$ i $\sum_{i=1}^{m} p_i = 1$. Denotant per x_i el nombre d'aparicions de l'i-èsim element, sigui $Z = (Z_1, \ldots, Z_m)$ tal que $Z_i = \frac{x_i - n p_i}{\sqrt{n p_i}}$. Aleshores,

$$\lim_{n \to \infty} Z = \text{multinormal}$$

essent la convergència en llei.

Com a conseqüència del teorema que acabem d'enunciar, $\sum_{i=1}^{m} Z_i^2$ s'aproxima a una distribució χ_{m-1}^2 per a valors grans de n. Per tant, l'estadístic $\mathscr{D}(X)$ segueix, sota H_0 i per a valors grans de n, una llei χ_{m-1}^2. És per això que aquest contrast s'anomena *contrast khi quadrat*.

Observació 6.2 *Sempre que el valor np_i^0 ($i = 1, \ldots, m$) no sigui molt petit, l'aproximació per una χ_{m-1}^2 de la llei de $\mathscr{D}(X)$ sota H_0 serà bona. Acostuma a ser molt acurada quan $np_i^0 > 5$. En altres casos, cal augmentar, si és possible, la grandària de la mostra.*

Prova d'ajustament khi quadrat

Siguin X una variable aleatòria real i $(X_1, \ldots, X_n)$ una mostra aleatòria simple. Donada una distribució de probabilitat $\mathscr{F}_0$, es vol resoldre el constrast

$H_0 : X \hookrightarrow \mathscr{F}_0$

$H_1 : X \not\hookrightarrow \mathscr{F}_0$

Per resoldre'l, considerem una partició d'intervals $\{A_i\}$ de $\mathbb{R}$ ($i = 1, \ldots, m$), i definim $p_i^0 = P_{H_0}(X \in A_i)$. Denotem per N_i la variable que compta el nombre de vegades que apareix algun element de A_i a la mostra, és a dir, $N_i = \sum_{i=1}^{n} \mathbf{1}_{A_i}(X_j)$.

Plantegem el nou contrast

$H_0' : (N_1, \ldots, N_m) \hookrightarrow M(n, m; p_1^0, \ldots, p_m^0)$

$H_1' : (N_1, \ldots, N_m) \not\hookrightarrow M(n, m; p_1^0, \ldots, p_m^0)$

D'aquesta manera, si s'accepta H_0' també s'acceptarà H_0. S'ha convertit un contrast de model no paramètric en un de paramètric, que es resol com s'ha explicat a l'apartat anterior.

Observació 6.3 *A l'hora de fer la partició de $\mathbb{R}$, cal tenir present que, com més conjunts hi ha, menys informació es perd de la distribució $\mathscr{F}_0$, però s'ha d'evitar que, per a algun i, $np_i^0 < 5$.*

Observació 6.4 *En cas que la distribució $\mathscr{F}_0$ presenti paràmetres desconeguts, i sempre que sigui prou regular, aquests paràmetres se substitueixen per estimadors (generalment, per estimadors de màxima versemblança). Aleshores, en virtut d'un resultat de Cramér,*

$$\mathscr{D}(X) = \sum_{i=1}^{m} \frac{(n_i - n\hat{p}_i^0)^2}{n\hat{p}_i^0} \quad s'aproxima\ a \quad \chi_{m-1-k}^2$$

on k és el nombre de paràmetres estimats i $\hat{p}_i^0$ representa com abans $P_{H_0}(X \in A_i)$, amb la diferència que ara la distribució sota H_0 té alguns paràmetres estimats.

Prova d'independència khi quadrat

Suposem que volem estudiar la relació entre el color de cabell i el color d'ulls. Per fer-ho, prenem una mostra de 240 persones i les classifiquem de la manera següent:

	cabell ros	cabell castany	cabell negre	cabell pèl-roig	Totals
ulls blaus	12	10	13	9	44
ulls grisos-verds	13	10	5	1	29
ulls marró	21	90	35	21	167
Totals	46	110	53	31	240

Una taula com aquesta, on cada observació es classifica de dues formes o més , s'anomena *taula de contingències*. Quan un estadístic analitza una taula de contingències, sovint està interessat a contrastar les hipòtesis que les classificacions siguin independents o no.

Donades X i Y dues variables aleatòries sobre una població, es planteja el contrast:

$H_0 : X, Y$ independents

$H_1 : X, Y$ no independents

Donada una mostra de mida n de la població, es classifica en una taula de contingència segons els valors del recorregut de X i Y, de manera que a la posició (i, j) de la taula hi ha els individus g tals que $X(g) = x_i$ i $Y(g) = y_j$. Denotant per m_x els valors possibles de X i per m_y els de Y, la taula té m_x files i m_y columnes. Sota H_0, és a dir, assumint que X i Y són independents, es té que la probabilitat de pertànyer a (i, j), que denotem per $p_{i,j}$, és $p_{i,j} = P(X = x_i)P(Y = y_j)$.

Per resoldre el test, es calculen els valors $p_k^0 = p_{i,j}$, amb $i = 1, \ldots, m_x$, $j = 1, \ldots, m_y$ i k, de manera que es recorre la taula de contingència d'esquerra a dreta i de dalt a baix, i es contrasten les hipòtesis

$$H_0' : (N_1, \ldots, N_{m_x+m_y}) \hookrightarrow M(n, m_x + m_y; p_1^0, \ldots, p_{m_x+m_y}^0)$$

$$H_1' : (N_1, \ldots, N_{m_x+m_y}) \not\hookrightarrow M(n, m_x + m_y; p_1^0, \ldots, p_{m_x+m_y}^0)$$

on $N_k = \sum_{l=1}^n \mathbf{1}_{x_i}(X)\mathbf{1}_{y_j}(Y)$, és a dir, les variables que compten el nombre d'individus a la posició (i, j).

Observació 6.5 *És important assenyalar que, en general, les probabilitats $P(X = x_i)$ i $P(Y = y_j)$ no són conegudes, sinó que s'estimen d'acord amb la taula*

$$P(X = x_i) = \frac{n_{x_i}}{n}$$

$$P(Y = y_j) = \frac{n_{y_j}}{n}$$

on n_{x_i} és el nombre d'individus g tals que $X(g) = x_i$, i anàlogament per a n_{y_j}. En aquest cas, com que s'estimen $m_x - 1 + m_y - 1$ paràmetres (les p_{x_i} i les p_{y_j}, menys una en tots dos casos, ja que l'últim valor surt del fet que el sumatori de probabilitats puntuals ha de ser 1), l'estadístic $\mathcal{D}$ per resoldre el constrast segueix una distribució $\chi^2_{m_x \cdot m_y - (m_x-1) - (m_y-1)} = \chi^2_{(m_x-1) \cdot (m_y-1)}$.

Problemes resolts

Problema 6.1 *Es disposa d'una observació X d'una distribució normal amb mitjana μ desconeguda i variància 1. Se sap que el valor de μ pot ser -5, 0 o 5, i es volen contrastar les hipòtesis següents al nivell de significació 0.05:*

$H_0 : \mu = 0$

$H_1 : \mu = -5 \quad o \quad \mu = 5$

Suposem que el procediment de constrast que s'utilitza rebutja H_0 quan $|X| > k$, on k s'escull de manera que $P_{\mu=0}(|X| > c) = 0.05$. Determineu el valor de k i demostreu que, si $X = 2$, aleshores es rebutja H_0.

Solució

$$P_{\mu=0}(|X| > c) = P(|N(0,1)| > c) = P(N(0,1) > c \cup -c > N(0,1)) = 0.05 \Leftrightarrow c = 1.96$$

Per tant, com que 2 pertany a la regió crítica, si $X = 2$, es rebutja H_0.

Problema 6.2 *Sigui p la proporció d'ítems defectuosos en una gran població. Es vol realitzar la prova d'hipòtesi següent:*

$H_0 : p = 0.2$
$H_1 : p \neq 0.2$

S'ha considerat una mostra de grandària 20 d'aquesta població. Denotant per X el nombre d'ítems defectuosos a la mostra, es considera un procediment que rebutja H_0 quan $X \geq 7$ o $X \leq 1$. Calculeu la probabilitat d'un error de primera espècie.

Solució

Sota H_0, la variable $X \hookrightarrow \mathscr{B}(20, 0.2)$, de manera que

$$\alpha_1 = P_{H_0}(\text{Rebutjar } H_0) = P_{p=0.2}(X \geq 7 \ o \ X \leq 1) = 0.1559.$$

Problema 6.3 *Sigui $X_1, \ldots, X_n$ una mostra aleatòria simple d'una variable $X \hookrightarrow N(\mu, \sigma)$. Es vol resoldre el contrast*

$H_0 : \mu = 0$
$H_1 : \mu \neq 0$

Es disposa de la informació següent: $\sum_{i=1}^{8} X_i = -11.2$ i $\sum_{i=1}^{8} X_i^2 = 42.7$. Resoleu la prova d'hipòtesi per a un nivell de significació $\alpha = 0.1$.

Solució

Considerem l'estadístic

$$Z(X) = \frac{\overline{X_8} - \mu}{\frac{S_8}{\sqrt{8}}} = \frac{\frac{\sum_{i=1}^{8} X_i}{8} - \mu}{\sqrt{\frac{\sum_{i=1}^{8} \frac{(X_i - \overline{X_8})^2}{7}}{8}}} \hookrightarrow t_7$$

Hem de construir una regió d'acceptació tal que

$$P_{\mu=0}(\{\mathbf{x} \in \Omega^8 | T_1(x) \leq \mu = 0 \leq T_2(x)\}) = 0.9$$

Aleshores, per la simetria de la t de Student, l'interval és tal que

$$P_{\mu=0}(Z(x) \in [-\delta, \delta]) = P(t_7 \in [-\delta, \delta]) = 0.9 \Rightarrow \delta = 1.895$$

La regió d'acceptació és

$$A_0 = \left\{ \mathbf{x} \in \Omega^8 \mid \overline{X}_8 - 1.895 \frac{S_8}{\sqrt{8}} \leq 0 \leq \overline{X}_8 + 1.895 \frac{S_8}{\sqrt{8}} \right\}$$

Bo i atenent les dades de què disposem,

$$s^2 = 42.7 - 8 \frac{(11.2)^2}{8^2} = 27.02$$

$$\overline{x}_8 = -1.4$$

Per tant, la regió d'acceptació construïda a partir de la mostra resulta $[-4.88, 2.08]$, de manera que s'accepta H_0.

Problema 6.4 *Per tal d'escollir vicepresident, el republicà John McCain encarrega una enquesta a 100 militants del partit perquè situïn políticament els dos possibles candidats: Sarah Palin i Ron Paul. Els enquestats han de puntuar de 0 –extrema esquerra– a 10 –extrema dreta– els dos polítics. Les respostes de l'enquesta es distribueixen seguint normalitat, amb variància 1 i amb una mitjana de 6.9 per a Palin i de 5.95 per a Ron Paul. Se sap que el Partit Republicà mobilitza el màxim nombre d'electors quan el vicepresident és vist per les bases com un polític llibertari i conservador moderat, és a dir, quan se'l puntua amb un 6.*

(a) Es pot admetre que Sarah Palin és massa conservadora si pel possible electorat total republicà és valorada amb un 6.5 o més, amb un nivell de confiança del 0.95?

(b) Es pot assumir que Ron Paul maximitzarà els vots republicans, amb un nivell de confiança del 0.95?

(c) Es pot admetre que Sarah Palin és exactament 1 punt més dretana que Paul, amb un nivell de confiança del 0.9?

Solució

Denotem per X_S la variable aleatòria que indica la puntuació de Sarah Palin i per μ_S la valoració mitjana de Sarah Palin. Anàlogament, X_R és la puntuació assignada a Ron Paul i μ_R, la seva mitjana.

(a) Es tracta de resoldre el problema de contrast

$$H_0 : \mu_S \geq 6.5$$
$$H_1 : \mu_S < 6.5$$

Considerem l'estadístic

$$T_S(X) = \frac{\overline{X}_{S,100} - 6.5}{\frac{1}{10}}$$

Si $\mu_S = 6.5$, aleshores T es distribueix seguint una $N(0,1)$. Sota H_0, el valor de T tendeix a fer-se gran, ja que, per la llei dels grans nombres, $\overline{X}_{100} \to \mu_S$.

De manera que la regió d'acceptació serà tal que

$$P_{\mu_S=6.5}(T(\mathbf{x}) > \delta) = 0.95$$

Com que $T(\mathbf{X}) \hookrightarrow N(0,1)$, essent $\mu_S = 6.5$, tenim que $\delta = -1.64$. Finalment, la regió d'acceptació és

$$A_0 = \left\{ x \in \Omega^n | \sum_{i=1}^{100} x_i > 633.6 \right\}$$

Observem que, en efecte, el test és del nivell triat:

$$P_{\mu_S \geq 6.5}(A_0^c) = P_{\mu_S \geq 6.5}\left(\left\{ \frac{\overline{X}_{S,100} - 6.5}{\frac{1}{10}} < -1.64 \right\} \right) \leq P_{6.5}\left(\left\{ \frac{\overline{X}_{S,100} - 6.5}{\frac{1}{10}} < -1.64 \right\} \right)$$

$$= P(N(0,1) < -1.64) = 0.05$$

Com que les 100 persones han valorat Palin amb una mitjana de 6.9, tenim que $\sum_{i=1}^{100} x_i = 690$, de manera que podem concloure que la candidata és massa conservadora.

(b) Es tracta de resoldre el problema de constrast

$H_0 : \mu_R = 6$
$H_1 : \mu_R \neq 6$

Considerem l'estadístic $T_R(x)$ definit de manera anàloga al $T_s(x)$. L'interval de confiança del 0.95 per a la mitjana μ_R, construït a partir de $T_R(x)$, és

$$\left[\mathbf{X}_{R,100} - 1.96\frac{1}{10}, \mathbf{X}_{R,100} + 1.96\frac{1}{10} \right]$$

De manera que acceptarem H_0 si $\mu_R = 6$ pertany a aquest interval. I, en efecte, donada l'observació $\mathbf{X}_{R,100} = 5.95$, s'obté l'interval $[5.754, 6.146]$, i comprovem que el test accepta H_0.

(c) En aquest apartat, es planteja un problema de constrast d'hipòtesi referent a la diferència de mitjanes de dues distribucions normals:

$H_0 : \mu_S - \mu_R = 1$
$H_1 : \mu_S - \mu_R \neq 1$

Per resoldre'l, construïm un interval de confiança de nivell 0.9 a partir de l'estadístic

$$D(x) = \frac{\overline{X}_{S,100} - \overline{X}_{R,100} - (\mu_S - \mu_R)}{\sqrt{\frac{2}{100}}}$$

L'interval de confiança que resulta per a la diferència de mitjanes amb les observacions que tenim és

$$\left[\overline{x}_{S,100} - \overline{x}_{R,100} - 1.64\sqrt{\frac{2}{100}}, \overline{x}_{S,100} + \overline{x}_{R,100} + 1.64\sqrt{\frac{2}{100}}\right] = [0.718, 1.1893]$$

Com que la diferència $\mu_S - \mu_R = 1$ pertany a l'interval, s'accepta H_0.

Problema 6.5 *Una mostra aleatòria de 100 calculadores va mostrar que el temps que trigaven a avaluar la funció cosinus era de 12 mil·lisegons, amb una estimació de la desviació tipus de 9 mil·lisegons. Contrasteu, amb un nivell de significació $\alpha = 0.05$, si a partir de les dades es pot inferir que el temps mitjà és de 10 mil·lisegons.*

Solució

Cal realitzar un test per tal de resoldre el contrast

$H_0 : \mu = 10$
$H_1 : \mu > 10$

amb un nivell de significació $\alpha = 0.05$.

Considerem l'estadístic

$$Z = \frac{\overline{X}_{100} - 10}{\frac{\sigma}{10}}$$

que s'aproxima a una $N(0,1)$, ja que n és gran.

El tipus de contrast és unilateral. Observem que, sota H_1, l'estadísic Z tendirà a prendre valors grans si μ és major, ja que per la llei dels grans nombres $\overline{X}_{100} \to \mu$. Per tant, la regió d'acceptació serà tal que

$$P_{\mu=10}(Z(\mathbf{x}) \leq \delta) = 0.95$$

Com que $Z(\mathbf{X}) \hookrightarrow N(0,1)$, essent $\mu = 10$, tenim que $\delta = 1.64$. Finalment, la regió d'acceptació és

$$A_0 = \{x \in \Omega^n | Z \leq 1.64\}$$

Avaluant Z a partir de les observacions que proporciona l'enunciat, obtenim $Z = 2.22$. Com que no pertany a la regió d'acceptació, descartem la hipòtesi nul·la.

Problema 6.6 *Un fabricant de cotxes disposa d'un sistema A per a la producció d'automòbils. Se li suggereix que adopti un nou sistema B, que sembla més eficient ja que requereix menys recursos. Per verificar-ho, se selecciona una mostra de 15 cotxes fabricats segons el procés A i 17 segons B. La quantitat de matèria primera emprada pels cotxes fabricats amb el sistema A és de 400 grams de mitjana i de 9 grams de desviació* *tipus i, pels de B, la mitjana és de 385 grams i la desviació, de 10.5 grams. Suposant que en ambdós casos la quantitat de recursos es distribueix segons una normal, decidiu si es pot acceptar que les variàncies són iguals amb un nivell de confiança del 0.98 i si B requereix menys recursos que A prenent $\alpha = 0.05$.*

Solució

El contrast que s'ha de resoldre per a les variàncies el formulem com

$$H_0 : \frac{\sigma_A^2}{\sigma_B^2} = 1 \qquad H_1 : \frac{\sigma_A^2}{\sigma_B^2} \neq 1$$

Per resoldre el test, construïm un interval de confiança del 0.98 per al quocient $\frac{\sigma_A^2}{\sigma_B^2}$. Al capítol anterior, hem vist que, per a fer-ho, ens cal trobar a i b tals que

$$P\left(a \leq \frac{S_{A,15}^2/\sigma_A^2}{S_{B,15}^2/\sigma_B^2} \leq b\right) = 0.98 \quad \text{on} \quad \frac{S_{A,15}^2/\sigma_A^2}{S_{B,15}^2/\sigma_B^2} \hookrightarrow F_{(14,16)}$$

Els valors els trobem consultant les taules de la distribució de Fisher. Substituint $\overline{X}_A = 400$, $\overline{X}_B = 385$, $S_A = 9$ I $s_B = 10.5$, obtenim l'interval $[0.21292, 2.65862]$.

Com que 1 pertany a l'interval, acceptem H_0.

El segon contrast que s'ha de resoldre és

$$H_0 : \mu_A - \mu_B = 0$$
$$H_1 : \mu_A - \mu_B > 0$$

Com que les variàncies poden suposar-se iguals, considerem l'estadístic

$$T(X) = \frac{(\overline{X}_A - \overline{X}_B)}{Sp\sqrt{\frac{1}{15} + \frac{1}{17}}} \quad \text{on} \quad Sp = \sqrt{\frac{14S_A^2 + 16S_B^2}{30}}$$

Observem que, sota H_0, l'estadístic es distribueix seguint una t_{30} i que, sota H_1, el valor de T tendeix a fer-se gran, de manera que la regió crítica del test, és a dir, el complementari d'acceptació, serà de la forma $T > k$, on k és tal que $P(t_{30} \leq k) = 0.95$. En efecte, aleshores el test compleix que és de nivell

$$\alpha = 0.05 : P_{H_0}(A_0^c) = P(t_{30} > k) = 0.05$$

Consultant les taules de la distribució t_{30}, s'obté $k = 1.6973$.

Finalment, per resoldre el contrast, cal avaluar T segons les dades que tenim

$$T(x) = \frac{400 - 385}{9.82853 \cdot 0.354245} = 4.30821$$

Com que no pertany a la regió d'acceptació, refutem H_0.

Problema 6.7 *A partir d'una mostra de mida $n = 10$ d'una distribució de Poisson de paràmetre λ desconegut, es vol contrastar*

$H_0 : \lambda = 0.3$

$H_1 : \lambda = 0.4$

Construïu un test amb nivell $\alpha = 0.05$ a partir del mètode de Neyman-Pearson. Calculeu la potència del test.

Solució

Calculem el quocient de versemblances

$$\frac{L_1(x, \lambda = 0.4)}{L_0(x, \lambda = 0.3)} = \frac{e^{-4}4^{\sum_{i=0}^{10} X_i}}{e^{-3}3^{\sum_{i=0}^{10} X_i}} = e^{-1}\left(\frac{4}{3}\right)^{\sum_{i=0}^{10} X_i}$$

Ara calculem la regió d'acceptació A_0 segons el lema de Neyman-Pearson. És a dir,

$$P_{\lambda=0.3}\left(\frac{L_1(x)}{L_0(x)} > c\right) = P_{\lambda=0.3}\left(\left(\frac{4}{3}\right)^{\sum_{i=0}^{10} X_i} > e \cdot c\right)$$

$$= P_{\lambda=0.3}\left(\sum_{i=0}^{10} X_i \cdot \ln\left(\frac{4}{3}\right) > K\right)$$

$$= P_{\lambda=0.3}\left(\sum_{i=0}^{10} X_i > Q\right) = 0.05$$

on s'ha canviat el nom de la constant a mesura que es dividia o multiplicava per termes positius.

Com que, sota H_0, $\sum_{i=0}^{10} X_i \hookrightarrow \mathscr{P}(3)$, tenim que $Q = 7$.

La regió d'acceptació del test és

$$A_0 = \left\{x \in \Omega^{10}\Big| \sum_{i=0}^{10} x_i \leq 7\right\}$$

i la seva potència ϕ,

$$P_{H_1}(A_0) = P(\mathscr{P}(4) > 7) = 1 - P(\mathscr{P}(4) \leq 7) = 0.11067 \Rightarrow \phi = 0.8893$$

Problema 6.8 *Sigui $X \hookrightarrow N(0,\sigma)$. Sobre la base d'una sola observació, proposeu un test amb nivell de significació $\alpha = 0.01$ per resoldre el contrast*

$H_0 : \sigma^2 = 0.5$

$H_1 : \sigma^2 = 1$

Solució

Construïm el test per mitjà de l'estratègia Neyman-Pearson, que és especialment indicada per a aquest tipus de prova d' hipòtesi.

En primer lloc, calculem el quocient de versemblances

$$\frac{L_1(x)}{L_0(x)} = \frac{\frac{1}{\sqrt{2\pi}}e^{-\frac{x^2}{2}}}{\frac{1}{\sqrt{2\pi(0.5)^2}}e^{-\frac{x^2}{2(0.5)^2}}} = \frac{1}{2}e^{\frac{3x^2}{2}}$$

La regió d'acceptació és de la forma

$$A_0 = \left\{ x \in \Omega \mid \frac{L_1(x)}{L_0(x)} \leq k \right\}$$

i tal que $P_{H_0}(A_0^c) = 0.01$. Per determinar-la, cal imposar aquesta condició:

$$P_{H_0}\left(\frac{1}{2}e^{\frac{3x^2}{2}} > k\right) = P_{H_0}\left(\frac{3X^2}{2} > \ln(2k)\right)$$

$$= P_{H_0}(X^2 > Q)$$

$$= P_{H_0}\left(X > \sqrt{Q}\right) + P_{H_0}\left(X < -\sqrt{Q}\right)$$

Per la simetria de la distribució $N\left(0, \frac{1}{\sqrt{2}}\right)$, que és la que segueix X, sota H_0, i notant $\sqrt{Q} = c$, obtenim $c = 1.2879$.

En conclusió, la regió d'acceptació que resulta és

$$A_0 = \{x \in \Omega \mid |x| \leq 1.2789\}.$$

Problema 6.9 *Es disposa d'una mostra $X_1, \ldots, X_{25}$ d'una variable $X \hookrightarrow N(\mu, 10)$. A partir del mètode de la raó de versemblança, plantegeu un test amb nivell de significació 0.1 per resoldre el contrast*

$H_0 : \mu = 0$
$H_1 : \mu \neq 0$

Solució

Com que l'estimador de μ pel mètode de la màxima versemblança és $\tilde{\mu}_{m.v} = \overline{X}_{25}$, aleshores la raó de versemblança és

$$\lambda(X) = \frac{L_0}{L} = \frac{\left(\frac{1}{\sqrt{2\pi}10}\right)^{25} e^{-\frac{\sum_{i=1}^{25} x_i^2}{200}}}{\left(\frac{1}{\sqrt{2\pi}10}\right)^{25} e^{-\frac{\sum_{i=1}^{25}(x_i - \mu_{m.v})^2}{200}}} = e^{-\frac{\sum_{i=1}^{25} x_i^2 - (x_i - \overline{X}_{25})^2}{200}}$$

La regió d'acceptació serà

$$A_0 = \left\{ (X_1, \ldots, X_{25}) \,\middle|\, e^{-\frac{\sum_{i=1}^{25} X_i^2 - (X_i - \overline{X}_{25})^2}{200}} > c \right\}$$

$$= \left\{ (X_1, \ldots, X_{25}) \,\middle|\, \sum_{i=1}^{25} X_i^2 - (X_i - \overline{X}_{25})^2 < -200 \ln(c) = K \right\}$$

$$= \left\{ (X_1, \ldots, X_{25}) \,\middle|\, \overline{X}_{25}^2 < 25K = Q \right\}$$

on s'ha tingut en compte que $\sum_{i=1}^{25} (X_i - \overline{X}_{25})^2 = \sum_{i=1}^{25} X_i^2 - 25 \overline{X}_{25}^2$.

De manera que, finalment, podem expressar

$$A_0 = \{ (X_1, \ldots, X_{25}) \mid |\overline{X}_{25}| < q \}.$$

Imposant que $P_{\mu=0}(A_0^c) = 0, 1$, s'obté $q = 3.29$.

Problema 6.10 *Un estudi del Departament de Medi Ambient estima que un 25% de les llars catalanes recicla la matèria orgànica. És vàlida aquesta afirmació si, en una mostra de 100 llars, es troba que 30 reciclen? Utilitzeu un nivell de significació de 0.05.*

Solució

Sigui X la variable que, donada una llar, li assigna el valor 1, si recicla la matèria orgànica, o 0, en cas contrari. És clar que X és una distribució de Bernoulli, de la qual desconeixem p. El contrast que s'ha de resoldre, pensat en termes de mitjanes, és

$H_0 : \mu = 0.25$
$H_1 : \mu \neq 0.25$

Per resoldre el test, construïm un interval de confiança per a μ a partir de l'observació. Considerem l'estadístic

$$T(X) = \frac{\frac{1}{100} \sum_{i=1}^{100} X_i - 0.25}{\frac{\sigma}{10}} \quad \text{on} \quad \sigma = \sqrt{0.25(1 - 0.25)}$$

Sota H_0, la llei de T la podem aproximar per una $N(0,1)$ en virtut del teorema central del límit. Els valors que pren T sota H_0 pertanyen a $[-1.96, \ 1.96]$ en un 95% dels casos, és a dir, que la regió d'acceptació és

$$A_0 = \{ (x_1, \ldots x_{100}) \mid T \in [-1.96, \ 1.96] \}$$

Si avaluem T en els valors de la mostra,

$$T = \frac{\frac{30}{100} - 0.25}{\frac{\sigma}{10}} = 1.1547$$

Per tant, acceptem H_0.

Problema 6.11 *En tres dies consecutius (72 hores), es van registrar 290 accidents de cotxe mortals d'acord amb les dades següents:*

accidents mortals per hora	0	1	2	3	4	5	6	7	8
hores	3	2	10	15	14	12	8	5	3

Contrasteu pel test khi quadrat si el nombre d'accidents per hora segueix una llei de Poisson.

Solució

Sigui X la variable que compta el nombre d'accidents per hora. Suposem que segueix una llei de Poisson; aleshores, pel mètode de la màxima versemblança,

$$\lambda_X \approx \lambda_{m.v} = \frac{\sum_{i=1}^{72} x_i}{72} = \frac{290}{72} = 4.0277 \Rightarrow \lambda_X = 4$$

Construïm una partició $\{A_i\}$ del recorregut de X i calculem les probabilitats que $X \in A_i$:

$$A_1 = [0,1] \qquad np_1 = 6.59$$
$$A_2 = \{2\} \qquad np_2 = 10.548$$
$$A_3 = \{3\} \qquad np_3 = 14.066$$
$$A_4 = \{4\} \qquad np_4 = 14.066$$
$$A_5 = \{5\} \qquad np_5 = 11.25$$
$$A_6 = \{6\} \qquad np_6 = 7.5$$
$$A_7 = \{\geq 7\} \qquad np_7 = 6.43$$

Per fer la prova χ^2, prenem l'estadístic $\mathscr{D}$ definit en aquest capítol. Com que hem estimat un paràmetre i hem fet una partició en set conjunts, $\mathscr{D} \hookrightarrow \chi^2_{7-2=5}$. Per construir la regió d'acceptació $A_0 = \{x \mid \mathscr{D}(x) \leq c\}$, només cal buscar a les taules de la χ^2_5 el valor de c que fa que $P(\chi^2_5 > c) = 0.05$. Aquest tal valor és $c = 11.07$.

Finalment, per decidir si s'accepta o no H_0, cal avaluar l'estadístic a les dades.

$$D(x) = \frac{(5-6.59)^2}{6.59} + \frac{(10-10.55)^2}{10.55} + \frac{(15-14.066)^2}{14.066}$$

$$+ \frac{(14-14.066)^2}{14.066} + \frac{(12-11.25)^2}{11.25} + \frac{(8-7.5)^2}{7.5} + \frac{(8-6.43)^2}{6.43}$$

En conclusió, com que $D(x) \approx 0.945$, acceptem H_0.

Problema 6.12 *Es pren una mostra de grandària 100 d'una variable aleatòria Y, amb els resultats següents:*

$$40 \leq Y \leq 60 \qquad 10 \; observacions$$
$$60 \leq Y \leq 80 \qquad 25 \; observacions$$
$$80 \leq Y \leq 100 \qquad 25 \; observacions$$
$$100 \leq Y \leq 120 \qquad 20 \; observacions$$
$$120 \leq Y \leq 140 \qquad 20 \; observacions$$

Es pot admetre que Y segueix una distribució uniforme en $[40, 140]$, *amb un risc no superior a* $\alpha = 0.1$?

Solució

Si segueix una distribució uniforme, la densitat de Y és

$$f_Y(y) = \begin{cases} \dfrac{1}{100}, & 40 \leq x \leq 140 \\ 0, & \text{altrament} \end{cases}$$

Aleshores, la probabilitat de qualsevol dels intervals és la mateixa, 0.2, de manera que el nombre esperat de valors de l'observació que pertanyin a cada interval és 20.

Com que no hi ha cap paràmetre estimat i el nombre d'intervals és 5, $\mathcal{D}(X) \hookrightarrow \chi_4^2$. Consultant les taules de la distribució χ_4^2, s'obté que la regió d'acceptació del test és

$$A_0 = \{(x_1, \ldots, x_{100}) \mid \mathcal{D}(x_1, \ldots, x_{100}) \leq 7.78\}$$

Avaluant l'estadístic en els valors de l'observació de què disposem, tenim $\mathcal{D}(x_1, \ldots, x_{100}) = 7.5$, de manera que acceptem H_0, tot i que amb poca contundència.

Problema 6.13 *Es vol estudiar si dues variables aleatòries són independents o no, amb un nivell de significació* $\alpha = 0.1$, *a partir de la taula següent:*

	y_1	y_2	y_3
x_1	42	8	10
x_2	58	12	29

Solució

Estimem les probabilitats dels diferents valors dels recorreguts de X i Y.

$$P(X = x_1) \approx \frac{60}{159} = 0.3778$$

$$P(X = x_2) = 1 - P(X = x_1) \approx 0.6222$$

$$P(Y = y_1) \approx \frac{100}{159} = 0.6289$$

$$P(Y = y_2) \approx \frac{20}{159} = 0.1258$$

$$P(Y = y_3) = 1 - P(Y = y_1) - P(Y = y_2) \approx 0.2453$$

Els valors esperats per a la taula de contingència, en cas que hi hagi independència, són:

	y_1	y_2	y_3
x_1	37.78	7.56	14.74
x_2	62.22	12.44	24.27

Considerem la variable N, que compta el nombre de casos que hi ha a cada casella de la taula de contingència, és a dir, els individus que compleixen simultàniament x_i i y_j. El recorregut de N és $n_1 = (x_1, y_1)$, $n_2 = (x_1, y_2)$, ..., $n_6 = (x_2, y_3)$.

Resoldre el test d'independència és contrastar si N es distribueix seguint una multinomial amb probabilitats $p_k = P(N = n_k) = P(X = x_i, Y = y_j)$ per als valors i, j que corresponguin en cada cas. L'estadístic $\mathscr{D}$ que utilitzem per als tests khi quadrat en aquest cas segueix una distribució χ_4^2.

Per construir la regió d'acceptació $A_0 = \{n \mid \mathscr{D}(n) \leq c\}$, només cal buscar a les taules de la χ_4^2 el valor de c que fa que $P(\chi_4^2 > c) = 0.1$. Aquest valor és $c = 7.78$.

Finalment, per decidir si s'accepta o no H_0, cal avaluar l'estadístic a les dades. Com que $\mathscr{D}(n) \approx 3.641$, acceptem H_0.

→7

Taules

7.1. Distribució normal

Aquesta taula proporciona els valors de la funció de distribució per a la distribució normal tipificada (amb mitjana zero i variància la unitat).

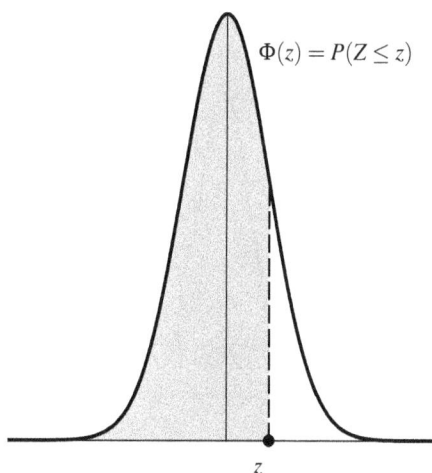

$$\Phi(z) = P(Z \leq z)$$

7.1
La taula proporciona els valors de la funció de distribució
$\Phi(z) = P(Z \leq z)$,
on $Z \hookrightarrow N(0,1)$.

z

La taula dóna els valors de la funció de distribució de la llei normal tipificada, per a valors positius i amb una resolució de dos decimals.

Per a d'altres situacions, utilitzeu les equivalències següents:

- Si $z > 0$, aleshores $P(Z \geq z) = 1 - P(Z \leq z) = 1 - \Phi(z)$.
- Si $z < 0$, aleshores $P(Z \leq z) = 1 - P(Z \leq -z) = 1 - \Phi(-z)$.
- Si $z < 0$, aleshores $P(Z \geq z) = P(Z \leq -z) = \Phi(-z)$.

7.2
Equivalències per al càlcul
de la funció de distribució
per a valors negatius.

$$F(z) = P(Z \leq z) \quad = \quad P(Z \geq -z) \quad = \quad 1 \quad - \quad P(Z \leq -z)$$

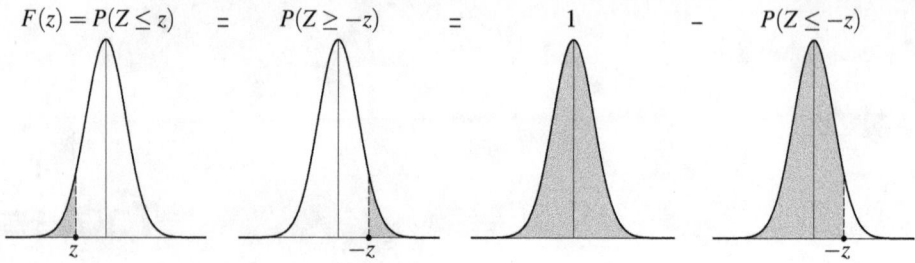

Per obtenir les probabilitats corresponents a una normal (μ, σ), tipifiquem la variable abans de fer servir les taules.

Observació 7.1 *Si es disposa d'una eina de càlcul simbòlic, com ara Maple, aquestes probabilitats es poden calcular* exactament *fent:*

```
> f:=x->1/sqrt(2*Pi)*exp(-x^2/2):
> int(f(x),x=-infinity..z);
```

7.2. Distribució *t*

Proporciona els percentils de la distribució t de Student, en funció del nombre de graus de llibertat (n), és a dir, donat $p > 0.5$ ens dóna el valor t_p tal que $P(t \leq t_p) = p$. Recordant que aquesta distribució és simètrica amb mitjana zero, podem obtenir els percentils complementaris als que apareixen a les taules.

7.3
Donada la distribució *t* de
Student, t_p correspon al
percentil *p*, és a dir, el
valor t_p tal que
$P(t \leq t_p) = p$.

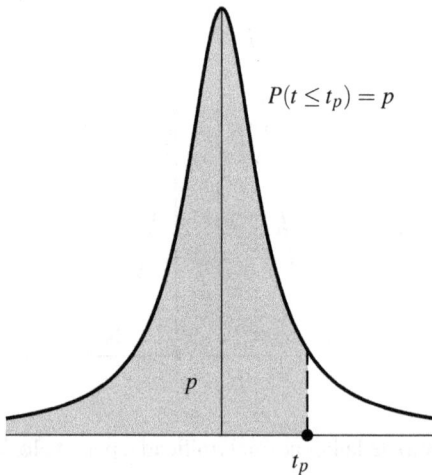

$$P(t \leq t_p) = p$$

Observació 7.2 *Si es disposa d'una eina de càlcul simbòlic, com ara Maple, aquest percentil es pot calcular* exactament *fent:*

```
> f:=x->1/sqrt(n*Pi)*GAMMA((n+1)/2)/GAMMA(n/2)/(1+x^2/n)^((n+1)/2):
> fsolve(int(f(x),x=-infinity..tp)=p,tp);
```

on p *i* n *corresponen al valor del percentil i els graus de llibertat, respectivament.*

7.3. Distribució χ^2

Proporciona els percentils per a una distribució χ^2, amb n graus de llibertat. La seva utilització és similar a la distribució t, per= amb la diferència que la distribució χ^2 no és simètrica.

Per a $k > 100$, es fa servir l'aproximació que $\sqrt{2\chi_n^2}$ es distribueix de forma asimptòticament normal amb paràmetres $(\sqrt{2n-1}, 1)$.

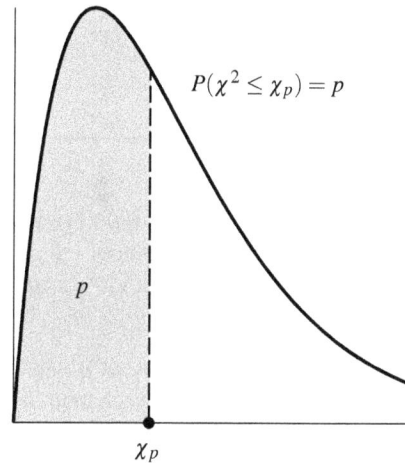

$$P(\chi^2 \leq \chi_p) = p$$

7.4
Donada la distribució χ^2, χ_p correspon al percentil p, és a dir, el valor χp tal que $P(\chi^2 \leq \chi_p) = p$.

Observació 7.3 *Si es disposa d'una eina de càlcul simbòlic, com ara Maple, aquest percentil es pot calcular* exactament *fent:*

```
> f:=x->1/2^(n/2)/GAMMA(n/2)*x^(n/2-1)*exp(-x/2):
> fsolve(int(f(x),x=0..Xp)=p,Xp=0..infinity);
```

on p *i* n *corresponen al valor del percentil i els graus de llibertat, respectivament.*

7.4. Distribució F

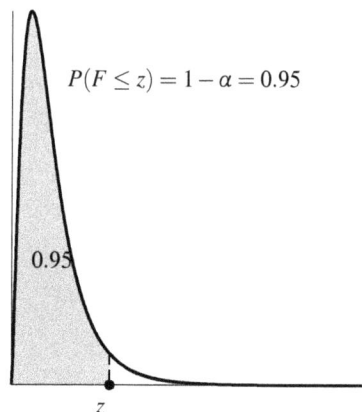

$$P(F \leq z) = 1 - \alpha = 0.95$$

0.95

7.5
Distribució *F: z* representa el percentil 0.95.

7.6
Distribució *F*: *z* representa
el percentil 0.99.

$$P(F \leq z) = 1 - \alpha = 0.99$$

0.99

z

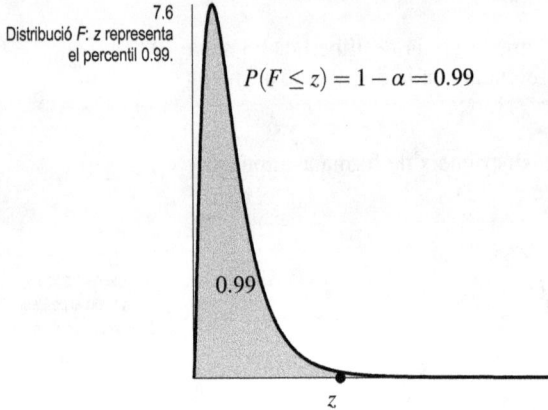

Proporciona els percentils 0.95 i 0.99 de la distribució F_{d_1, d_2} en què d_1 és el nombre de graus de llibertat del numerador i d_2 és el nombre de graus de llibertat del denominador, és a dir, donada la distribució F, z correspon al percentil $p = 1 - \alpha$, és a dir, el valor z tal que $P(F \leq z) = 1 - \alpha$, on α és el nivell de significació.

Observació 7.4 *Si es disposa d'una eina de càlcul simbòlic, com ara Maple, aquest percentil es pot calcular* exactament *fent:*

```
> f:=x->1/Beta(d1/2,d2/2)*(d1*x/(d1*x+d2))^(d1/2)
*(1-d1*x/(d1*x+d2))^(d2/2)*1/x:

> fsolve(int(f(x),x=0..z)=1-alpha,z=0..infinity);
```

on d1 *són els graus de llibertat del numerador,* d2 *són els graus de llibertat del denominador i* alpha *és el nivell de significació.*

z	0.00	0.01	0.02	0.03	0.04	0.05	0.06	0.07	0.08	0.09
0.0	0.5000	0.5040	0.5080	0.5120	0.5160	0.5199	0.5239	0.5279	0.5319	0.5359
0.1	0.5398	0.5438	0.5478	0.5517	0.5557	0.5596	0.5636	0.5675	0.5714	0.5753
0.2	0.5793	0.5832	0.5871	0.5910	0.5948	0.5987	0.6026	0.6064	0.6103	0.6141
0.3	0.6179	0.6217	0.6255	0.6293	0.6331	0.6368	0.6406	0.6443	0.6480	0.6517
0.4	0.6554	0.6591	0.6628	0.6664	0.6700	0.6736	0.6772	0.6808	0.6844	0.6879
0.5	0.6915	0.6950	0.6985	0.7019	0.7054	0.7088	0.7123	0.7157	0.7190	0.7224
0.6	0.7257	0.7291	0.7324	0.7357	0.7389	0.7422	0.7454	0.7486	0.7517	0.7549
0.7	0.7580	0.7611	0.7642	0.7673	0.7703	0.7734	0.7764	0.7794	0.7823	0.7852
0.8	0.7881	0.7910	0.7939	0.7967	0.7995	0.8023	0.8051	0.8078	0.8106	0.8133
0.9	0.8159	0.8186	0.8212	0.8238	0.8264	0.8289	0.8315	0.8340	0.8365	0.8389
1.0	0.8413	0.8438	0.8461	0.8485	0.8508	0.8531	0.8554	0.8577	0.8599	0.8621
1.1	0.8643	0.8665	0.8686	0.8708	0.8729	0.8749	0.8770	0.8790	0.8810	0.8830
1.2	0.8849	0.8869	0.8888	0.8907	0.8925	0.8944	0.8962	0.8980	0.8997	0.90147
1.3	0.90320	0.90490	0.90658	0.90824	0.90988	0.91149	0.91309	0.91466	0.91621	0.91774
1.4	0.91924	0.92073	0.92220	0.92364	0.92507	0.92647	0.92785	0.92922	0.93056	0.93189
1.5	0.93319	0.93448	0.93574	0.93699	0.93822	0.93943	0.94062	0.94179	0.94295	0.94408
1.6	0.94520	0.94630	0.94738	0.94845	0.94950	0.95053	0.95154	0.95254	0.95352	0.95449
1.7	0.95543	0.95637	0.95728	0.95818	0.95907	0.95994	0.96080	0.96164	0.96246	0.96327
1.8	0.96407	0.96485	0.96562	0.96638	0.96712	0.96784	0.96856	0.96926	0.96995	0.97062
1.9	0.97128	0.97193	0.97257	0.97320	0.97381	0.97441	0.97500	0.97558	0.97615	0.97670
2.0	0.97725	0.97778	0.97831	0.97882	0.97932	0.97982	0.98030	0.98077	0.98124	0.98169
2.1	0.98214	0.98257	0.98300	0.98341	0.98382	0.98422	0.98461	0.98500	0.98537	0.98574
2.2	0.98610	0.98645	0.98679	0.98713	0.98745	0.98778	0.98809	0.98840	0.98870	0.98899
2.3	0.98928	0.98956	0.98983	$0.9^2 0097$	$0.9^2 0358$	$0.9^2 0613$	$0.9^2 0863$	$0.9^2 1106$	$0.9^2 1344$	$0.9^2 1576$
2.4	$0.9^2 1802$	$0.9^2 2024$	$0.9^2 2240$	$0.9^2 2451$	$0.9^2 2656$	$0.9^2 2857$	$0.9^2 3053$	$0.9^2 3244$	$0.9^2 3431$	$0.9^2 3613$
2.5	$0.9^2 3790$	$0.9^2 3963$	$0.9^2 4132$	$0.9^2 4297$	$0.9^2 4457$	$0.9^2 4614$	$0.9^2 4766$	$0.9^2 4915$	$0.9^2 5060$	$0.9^2 5201$
2.6	$0.9^2 5339$	$0.9^2 5473$	$0.9^2 5604$	$0.9^2 5731$	$0.9^2 5855$	$0.9^2 5975$	$0.9^2 6093$	$0.9^2 6207$	$0.9^2 6319$	$0.9^2 6427$
2.7	$0.9^2 6533$	$0.9^2 6636$	$0.9^2 6736$	$0.9^2 6833$	$0.9^2 6928$	$0.9^2 7020$	$0.9^2 7110$	$0.9^2 7197$	$0.9^2 7282$	$0.9^2 7365$
2.8	$0.9^2 7445$	$0.9^2 7523$	$0.9^2 7599$	$0.9^2 7673$	$0.9^2 7744$	$0.9^2 7814$	$0.9^2 7882$	$0.9^2 7948$	$0.9^2 8012$	$0.9^2 8074$
2.9	$0.9^2 8134$	$0.9^2 8193$	$0.9^2 8250$	$0.9^2 8305$	$0.9^2 8359$	$0.9^2 8411$	$0.9^2 8462$	$0.9^2 8511$	$0.9^2 8559$	$0.9^2 8605$
3.0	$0.9^2 8650$	$0.9^2 8694$	$0.9^2 8736$	$0.9^2 8777$	$0.9^2 8817$	$0.9^2 8856$	$0.9^2 8893$	$0.9^2 8930$	$0.9^2 8965$	$0.9^2 8999$
3.1	$0.9^3 0324$	$0.9^3 0646$	$0.9^3 0957$	$0.9^3 1260$	$0.9^3 1553$	$0.9^3 1836$	$0.9^3 2112$	$0.9^3 2378$	$0.9^3 2636$	$0.9^3 2886$
3.2	$0.9^3 3129$	$0.9^3 3363$	$0.9^3 3590$	$0.9^3 3810$	$0.9^3 4024$	$0.9^3 4230$	$0.9^3 4429$	$0.9^3 4623$	$0.9^3 4810$	$0.9^3 4991$
3.3	$0.9^3 5166$	$0.9^3 5335$	$0.9^3 5499$	$0.9^3 5658$	$0.9^3 5811$	$0.9^3 5959$	$0.9^3 6103$	$0.9^3 6242$	$0.9^3 6376$	$0.9^3 6505$
3.4	$0.9^3 6631$	$0.9^3 6752$	$0.9^3 6869$	$0.9^3 6982$	$0.9^3 7091$	$0.9^3 7197$	$0.9^3 7299$	$0.9^3 7398$	$0.9^3 7493$	$0.9^3 7585$
3.5	$0.9^3 7674$	$0.9^3 7759$	$0.9^3 7842$	$0.9^3 7922$	$0.9^3 7999$	$0.9^3 8074$	$0.9^3 8146$	$0.9^3 8215$	$0.9^3 8282$	$0.9^3 8347$
3.6	$0.9^3 8409$	$0.9^3 8469$	$0.9^3 8527$	$0.9^3 8583$	$0.9^3 8637$	$0.9^3 8689$	$0.9^3 8739$	$0.9^3 8787$	$0.9^3 8834$	$0.9^3 8879$
3.7	$0.9^3 8922$	$0.9^3 8964$	$0.9^4 0039$	$0.9^4 0426$	$0.9^4 0799$	$0.9^4 1158$	$0.9^4 1504$	$0.9^4 1838$	$0.9^4 2159$	$0.9^4 2468$
3.8	$0.9^4 2765$	$0.9^4 3052$	$0.9^4 3327$	$0.9^4 3593$	$0.9^4 3848$	$0.9^4 4094$	$0.9^4 4331$	$0.9^4 4558$	$0.9^4 4777$	$0.9^4 4988$
3.9	$0.9^4 5190$	$0.9^4 5385$	$0.9^4 5573$	$0.9^4 5753$	$0.9^4 5926$	$0.9^4 6092$	$0.9^4 6253$	$0.9^4 6406$	$0.9^4 6554$	$0.9^4 6696$
4.0	$0.9^4 6833$	$0.9^4 6964$	$0.9^4 7090$	$0.9^4 7211$	$0.9^4 7327$	$0.9^4 7439$	$0.9^4 7546$	$0.9^4 7649$	$0.9^4 7748$	$0.9^4 7843$

Distribució normal tipificada. Valors de la función de distribució $\Phi(z) = P(Z \le z)$, on $z \hookrightarrow N(0,1)$.

Distribució *t* de Student. Valors de la funció de distribució $P(t \leq t_p) = p$, on *n* són els graus de llibertat.

n	$t_{0.995}$	$t_{0.99}$	$t_{0.975}$	$t_{0.95}$	$t_{0.90}$	$t_{0.80}$	$t_{0.75}$	$t_{0.70}$	$t_{0.60}$	$t_{0.55}$
1	63.66	31.82	12.71	6.31	3.08	1.376	1.000	0.727	0.325	0.158
2	9.92	6.96	4.30	2.92	1.89	1.061	0.816	0.617	0.289	0.142
3	5.84	4.54	3.18	2.35	1.64	0.978	0.765	0.584	0.277	0.137
4	4.60	3.75	2.78	2.13	1.53	0.941	0.741	0.569	0.271	0.134
5	4.03	3.36	2.57	2.02	1.48	0.920	0.727	0.559	0.267	0.132
6	3.71	3.14	2.45	1.94	1.44	0.906	0.718	0.553	0.265	0.131
7	3.50	3.00	2.36	1.90	1.42	0.896	0.711	0.549	0.263	0.130
8	3.36	2.90	2.31	1.86	1.40	0.889	0.706	0.546	0.262	0.130
9	3.25	2.82	2.26	1.83	1.38	0.883	0.703	0.543	0.261	0.129
10	3.17	2.76	2.23	1.81	1.37	0.879	0.700	0.542	0.260	0.129
11	3.11	2.72	2.20	1.80	1.36	0.876	0.697	0.540	0.260	0.129
12	3.06	2.68	2.18	1.78	1.36	0.873	0.695	0.539	0.259	0.128
13	3.01	2.65	2.16	1.77	1.35	0.870	0.694	0.538	0.259	0.128
11	2.98	2.62	2.14	1.76	1.34	0.868	0.692	0.537	0.258	0.128
15	2.95	2.60	2.13	1.75	1.34	0.866	0.691	0.536	0.258	0.128
16	2.92	2.58	2.12	1.75	1.34	0.865	0.690	0.535	0.258	0.128
17	2.90	2.57	2.11	1.74	1.33	0.863	0.689	0.534	0.257	0.128
18	2.88	2.55	2.10	1.73	1.33	0.862	0.688	0.534	0.257	0.127
19	2.86	2.54	2.09	1.73	1.33	0.861	0.688	0.533	0.257	0.127
20	2.84	2.53	2.09	1.72	1.32	0.860	0.687	0.533	0.257	0.127
21	2.83	2.52	2.08	1.72	1.32	0.859	0.686	0.532	0.257	0.127
22	2.82	2.51	2.07	1.72	1.32	0.858	0.686	0.532	0.256	0.127
23	2.81	2.50	2.07	1.71	1.32	0.858	0.685	0.532	0.256	0.127
24	2.80	2.49	2.06	1.71	1.32	0.857	0.685	0.531	0.256	0.127
25	2.79	2.48	2.06	1.71	1.32	0.856	0.684	0.531	0.256	0.127
26	2.78	2.48	2.06	1.71	1.32	0.856	0.684	0.531	0.256	0.127
27	2.77	2.47	2.05	1.70	1.31	0.855	0.684	0.531	0.256	0.127
28	2.76	2.47	2.05	1.70	1.31	0.855	0.683	0.530	0.256	0.127
29	2.76	2.46	2.04	1.70	1.31	0.854	0.683	0.530	0.256	0.127
30	2.75	2.46	2.04	1.70	1.31	0.854	0.683	0.530	0.256	0.127
40	2.70	2.42	2.02	1.68	1.30	0.851	0.681	0.529	0.255	0.126
60	2.66	2.39	2.00	1.67	1.30	0.848	0.679	0.527	0.254	0.126
120	2.62	2.36	1.98	1.66	1.29	0.845	0.677	0.526	0.254	0.126
∞	2.58	2.33	1.96	1.645	1.28	0.842	0.674	0.524	0.253	0.126

n	$\chi^2_{0.995}$	$\chi^2_{0.99}$	$\chi^2_{0.975}$	$\chi^2_{0.95}$	$\chi^2_{0.90}$	$\chi^2_{0.75}$	$\chi^2_{0.50}$	$\chi^2_{0.25}$	$\chi^2_{0.10}$	$\chi^2_{0.05}$	$\chi^2_{0.025}$	$\chi^2_{0.01}$	$\chi^2_{0.005}$
1	7.88	6.63	5.02	3.84	2.71	1.32	0.455	0.102	0.0158	0.0039	0.0010	0.0002	0.0000
2	10.6	9.21	7.38	5.99	4.61	2.77	1.39	0.575	0.211	0.103	0.0506	0.0201	0.0100
3	12.8	11.3	9.35	7.81	6.25	4.11	2.37	1.21	0.584	0.352	0.216	0.115	0.072
4	14.9	13.3	11.1	9.49	7.78	5.39	3.36	1.92	1.06	0.711	0.484	0.297	0.207
5	16.7	15.1	12.8	11.1	9.24	6.63	4.35	2.67	1.61	1.15	0.831	0.554	0.412
6	18.5	16.8	14.4	12.6	10.6	7.84	5.35	3.45	2.20	1.64	1.24	0.872	0.676
7	20.3	18.5	16.0	14.1	12.0	9.04	6.35	4.25	2.83	2.17	1.69	1.24	0.989
8	22.0	20.1	17.5	15.5	13.4	10.2	7.34	5.07	3.49	2.73	2.18	1.65	1.34
9	23.6	21.7	19.0	16.9	14.7	11.4	8.34	5.90	4.17	3.33	2.70	2.09	1.73
10	25.2	23.2	20.5	18.3	16.0	12.5	9.34	6.74	4.87	3.94	3.25	2.56	2.16
11	26.8	24.7	21.9	19.7	17.3	13.7	10.3	7.58	5.58	4.57	3.82	3.05	2.60
12	28.3	26.2	23.3	21.0	18.5	14.8	11.3	8.44	6.30	5.23	4.40	3.57	3.07
13	29.8	27.7	24.7	22.4	19.8	16.0	12.3	9.30	7.04	5.89	5.01	4.11	3.57
14	31.3	29.1	26.1	23.7	21.1	17.1	13.3	10.2	7.79	6.57	5.63	4.66	4.07
15	32.8	30.6	27.5	25.0	22.3	18.2	14.3	11.0	8.55	7.26	6.26	5.23	4.60
16	34.3	32.0	28.8	26.3	23.5	19.4	15.3	11.9	9.31	7.96	6.91	5.81	5.14
17	35.7	33.4	30.2	27.6	24.8	20.5	16.3	12.8	10.1	8.67	7.56	6.41	5.70
18	37.2	34.8	31.5	28.9	26.0	21.6	17.3	13.7	10.9	9.39	8.23	7.01	6.26
19	38.6	36.2	32.9	30.1	27.2	22.7	18.3	14.6	11.7	10.1	8.91	7.63	6.84
20	40.0	37.6	34.2	31.4	28.4	23.8	19.3	15.5	12.4	10.9	9,59	8.26	7.43
21	41.4	38.9	35.5	32.7	29.6	24.9	20.3	16.3	13.2	11.6	10.3	8.90	8.03
22	42.8	40.3	36.8	33.9	30.8	26.0	21.3	17.2	14.0	12.3	11.0	9.54	8.64
23	44.2	41.6	38.1	35.2	32.0	27.1	22.3	18.1	14.8	13.1	11.7	10.2	9.26
24	45.6	43.0	39.4	36.4	33.2	28.2	23.3	19.0	15.7	13.8	12.4	10.9	9.89
25	46.9	44.3	40.6	37.7	34.4	29.3	24.3	19.9	16.5	14.6	13.1	11.5	10.5
26	48.3	45.6	41.9	38.9	35.6	30.4	25.3	20.8	17.3	15.4	13.8	12.2	11.2
27	49.6	47.0	43.2	40.1	36.7	31.5	26.3	21.7	18.1	16.2	14.6	12.9	11.8
28	51.0	48.3	44.5	41.3	37.9	32.6	27.3	22.7	18.9	16.9	15.3	13.6	12.5
29	52.3	49.6	45.7	42.6	39.1	33.7	28.3	23.6	19.8	17.7	16.0	14.3	13.1
30	53.7	50.9	47.0	43.8	40.3	34.8	29.3	24.5	20.6	18.5	16.8	15.0	13.8
40	66.8	63.7	59.3	55.8	51.8	45.6	39.3	33.7	29.1	26.5	24.4	22.2	20.7
50	79.5	76.2	71.4	67.5	63.2	56.3	49.3	42.9	37.7	34.8	32.4	29.7	28.0
60	92.0	88.4	83.3	79.1	74.4	67.0	59.3	52.3	46.5	43.2	40.5	37.5	35.5
70	104.2	100.4	95.0	90.5	85.5	77.6	69.3	61.7	55.3	51.7	48.8	45.4	43.3
80	116.3	112.3	106.6	101.9	96.6	88.1	79.3	71.1	64.3	60.4	57.2	53.5	51.2
90	128.3	124.1	118.1	113.1	107.6	98.6	89.3	80.6	73.3	69.1	65.6	61.8	59.2
100	140.2	135.8	129.6	124.3	118.5	109.1	99.3	90.1	82.4	77.9	74.2	70.1	67.3

Distribució khi-quadrat de Pearson. Valors de la funció de distribució, $P(\chi^2 \leq \chi^2_P) = p$, on n són els graus de llibertat.

Distribució F ($\alpha = 0.05$, d_1 graus de llibertat del numerador, d_2 graus de llibertat del denominador).

$d_2 \backslash d_1$	1	2	3	4	5	6	7	8	9	10	12	15	20	24	30	40	60	120	∞
1	161.4	199.5	215.7	224.6	230.2	234.0	236.8	238.9	240.5	241.9	243.9	245.9	248.0	249.1	250.1	251.1	252.2	253.3	254.3
2	18.51	19.16	19.25	19.30	19.33	19.35	19.37	19.38	19.40	19.41	19.43	19.45	19.45	19.46	19.47	19.48	19.48	19.49	19.50
3	10.13	9.55	9.28	9.12	9.01	8.94	8.89	8.85	8.81	8.79	8.74	8.70	8.66	8.64	8.62	8.59	8.57	8.55	8.53
4	7.71	6.94	6.59	6.39	6.26	6.16	6.09	6.04	6.00	5.96	5.91	5.86	5.80	5.77	5.75	5.72	5.69	5.66	5.63
5	6.61	5.79	5.41	5.19	5.05	4.95	4.88	4.82	4.77	4.74	4.68	4.62	4.56	4.53	4.50	4.46	4.43	4.40	4.36
6	5.99	5.14	4.76	4.53	4.39	4.28	4.21	4.15	4.10	4.06	4.00	3.94	3.87	3.84	3.81	3.77	3.74	3.70	3.67
7	5.59	4.74	4.35	4.12	3.97	3.87	3.79	3.73	3.68	3.64	3.57	3.51	3.44	3.41	3.38	3.34	3.30	3.27	3.23
8	5.32	4.46	4.07	3.84	3.69	3.58	3.50	3.44	3.39	3.35	3.28	3.22	3.15	3.12	3.08	3.04	3.01	2.97	2.93
9	5.12	4.26	3.86	3.63	3.48	3.37	3.29	3.23	3.18	3.14	3.07	3.01	2.94	2.90	2.86	2.83	2.79	2.75	2.71
10	4.96	4.10	3.71	3.48	3.33	3.22	3.14	3.07	3.02	2.98	2.91	2.85	2.77	2.74	2.70	2.66	2.62	2.58	2.54
11	4.84	3.98	3.59	3.36	3.20	3.09	3.01	2.95	2.90	2.85	2.79	2.72	2.65	2.61	2.57	2.53	2.49	2.45	2.40
12	4.75	3.89	3.49	3.26	3.11	3.00	2.91	2.85	2.80	2.75	2.69	2.62	2.54	2.51	2.47	2.43	2.38	2.34	2.30
13	4.67	3.81	3.41	3.18	3.03	2.92	2.83	2.77	2.71	2.67	2.60	2.53	2.46	2.42	2.38	2.34	2.30	2.25	2.21
14	4.60	3.74	3.34	3.11	2.96	2.85	2.76	2.70	2.65	2.60	2.53	2.46	2.39	2.35	2.31	2.27	2.22	2.18	2.13
15	4.54	3.68	3.29	3.06	2.90	2.79	2.71	2.64	2.59	2.54	2.48	2.40	2.33	2.29	2.25	2.20	2.16	2.11	2.07
16	4.49	3.63	3.24	3.01	2.85	2.74	2.66	2.59	2.54	2.49	2.42	2.35	2.28	2.24	2.19	2.15	2.11	2.06	2.01
17	4.45	3.59	3.20	2.96	2.81	2.70	2.61	2.55	2.49	2.45	2.38	2.31	2.23	2.19	2.15	2.10	2.06	2.01	1.96
18	4.41	3.55	3.16	2.93	2.77	2.66	2.58	2.51	2.46	2.41	2.34	2.27	2.19	2.15	2.11	2.06	2.02	1.97	1.92
19	4.38	3.52	3.13	2.90	2.74	2.63	2.54	2.48	2.42	2.38	2.31	2.23	2.16	2.11	2.07	2.03	1.98	1.93	1.88
20	4.35	3.49	3.10	2.87	2.71	2.60	2.51	2.45	2.39	2.35	2.28	2.20	2.12	2.08	2.04	1.99	1.95	1.90	1.84
21	4.32	3.47	3.07	2.84	2.68	2.57	2.49	2.42	2.37	2.32	2.25	2.18	2.10	2.05	2.01	1.96	1.92	1.87	1.81
22	4.30	3.44	3.05	2.82	2.66	2.55	2.46	2.40	2.34	2.30	2.23	2.15	2.07	2.03	1.98	1.94	1.89	1.84	1.78
23	4.28	3.42	3.03	2.80	2.64	2.53	2.44	2.37	2.32	2.27	2.20	2.13	2.05	2.01	1.96	1.91	1.86	1.81	1.76
24	4.26	3.40	3.01	2.78	2.62	2.51	2.42	2.36	2.30	2.25	2.18	2.11	2.03	1.98	1.94	1.89	1.84	1.79	1.73
25	4.24	3.39	2.99	2.76	2.60	2.49	2.40	2.34	2.28	2.24	2.16	2.09	2.01	1.96	1.92	1.87	1.82	1.77	1.71
26	4.23	3.37	2.98	2.74	2.59	2.47	2.39	2.32	2.27	2.22	2.15	2.07	1.99	1.95	1.90	1.85	1.80	1.75	1.69
27	4.21	3.35	2.96	2.73	2.57	2.46	2.37	2.31	2.25	2.20	2.13	2.06	1.97	1.93	1.88	1.84	1.79	1.73	1.67
28	4.20	3.34	2.95	2.71	2.56	2.45	2.36	2.29	2.24	2.19	2.12	2.04	1.96	1.91	1.87	1.82	1.77	1.71	1.65
29	4.18	3.33	2.93	2.70	2.55	2.43	2.35	2.28	2.22	2.18	2.10	2.03	1.94	1.90	1.85	1.81	1.75	1.70	1.64
30	4.17	3.32	2.92	2.69	2.53	2.42	2.33	2.27	2.21	2.16	2.09	2.01	1.93	1.89	1.84	1.79	1.74	1.68	1.62
40	4.08	3.23	2.84	2.61	2.45	2.34	2.25	2.18	2.12	2.08	2.00	1.92	1.84	1.79	1.74	1.69	1.64	1.58	1.51
60	4.00	3.15	2.76	2.53	2.37	2.25	2.17	2.10	2.04	1.99	1.92	1.84	1.75	1.70	1.65	1.59	1.53	1.47	1.39
120	3.92	3.07	2.68	2.45	2.29	2.17	2.09	2.02	1.96	1.91	1.83	1.75	1.66	1.61	1.55	1.50	1.43	1.35	1.25
∞	3.94	3.00	2.60	2.37	2.21	2.10	2.01	1.94	1.88	1.83	1.75	1.67	1.57	1.52	1.46	1.39	1.32	1.22	1.00

Distribució F ($\alpha = 0.01$, d_1 graus de llibertat del numerador, d_2 graus de llibertat del denominador).

$d_2 \backslash d_1$	1	2	3	4	5	6	7	8	9	10	12	15	20	24	30	40	60	120	∞
1	4052	4999.5	5403	5625	5764	5859	5928	5982	6022	6056	6101	6157	6209	6235	6261	6287	6313	6339	6366
2	98.50	99.00	99.17	99.25	99.30	99.33	99.36	99.37	99.39	99.40	99.42	99.43	99.45	99.46	99.47	99.47	99.48	99.49	99.50
3	34.12	30.82	29.46	28.71	28.24	27.91	27.67	27.49	27.35	27.23	27.05	26.87	26.69	26.60	26.50	26.41	26.32	26.22	26.13
4	21.20	18.00	16.69	15.98	15.52	15.21	14.98	14.80	14.66	14.55	14.37	14.20	14.02	13.93	13.84	13.75	13.65	13.56	13.46
5	16.26	13.27	12.06	11.39	10.97	10.67	10.46	10.29	10.16	10.05	9.89	9.72	9.55	9.47	9.38	9.29	9.20	9.11	9.02
6	13.75	10.92	9.78	9.15	8.75	8.47	8.26	8.10	7.98	7.87	7.72	7.56	7.40	7.31	7.23	7.14	7.06	6.97	6.88
7	12.25	9.55	8.45	7.85	7.46	7.19	6.99	6.84	6.72	6.62	6.47	6.31	6.16	6.07	5.99	5.91	5.82	5.74	5.65
8	11.26	8.65	7.59	7.01	6.63	6.37	6.18	6.03	5.91	5.81	5.67	5.52	5.36	5.28	5.20	5.12	5.03	4.95	4.86
9	10.56	8.02	6.99	6.42	6.06	5.80	5.61	5.47	5.35	5.26	5.11	4.96	4.81	4.73	4.65	4.57	4.48	4.40	4.31
10	10.04	7.56	6.55	5.99	5.64	5.39	5.20	5.06	4.94	4.85	4.71	4.56	4.41	4.33	4.25	4.17	4.08	4.00	3.91
11	9.65	7.21	6.22	5.67	5.32	5.07	4.89	4.74	4.63	4.54	4.40	4.25	4.10	4.02	3.94	3.86	3.78	3.69	3.60
12	9.33	6.93	5.95	5.41	5.06	4.82	4.64	4.50	4.39	4.30	4.16	4.01	3.86	3.78	3.70	3.62	3.54	3.45	3.36
13	9.07	6.70	5.74	5.21	4.86	4.62	4.44	4.30	4.19	4.10	3.96	3.82	3.66	3.59	3.51	3.43	3.34	3.25	3.17
14	8.86	6.51	5.56	5.04	4.69	4.46	4.28	4.14	4.03	3.94	3.80	3.66	3.51	3.43	3.35	3.27	3.18	3.09	3.00
15	8.68	6.36	5.42	4.89	4.56	4.32	4.14	4.00	3.89	3.80	3.67	3.52	3.37	3.29	3.21	3.13	3.05	2.96	2.87
16	8.53	6.23	5.29	4.77	4.44	4.20	4.03	3.89	3.78	3.69	3.55	3.41	3.26	3.18	3.10	3.02	2.93	2.84	2.75
17	8.40	6.11	5.18	4.67	4.34	4.10	3.93	3.79	3.68	3.59	3.46	3.31	3.16	3.08	3.00	2.92	2.83	2.75	2.65
18	8.29	6.01	5.09	4.58	4.25	4.01	3.84	3.71	3.60	3.51	3.37	3.23	3.08	3.00	2.92	2.84	2.75	2.66	2.57
19	8.18	5.93	5.01	4.50	4.17	3.94	3.77	3.63	3.52	3.43	3.30	3.15	3.00	2.92	2.84	2.76	2.67	2.58	2.49
20	8.10	5.85	4.94	4.43	4.10	3.87	3.70	3.56	3.46	3.37	3.23	3.09	2.94	2.86	2.78	2.69	2.61	2.52	2.42
21	8.02	5.78	4.87	4.37	4.04	3.81	3.64	3.51	3.40	3.31	3.17	3.03	2.88	2.80	2.72	2.64	2.55	2.46	2.36
22	7.95	5.72	4.82	4.31	3.99	3.76	3.59	3.45	3.35	3.26	3.12	2.98	2.83	2.75	2.67	2.58	2.50	2.40	2.31
23	7.88	5.66	4.76	4.26	3.94	3.71	3.54	3.41	3.30	3.21	3.07	2.93	2.78	2.70	2.62	2.54	2.45	2.35	2.26
24	7.82	5.61	4.72	4.22	3.90	3.67	3.50	3.36	3.26	3.17	3.03	2.89	2.74	2.66	2.58	2.49	2.40	2.31	2.21
25	7.77	5.57	4.68	4.18	3.85	3.63	3.46	3.32	3.22	3.13	2.99	2.85	2.70	2.62	2.54	2.45	2.36	2.27	2.17
26	7.72	5.53	4.64	4.14	3.82	3.59	3.42	3.29	3.18	3.09	2.96	2.81	2.66	2.58	2.50	2.42	2.33	2.23	2.13
27	7.68	5.49	4.60	4.11	3.78	3.56	3.39	3.26	3.15	3.06	2.93	2.78	2.63	2.55	2.47	2.38	2.29	2.20	2.10
28	7.64	5.45	4.57	4.07	3.75	3.53	3.36	3.23	3.12	3.03	2.90	2.75	2.60	2.52	2.44	2.35	2.26	2.17	2.06
29	7.60	5.42	4.54	4.04	3.73	3.50	3.33	3.20	3.09	3.00	2.87	2.73	2.57	2.49	2.41	2.33	2.23	2.14	2.03
30	7.56	5.39	4.51	4.02	3.70	3.47	3.30	3.17	3.07	2.98	2.84	2.70	2.55	2.47	2.39	2.30	2.21	2.11	2.01
40	7.31	5.18	4.31	3.83	3.51	3.29	3.12	2.99	2.89	2.80	2.66	2.52	2.37	2.29	2.20	2.11	2.02	1.92	1.80
60	7.08	4.98	4.13	3.65	3.34	3.12	2.95	2.82	2.72	2.63	2.50	2.35	2.20	2.12	2.03	1.94	1.84	1.73	1.60
120	6.85	4.79	3.95	3.48	3.17	2.96	2.79	2.66	2.56	2.47	2.34	2.19	2.03	1.95	1.86	1.76	1.66	1.53	1.38
∞	6.63	4.61	3.78	3.32	3.02	2.80	2.64	2.51	2.41	2.32	2.18	2.04	1.88	1.79	1.70	1.59	1.47	1.32	1.00